T.H.E
BOOK

9급 기계직 공무원

기계일반

이론+예제

공단기 × 도서출판 오스틴북스

Contents

차례

01

기계재료

Chapter 1

기계재료의 기본

1-1 기계재료의 분류

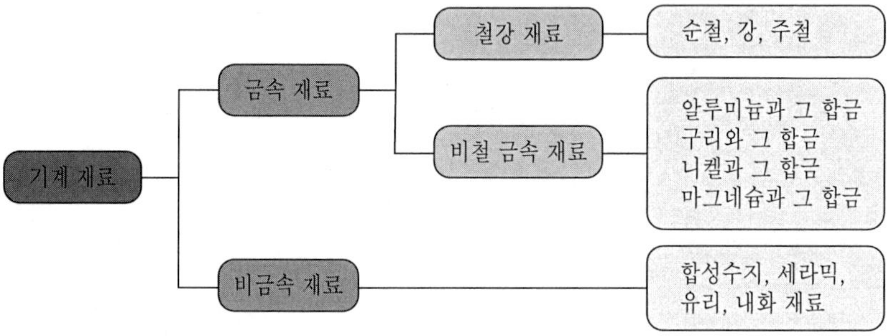

1-2 금속재료

(1) 금속 재료의 성질

① 기계적 성질

기계적 성질	설명
강도(Strength)	재료가 하중에 견디는 정도
경도(Hardness)	재료의 단단한 정도
인성(Toughness)	충격 하중에 견디는 성질로 파단강도 전까지의 재료의 흡수력
취성(Brittleness)	잘 깨지는 성질(인성과 반대되는 성질)
연성(Ductility)	하중을 가할 때 잘 펴지는 성질
전성(Malleability)	하중을 가할 때 잘 늘어나는 성질
피로(Fatigue)	고체 재료가 작은 힘을 반복하여 받을 때 틈이나 균열이 생겨 마침내 파괴되는 성질
크리프(Creep)	외력이 일정하게 유지될 때 시간이 흐름에 따라 재료의 변형이 증대하는 현상
연신율(Elongation)	인장 시험 때 재료가 늘어나는 비율
항복점 (Vield Point)	탄성 한도를 넘는 어떤 지점에 이를 때, 외력은 증가하지 않으나 영구 변형이 급격히 늘어나는 지점

② 화학적 성질

화학적 성질	설명
부식(Corrosion)	금속이 주위 수분과 작용, 고온에서 산화 등으로 손실되어 나가는 현상
내식성(Corrosion Resistance)	부식에 잘 견디는 현상

③ 물리적 성질

물리적 성질	설명
비중 (Specific Gravity)	같은 부피의 4℃의 물과 물체와의 질량 비
용융점 (Melting Point)	고체인 금속을 가열하여 액체가 될 때의 온도로 금속의 용융점이 높으면 고온에 강하고, 낮으면 주조성이 좋고 금속의 제련이 쉽다.
전기 전도율 (Electrical Conductivity)	금속이 전기를 전도하는 정도

④ 재료 가공성

재료 가공성	설명
주조성	주조하기 쉬운 정도로 용융점, 유동성, 수축성 등이 영향을 미친다.
절삭성	절삭 공구에 의하여 금속이 깎이는 성질
용접성	금속이 접합하기 쉬운 정도

(2) 기계재료가 갖추어야 할 성질

① 주조성, 용접성, 절삭성, 연성 등의 가공성
② 적정한 가격과 구입의 용이성 등의 경제성
③ 내마멸성, 내식성, 내열성 등의 물리화학적 특성
④ 열처리성
⑤ 표면처리성

(3) 금속 재료의 특징

① 실온에서 액체은 수은(Hg)을 제외하고는 모두 고체 결정이다.
② 연성, 전성이 크므로 가공에 용이하다.
③ 광택이 있다.
④ 자유전자로 인해 열전도율, 전기전도율이 좋다.
⑤ 비중, 경도, 용융점이 크다.

(4) 금속의 비중 비교

기호	*Ir*	*Au*	*Pb*	*Ag*	*Cu*	*Ni*	*Fe*	*Sn*	*Ti*	*Al*	*Mg*	*Li*
비중	22.5	19.3	11.3	10.5	8.96	8.85	7.87	7.3	4.5	2.7	1.7	0.53

(5) 금속의 열전도율, 전기전도율 비교

$Ag > Cu > Au > Al > Mg > Zn > Ni > Fe > Pb > Sb$

1-3 금속의 결정구조

(1) 금속의 결정구조

비교	체심입방격자(BCC)	면심입방격자(FCC)	조밀육방격자(HCP)
그림	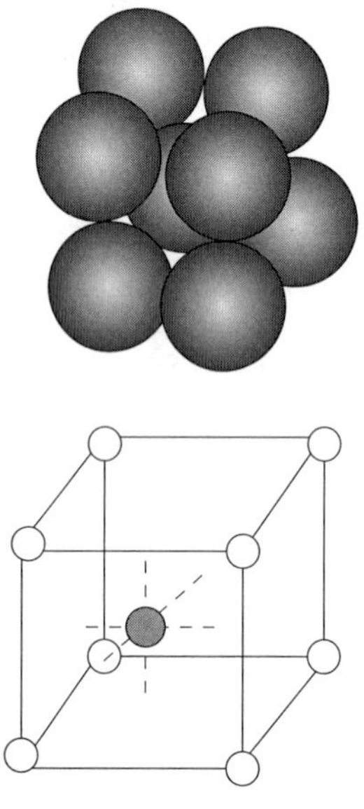	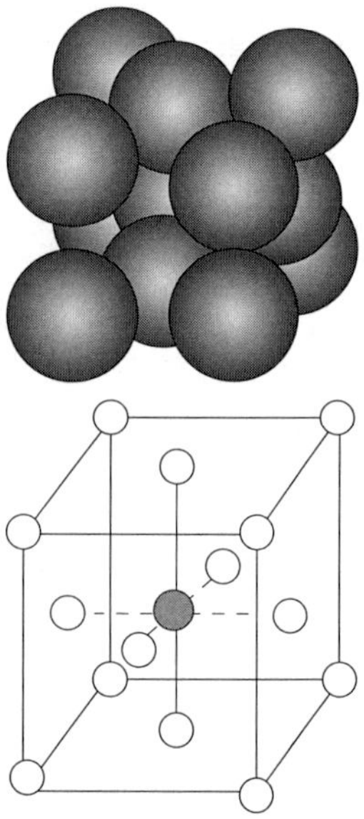	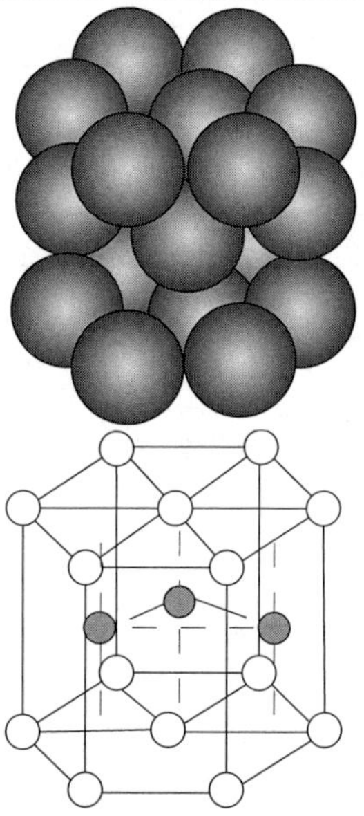
원자수	2	4	2
충진율	68%	74%	74%
배위수	8	12	12
종류	W, Cr, V, Mo, α-Fe, δ-Fe, Ba, Li, Ta, K	Cu, Au, Ag, Al, Pb, Ni, Pl, Ca, Ir, Pt, γ-Fe	Be, Cd, Co, Mg, Ti, Zn, Zr
설명	고강도, 고경도이고 용융점이 높으나 연성, 전성이 좋지 않다.	연성, 전성이 좋아 가공성이 좋으나 강도와 경도가 좋지 않다.	연성과 전성, 가공성이 좋지 않고 접착성이 불량하다.

(2) 금속의 변태

① 순철 : 불순물이 함유되지 않은 순도 100% 철

② 자기변태 : 강자성체의 금속을 가열하면 일정 온도 이상에서 금속의 결정구조는 변하지 않으나 자성을 잃어 상자성체로 변하는 현상이다. 자기변태점은 768℃이며 큐리점(curie)이라고도 한다.

③ 동소변태 : 결정격자가 변하는 변태이다. A_3(912℃), A_4(1400℃)점이 있다.

④ 순철에는 A_1변태점이 없고 강에만 존재한다.

⑤ 금속의 변태점 측정법
: 열분석법, 시차열분석법, 비열법, 열팽창법, X선분석법, 자기분석법, 전기저항법 등

(3) 밀러지수

결정 면이나 격자 면을 표시하는 기호

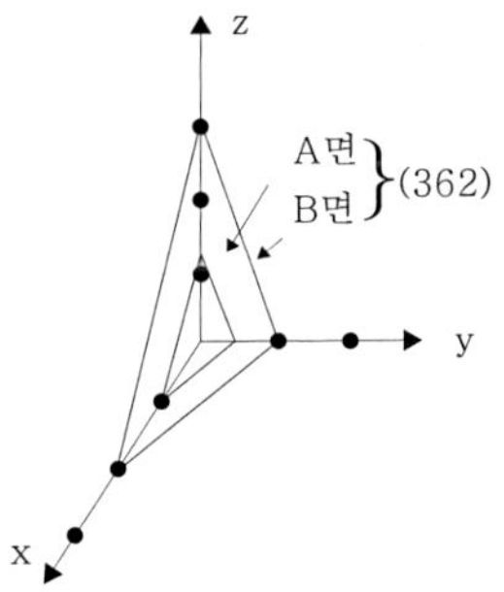

▌밀러지수(Miller Indices)

	A면			B면		
x,y,z,축을 자른 길이를 구한다.	1	1/2	3/2	2	1	3
역수를 취한다.	1/1	2	2/3	1/2	1/1	1/3
공통분모로 고친다.	3/3	6/3	2/3	3/6	6/6	2/6
분모를 제거하면 밀러지수가 된다.	3	6	2	3	6	2

1-4 기계재료의 변형

(1) 소성변형의 종류

비교	전위(Dislocation)	슬립(Slip)	쌍정(Twin)
그림	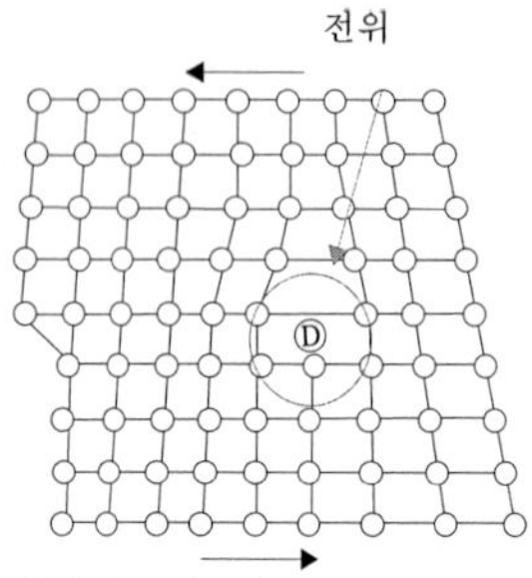	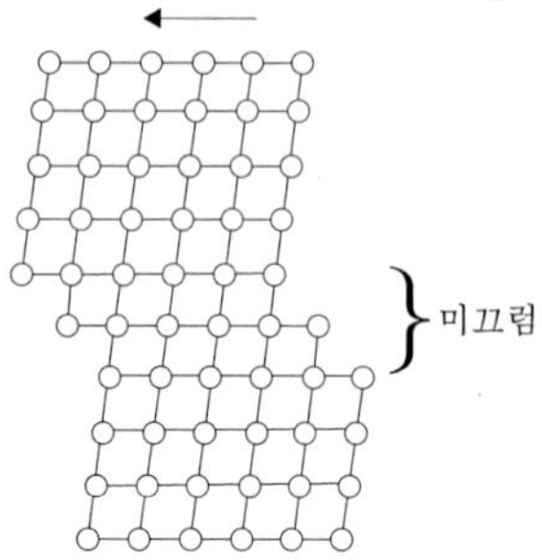	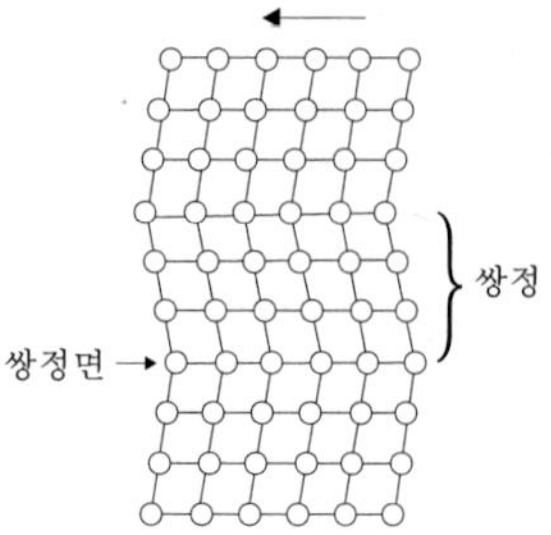
설명	금속의 결정격자가 불완전하거나 결함이 있을 때, 외력이 작용하면 불완전한 곳이나 결함이 있는 곳에서부터 이동(미끄럼)이 생기게 되는 것	압축, 인장에 의해 결정에 미끄럼이 발생하는 현상으로 연속성 파괴의 형태를 나타낸다.	같은 종류의 두 결정 개체 가 어느 면이나 축을 중심으로 서로 대칭으로 붙어 있는 것이다.

(2) 재결정

확산 현상을 통하여 금속재료가 낮은 전위 밀도와 변형이 없는 결정립을 형성하는 과정이다. 이 때, 재결정 온도는 1시간 안에 완전하게 재결정이 이루어지는 온도로 대략 $0.3T_m$~$0.5T_m$ 범위에 있다. (여기서, T_m : 녹는점)

① 재결정 특성

㉠ 냉간가공도가 클수록 재결정 온도는 낮아진다.
㉡ 냉간가공도가 클수록 재결정 입자는 작아진다.
㉢ 선택적 방향성은 재결정 후에도 유지된다.
㉣ 재결정시 강도는 감소하고 연성은 증가한다.
㉤ 냉간가공도가 일정할 때 온도가 증가하면 재결정시간은 감소한다.
㉥ 가공전 결정입자의 크기가 작을수록 재결정온도는 낮아진다.

② 냉간가공과 열간가공의 특징

가공 종류	냉간가공	열간가공
정의	재결정온도 이하에서의 가공	재결정온도 이상에서의 가공
특징	- 제품의 치수를 정확히 할 수 있다. - 가공면이 곱고 미려하고 아름답다. - 기계적 성질을 개선시킬 수 있다. - 가공방향으로 섬유조직이 되어 방향에 따라 강도가 달라진다. - 가공경화로 강도 및 경도가 증가하고 연신율이 감소한다. - 표면 거칠기가 향상된다. - 공구에 가해지는 압력이 크다. - 산화가 발생하지 않는다.	- 작은 동력으로 커다란 변형을 줄 수 있다. - 재질의 균일화가 이루어진다. - 가공도가 크므로 거친 가공에 적합하다. - 강괴 중의 기공이 압착된다. - 가열 때문에 산화되기 쉬워 표면산화물의 발생이 많기 때문에 정밀가공이 곤란하다. - 소재의 변형저항이 적어 소성가공이 유리하다. - 가공 표면이 거칠다. - 가공이 용이하다. - 표면의 균일성이 적다.

(3) 가공경화

재결정 온도 이하에서 냉간가공을 하면 결정결함수의 밀도 증가로 인해 단단해지는 현상이다. 강도, 경도는 증가하고 연신율, 인성, 단면수축율은 감소한다.

(4) 시효경화

금속재료를 적당한 온도에 일정 시간 동안놓아두면 단단해지는 현상이다. 황동, 강철, 두랄루민은 시효경화를 일으키기 쉬운 재료이다.

(5) 인공경화

인공적으로 상온보다 높은 온도에서 시효경화를 촉진 시키는 것이다.

(6) 상률

하나의 계의 성분수를 C라 하고 이와 평형하고 있는 상의 수를 P라고하면, 자유도는 F이다. 이러한 관계를 상률이라고 한다. 이는 금속의 상태도를 만드는데 가장 중요한 요소이다. 여기서 말하는 자유도는 외부 영향을 받지 않고 자유롭게 변화할 수 있는 상태를 말하며 독립 변수가 1이면 자유도 1이라 한다.

① 금속계의 상률 : 자유도 : $F = C - P + 1$

② 일반계의 상률 : 자유도 : $F = C - P + 2$

핵심 예상문제

기계재료

01. 기계재료의 기본

01

금속의 인장시험의 기계적 성질에 대한 설명으로 옳지 않은 것은?

① 응력이 증가함에 따라 탄성 영역에 있던 재료가 항복을 시작하는 위치에 도달하게 된다.
② 탄력(resilience)은 탄성 범위 내에서 에너지를 흡수하거나 방출할 수 있는 재료의 능력을 나타낸다.
③ 연성은 파괴가 일어날 때까지의 소성변형의 정도이고 단면 감소율로 나타낼 수 있다.
④ 인성(toughness)은 인장강도 전까지 에너지를 흡수할 수 있는 재료의 능력을 나타낸다.

***인성(Toughness)**
파괴가 일어나기까지의(파단강도 전까지의) 재료의 에너지 흡수력

02

다음 중 인성(toughness)에 대한 설명으로 옳은 것은?

① 국부 소성 변형에 대한 재료의 저항성
② 파괴가 일어나기까지의 재료의 에너지 흡수력
③ 탄성변형에 따른 에너지 흡수력과 하중 제거에 따른 이에너지의 회복력
④ 파괴가 일어날 때까지의 소성 변형의 정도

***인성(Toughness)**
파괴가 일어나기까지의(파단강도 전까지의) 재료의 에너지 흡수력

① : 경도(Hardness)에 대한 설명
③ : 탄력(Resilience)에 대한 설명
④ : 연성(Ductility)에 대한 설명

03

고온에서 강에 탄성한도보다 낮은 인장하중이 장시간 작용할 때 변형이 서서히 커지는 현상은?

① 피로 ② 크리프
③ 잔류응력 ④ 바우싱거 효과

***크리프(Creep)**
고온에서 강에 탄성한도보다 낮은 인장하중이 장시간 작용할 때 변형이 서서히 커지는 현상

04

크리프(creep)에 대한 설명으로 옳지 않은 것은?

① 크리프 현상은 결정립계를 가로지르는 전위(dislocation)에 기인한다.
② 시간에 대한 변형률의 변화를 크리프 속도라고 한다.
③ 고온에서 작동하는 기계 부품 설계 및 해석에서 중요하게 고려된다.
④ 일반적으로 온도와 작용하중이 증가하면 크리프 속도가 커진다.

***크리프(Creep) 현상**
고하중 및 고온에서 재료의 변형이 진행되는 현상

크리프 현상의 원인은 결정립계의 미끄럼과 고온에 의한 확산이다.

01.④ 02.② 03.② 04.①

05

재료의 성질에 대한 설명으로 옳지 않은 것은?

① 경도 – 영구적인 압입에 대한 저항성
② 크리프 – 동하중이 가해진 상태에서 시간의 경과와 더불어 변형이 계속되는 현상
③ 인성 – 파단될 때까지 단위 체적당 흡수한 에너지의 총량
④ 연성 – 파단 없이 소성변형 할 수 있는 능력

***크리프(Creep) 현상**
고하중 및 고온에서 재료의 변형이 진행되는 현상

06

금속의 파괴 현상 중 하나인 크리프(creep)현상에 대한 설명으로 적절한 것은?

① 응력이 증가하여 재료의 항복점을 지났을 때 일어나는 파괴 현상
② 반복응력이 장시간 가해졌을 때 일어나는 파괴 현상
③ 응력과 온도가 일정한 상태에서 시간이 지남에 따라 변형이 연속적으로 진행되는 현상
④ 균열이 진전되어 소성변형 없이 빠르게 파괴되는 현상

***크리프(Creep) 현상**
고하중 및 고온에서 재료의 변형이 진행되는 현상

① 연성파괴에 대한 설명
② 피로파괴에 대한 설명
④ 취성파괴에 대한 설명

07

다음 중 기계재료가 갖추어야 할 일반적 성질과 관계가 먼 것은?

① 힘을 전달하는 기구학적 특성
② 주조성, 용접성, 절삭성 등의 가공성
③ 적정한 가격과 구입의 용이성 등의 경제성
④ 내마멸성, 내식성, 내열성 등의 물리화학적 특성

***기계재료가 갖추어야 할 성질**
① 주조성, 용접성, 절삭성, 연성 등의 가공성
② 적정한 가격과 구입의 용이성 등의 경제성
③ 내마멸성, 내식성, 내열성 등의 물리화학적 특성
④ 열처리성
⑤ 표면처리성

08

상온에서 비중이 작은 금속부터 순서대로 바르게 나열된 것은?

① 알루미늄 – 마그네슘 –티타늄
② 알루미늄 –티타늄 – 마그네슘
③ 마그네슘 – 알루미늄 –티타늄
④ 티타늄 – 마그네슘 - 알루미늄

마그네슘 : 비중 1.7
알루미늄 : 비중 2.7
티타늄 : 비중 4.5

05.② 06.③ 07.① 08.③

09

비중이 가벼운 금속부터 차례로 나열된 것은?

① 마그네슘 – 알루미늄 – 티타늄 – 니켈
② 알루미늄 – 니켈 – 티타늄 – 마그네슘
③ 알루미늄 – 마그네슘 – 티타늄 – 니켈
④ 니켈 – 마그네슘 – 알루미늄 – 티타늄

***금속의 비중**
마그네슘(1.7) < 알루미늄(2.7) < 티타늄(4.5) < 니켈(8.85)

10

비철금속인 구리, 아연, 알루미늄, 황동의 특성에 대한 설명 중 옳지 않은 것은?

① 구리는 열과 전기의 전도율은 좋으나 기계적 강도가 낮다.
② 황동은 구리와 아연의 합금이며 주조와 압연이 용이하다.
③ 아연은 비중이 2.7 정도로 알루미늄보다 가벼우며, 매우 연한 성질을 가지고 있다.
④ 알루미늄은 공기나 물속에서 표면에 얇은 산화피막을 형성할 때 내부식성이 우수하다.

아연(비중 7.14)은 알루미늄(2.7)보다 무거우며, 매우 연한 성질을 가지고 있다.

11

금속 재료들의 열전도율과 전기전도율이 좋은 순서대로 바르게 나열한 것은?

① $Al > Cu > Pb > Fe$
② $Cu > Al > Fe > Pb$
③ $Al > Cu > Fe > Pb$
④ $Cu > Al > Pb > Fe$

***금속의 열전도율, 전기전도율 순서**
Ag > Cu > Au > Al > Mg > Zn > Ni > Fe > Pb > Sb

12

금속결정 중 체심입방격자(BCC)의 단위격자에 속하는 원자의 수는?

① 1 개　② 2 개
③ 4 개　④ 8 개

***결정구조 단위정 내 원자수**
① 체심입방격자(BCC) : 2개
② 면심입방격자(FCC) : 4개
③ 조밀육방격자(HCP) : 2개

13

금속의 결정구조 분류에 해당하지 않는 것은?

① 공간입방격자
② 체심입방격자
③ 면심입방격자
④ 조밀육방격자

***금속의 결정구조**
① 체심입방격자(BCC)
② 면심입방격자(FCC)
③ 조밀육방격자(HCP)
④ 단순입방격자(SC)

09.① 10.③ 11.② 12.② 13.①

14

금속의 결정격자구조에 대한 설명으로 옳은 것은?

① 체심입방격자의 단위 격자당 원자는 4개이다.
② 면심입방격자의 단위 격자당 원자는 4개이다.
③ 조밀육방격자의 단위 격자당 원자는 4개이다.
④ 체심입방격자에는 정육면체의 각 모서리와 각 면의 중심에 각각 1개의 원자가 배열되어 있다.

***결정구조 단위정 내 원자수**
① 체심입방격자(BCC) : 2개
② 면심입방격자(FCC) : 4개
③ 조밀육방격자(HCP) : 2개

15

다음 중 금속의 결정 구조를 올바르게 연결한 것은?

① 알루미늄(Al) – 체심입방격자
② 금(Au) – 조밀육방격자
③ 크롬(Cr) – 체심입방격자
④ 마그네슘(Mg) – 면심입방격자

***금속의 결정구조의 원소**

구조	원소
체심입방격자(BCC)	W, Cr, V, Mo, α–Fe, δ–Fe, Ba, Li, Ta, K
면심입방격자(FCC)	Cu, Au, Ag, Al, Pb, Ni, Pl, Ca, Ir, Pt, γ–Fe
조밀육방격자(HCP)	Be, Cd, Co, Mg, Ti, Zn, Zr

16

상온에서 금속결정의 단위격자가 면심입방격자(FCC)인 것만을 모두 고른 것은?

ㄱ. Pt	ㄴ. Cr
ㄷ. Ag	ㄹ. Zn
ㅁ. Cu	

① ㄱ, ㄷ, ㄹ　② ㄱ, ㄷ, ㅁ
③ ㄴ, ㄷ, ㄹ　④ ㄷ, ㄹ, ㅁ

***금속의 결정구조의 원소**

구조	원소
체심입방격자(BCC)	W, Cr, V, Mo, α–Fe, δ–Fe, Ba, Li, Ta, K
면심입방격자(FCC)	Cu, Au, Ag, Al, Pb, Ni, Pl, Ca, Ir, Pt, γ–Fe
조밀육방격자(HCP)	Be, Cd, Co, Mg, Ti, Zn, Zr

14.② 15.③ 16.②

17

금속원자의 결정면은 밀러지수(Miller index)의 기호를 사용하여 표시할 수 있다. 다음 그림에서 빗금으로 표시한 입방격자면의 밀러지수는?

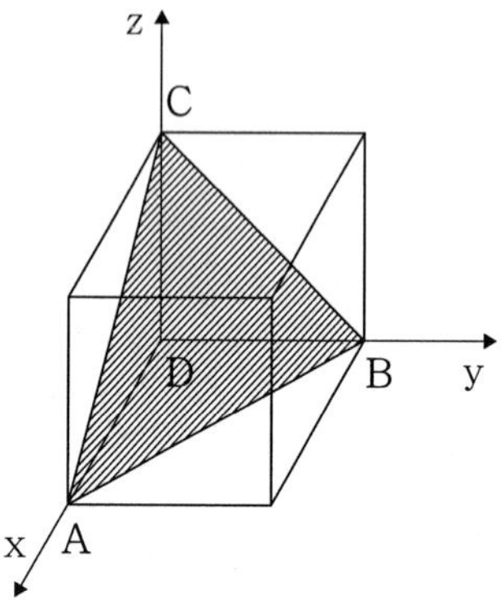

① (100) ② (010)
③ (110) ④ (111)

밀러지수 : 결정면을 정의하는 방법

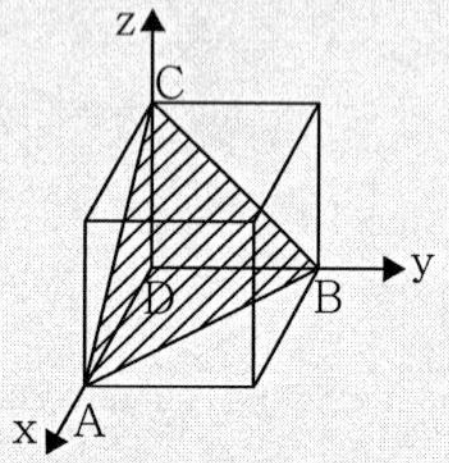

밀러지수 찾는 방법
x,y,z의 절편값 1, 1, 1
밀러지수 = 1, 1, 1

18

특정한 온도영역에서 이전의 입자들을 대신하여 변형이 없는 새로운 입자가 형성되는 재결정에 대한 설명으로 가장 부적절한 것은?

① 재결정 온도는 일반적으로 약 1시간 안에 95%이상 재결정이 이루어지는 온도로 정의한다.
② 금속의 용융 온도를 절대온도 T_m이라 할 때 재결정 온도는 대략 $0.3T_m \sim 0.5T_m$ 범위에 있다.
③ 재결정은 금속의 연성을 증가시키고 강도를 저하시킨다.
④ 냉간 가공도가 클수록 재결정온도는 높아진다.

19

특정한 온도 영역에서 이전의 결정립을 대신하여 새로운 결정립이 생성되는 금속의 재결정에 대한 설명으로 옳지 않은 것은?

① 재결정은 금속의 강도를 낮추고 연성을 증가시킨다.
② 냉간가공도가 클수록 재결정 온도는 낮아진다.
③ 냉간가공에 의한 선택적 방향성은 재결정 온도에서 등방성으로 회복된다.
④ 냉간가공도가 일정한 경우에는 온도가 증가함에 따라 재결정 시간이 줄어든다.

17.④ 18.④ 19.③

20

금속의 재결정에 대한 설명으로 옳지 않은 것은?

① 재결정 온도는 일반적으로 약 1시간 이내에 재결정이 완료되는 온도이다.
② 금속의 용융 온도를 T_m이라 할 때 재결정 온도는 대략 $0.3T_m \sim 0.5T_m$ 범위 내에 있다.
③ 냉간가공률이 커질수록 재결정 온도는 높아진다.
④ 재결정은 금속의 연성은 증가시키고 강도는 저하시킨다.

***재결정 온도**
1시간 안에 완전하게 재결정이 이루어지는 온도로 대략 0.3Tm~0.5Tm 범위에 있다.
(Tm : 녹는점)

***재결정 특성**
① 금속의 강도를 낮추고 연성을 증가시킨다.
② 냉간가공도가 클수록 재결정 온도는 낮아진다.
③ 냉간가공도가 클수록 재결정 시간은 감소한다.
④ 냉간가공도가 일정한 경우에는 온도가 증가함에 따라 재결정 시간이 줄어든다.
⑤ 가공전 결정입자의 크기가 작을수록 재결정온도는 낮아진다.
⑥ 냉간가공으로 인한 방향성(이방성)은 재결정 후 남아있고, 더 높은 온도에서 가열하면 방향성(이방성)이 없어진다.
⑦ 냉간가공에 의한 선택적 방향성은 재결정 후에도 유지된다.

21

재료의 재결정온도보다 높은 온도에서 가공하는 열간가공의 특징으로 가장 옳은 것은?

① 치수정밀도 저하
② 큰 변형응력 요구
③ 정밀한 치수
④ 가공경화로 인한 강도 상승

22

냉간가공과 열간가공에 대한 설명으로 옳지 않은 것은?

① 냉간가공을 하면 가공면이 깨끗하고 정확한 치수 가공이 가능하다.
② 재결정온도 이상에서의 가공을 열간가공이라 한다.
③ 열간가공은 소재의 변형저항이 적어 소성가공이 용이하다.
④ 냉간가공은 열간가공보다 표면산화물의 발생이 많다.

23

열간가공과 냉간가공에 대한 설명으로 옳은 것은?

① 열간가공은 냉간가공에 비해 표면 거칠기가 향상된다.
② 열간가공은 냉간가공에 비해 정밀한 허용 치수 오차를 갖는다.
③ 일반적으로 열간가공된 제품은 냉간가공된 같은 제품에 비해 균일성이 적다.
④ 열간가공은 냉간가공에 비해 가공이 용이하지 않다.

24

열간 가공에 대한 설명으로 옳지 않은 것은?

① 냉간 가공에 비해 가공 표면이 거칠다.
② 가공 경화가 발생하여 가공품의 강도가 증가한다.
③ 냉간 가공에 비해 가공에 필요한 동력이 작다.
④ 재결정 온도 이상으로 가열한 상태에서 가공한다.

20.③ 21.③ 22.④ 23.③ 24.②

*냉간가공(상온가공)
재결정온도 이하에서의 가공

*열간가공(고온가공)
재결정온도 이상에서의 가공

*냉간가공과 열간가공 특징

냉간가공	열간가공
- 제품의 치수를 정확히 할 수 있다. - 가공면이 곱고 미려하고 아름답다. - 기계적 성질을 개선시킬 수 있다. - 가공방향으로 섬유조직이 되어 방향에 따라 강도가 달라진다. - 가공경화로 강도 및 경도가 증가하고 연신율이 감소한다. - 표면 거칠기가 향상된다. - 공구에 가해지는 압력이 크다. - 산화가 발생하지 않는다.	- 작은 동력으로 커다란 변형을 줄 수 있다. - 재질의 균일화가 이루어진다. - 가공도가 크므로 거친 가공에 적합하다. - 강괴 중의 기공이 압착된다. - 가열 때문에 산화되기 쉬워 표면산화물의 발생이 많기 때문에 정밀가공이 곤란하다.(가공표면이 거칠다.) - 소재의 변형저항이 적어 소성가공이 유리하다. - 표면 거칠기가 감소된다. - 가공이 용이하다. - 균일성이 적다.

25

재결정 온도에 대한 설명으로 옳은 것은?

① 1시간 안에 완전하게 재결정이 이루어지는 온도
② 재결정이 시작되는 온도
③ 시간에 상관없이 재결정이 완결되는 온도
④ 재결정이 완료되어 결정립 성장이 시작되는 온도

*재결정 온도
1시간 안에 완전하게 재결정이 이루어지는 온도로 대략 0.3Tm~0.5Tm 범위에 있다.
(Tm : 녹는점)

26

강(steel)의 재결정에 대한 설명으로 옳지 않은 것은?

① 냉간가공도가 클수록 재결정 온도는 높아진다.
② 냉간가공도가 클수록 재결정 입자크기는 작아진다.
③ 재결정은 확산과 관계되어 시간의 함수가 된다.
④ 선택적 방향성은 재결정 후에도 유지된다.

*재결정
확산 현상을 통하여 금속재료가 낮은 전위 밀도와 변형이 없는 결정립을 형성하는 과정

*재결정 특성
① 냉간가공도가 클수록 재결정 온도는 낮아진다.
② 냉간가공도가 클수록 재결정 입자는 작아진다.
③ 선택적 방향성은 재결정 후에도 유지된다.
④ 재결정 시 강도는 감소하고 연성은 증가한다.
⑤ 냉간가공도가 일정할 때 온도가 증가하면 재결정시간은 감소한다.
⑥ 가공전 결정입자의 크기가 작을수록 재결정온도는 낮아진다.

25.① 26.①

Memo

Chapter 2

철강과 특수강

2-1 철강(Steel)의 제작

용어		설명
용광로		철광석으로부터 선철을 만드는데 사용되는 노로이다.
큐폴라(=용선로)		주철을 용해하는 가마로, 용량은 1시간에 용해할 수 있는 쇳물의 무게를 ton으로 표시한다.
도가니로		합금강을 용해하는 가마이다.
제선		용광로에 코크스, 철광석, 석회석을 교대로 장입하고 용해하여 선철을 만드는 과정이다.
제강		용광로에서 나온 선철을 다시 평로, 전기로 등에 넣어 불순물을 제거하여 제품을 만드는 과정이다.
정련		불순물을 제거하고 순도 높은 금속을 제작하는 것이다.
강괴(Steel Ingot)		정련이 끝난 용강에 탈산제를 집어 넣어 탈산시킨 후에 주형에 주입하여 그 안에서 응고시켜 제조한 금속 덩어리이다.
탈산정도에 따른 강의 분류	킬드강	노속이나 쇳물 바가지에서 페로실리콘(Fe-Si), Al, Si 등의 강력한 탈산제(산소제거)를 첨가해 충분히 탈산시킨 완전 탈산강이다. 배출되는 가스가 없기 때문에 조용히 응고한다. 기포나 편석, 불순물이 없으나 헤어크랙이 생기기 쉬우며 상부에 수축공이 생기기 쉽다. 조선압연판에 주로 사용한다.
	림드강	용강에 주로 페로망간(=망간철) 탈산제를 소량 첨가한 것으로서 충분히 처리를 행하지 않은 상태이다. 불완전탈산강이며 기포발생이 쉽고 편석이 되기 쉽다.
	세미킬드강	탈산도가 킬드강과 림드강의 중간에 있는 강이다.
	캡드강	강 중 산소량을 규정값으로 조절한 림드강의 변형체이다.

2-2 탄소 함유량에 따른 철강의 분류

(1) 강의 탄소 함유량 증가에 따른 특성

증가하는 요소	감소하는 요소	일정한 요소
인장강도, 항복점, 경도, 비열, 전기저항, 항자력, 주조성	인성, 연성, 연신율, 단면감소율, 열전도도, 열팽창계수, 비중, 내식성, 용접성	탄성계수, 강성, 포아송비

(2) 순철(Pure Iron) : 탄소함유량이 0.02% 이하인 순수한 철

① 비중이 7.87, 용융점이 1538℃이다.
② α고용체(페라이트 조직)를 가진다.
④ 유동성, 열처리성이 적고 항복점, 인장강도가 낮다.
⑤ 단면수축률, 충격값, 인성이 크고 산에 대한 내식성이 있다.

(3) 탄소강(Carbon Steel) : 철과 탄소의 합금으로 0.02~2.1%의 탄소를 함유한 강

① 탄소함유량이 많아질수록 인장강도, 경도, 항복점, 전기저항이 커지고 탄성률, 비중, 열팽창계수, 열전도율이 낮아진다.

② 탄소량이 감소하면 연신률, 단면수축률은 증가한다.

③ 재료가 300℃ 부근이 되면 충격치는 최소치가 된다.

(4) 탄소강의 5대 원소

원소	설명
탄소(C)	강의 강도를 높여준다. 오스테나이트에 고용되어 담금질시 마텐자이트 조직을 형성한다. 탄소량이 증가하면 담금질 경도를 향상 시키지만, 담금질시 변형 가능성을 크게 만들기도 한다.
규소(Si)	연신율, 충격치를 적게하고 탄성한계, 강도, 경도를 크게한다.
망간(Mn)	강을 흑연화하고 지열취성, 적열취성을 방지한다. 또한 고온에서 결정립성장을 억제한다.
황(S)	유동성을 감소시켜 취성이 증가하고 강도가 감소되기 때문에 주조가 곤란하다.
인(P)	결정립을 조대화 시키고 담금질 균열의 원인이 된다. 상온취성의 원인이며 강도와 경도를 증가시키지만 연신율은 감소시킨다.

(5) **탄소함유량에 따른 탄소강의 분류**

: 탄소강은 주로 기계구조용 재료로 이용된다.

탄소강 분류	탄소함유량
아공석강	0.02 ~ 0.8%
공석강	0.8%
과공석강	0.8 ~ 2.1%

(6) **탄소함유량에 따른 주철의 분류**

주철 분류	탄소함유량
아공정주철	2.1 ~ 4.3%
공정주철	4.3%
과공정주철	4.3 ~ 6.67%

2-3 Fe-C 평형 상태도

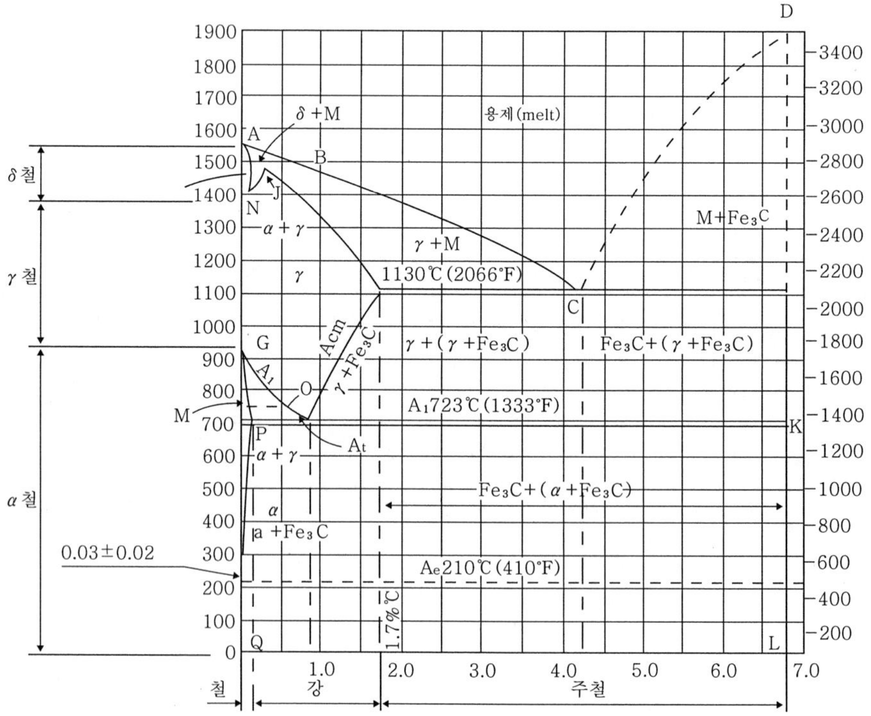

▎Fe-Fe_3C 상태도

(1) 순철의 동소체

동소체	온도	원자 배열
α철	912℃ 이하	체심입방격자(BCC)
γ철	912 ~ 1400℃	면심입방격자(FCC)
δ철	1400℃ 이상	체심입방격자(BCC)

(2) 철강의 기본 조직

조직	설명
페라이트	탄소를 고용하고 있는 α철과 δ철이다. 체심입방격자(BCC)를 가지며 $[\alpha - Fe]$ 또는 $[\delta - Fe]$로도 표현한다.
오스테나이트	탄소를 고용하고 있는 γ철이다. 면심입방격자(FCC)를 가지며. $[\gamma - Fe]$로도 표현한다.
시멘타이트	철과 탄소가 결합한 탄화물이며 경도가 굉장히 높아 압연과 단조가 불가능하다. $[Fe_3C]$로도 표현한다.
펄라이트	페라이트$[\alpha - Fe]$와 시멘타이트$[Fe_3C]$가 층을 이루는 공석조직을 가지며 강도가 크고 어느 정도의 연성이 있다.
레데뷰라이트	오스테나이트$[\gamma - Fe]$와 시멘타이트$[Fe_3C]$의 공정을 나타낸다.
✔ 탄소함유량 0.8% 이하의 강에서 그 상온의 조직은 페라이트와 펄라이트로 되고 탄소함유량 0.8% 이상의 강 또는 주철에서는 시멘타이트와 펄라이트로 된다.	

(3) 변태점

변태점	온도	특징
A_0 변태점	210℃	시멘타이트의 자기변태점(=퀴리점) ※ 자기변태 : 원자 배열이 변하지 않은 상태로 자기 강도만 변화한다.
A_1 변태점	723℃	동소변태점(=공석변태점), 강에만 존재하고, 순철에는 없다. ※ 동소변태 : 원자는 동일하나 배열이 변화한다.
A_2 변태점	768℃	순철의 자기변태점
	770℃	강의 변태점
A_3 변태점	912℃	순철의 동소변태점 (α철 $\rightleftarrows$ γ철)
A_4 변태점	1400℃	순철의 동소변태점 (γ철 $\rightleftarrows$ δ철)

(4) 합금되는 금속의 반응

금속 반응	설명
공석 반응(A)	고용체 $\rightleftarrows$ 고체A + 고체B 탄소함유량 0.8%의 조성을 갖는 $[\gamma-Fe]$(오스테나이트)가 723℃의 일정한 온도에서 탄소함유량 0.02%의 조성을 갖는 $[\alpha-Fe]$(페라이트)와 탄소함유량 6.67%의 $[Fe_3C]$(시멘타이트)로 분해되는 반응이다.
공정 반응(B)	액체 $\rightleftarrows$ 고체A + 고체B 탄소함유량 4.3%의 조성을 갖는 액상이 1148℃의 일정한 온도에서 탄소함유량 2.1%의 조성을 갖는 $[\gamma-Fe]$(오스테나이트)와 탄소함유량 6.67%의 $[Fe_3C]$(시멘타이트)로 변화하는 반응이다.
포정 반응(C)	고체B + 액체 $\rightleftarrows$ 고체A 탄소함유량 0.53%의 조성을 갖는 액상과 탄소함유량 0.09%의 조성을 갖는 $[\delta-Fe]$(페라이트)가 1495℃의 일정한 온도에서 탄소함유량 0.2%의 조성을 갖는 $[\gamma-Fe]$(오스테나이트)로 변화하는 반응이다.
포석 반응	고체B $\rightleftarrows$ 고용체 + 고체A 고용체와 고체가 냉각될 때 또 다른 하나의 고상으로 바뀌나 반대로 가열될 때에는 하나의 고상이 액상과 또다른 고상으로 바뀌는 반응이다.
편정 반응	액체B $\rightleftarrows$ 고체 + 액체A 하나의 용액에서 고상과 다른 종류의 용액을 동시에 생성하는 반응이다.

(5) 취성의 원인

취성	설명
청열취성	200~300℃ 부근에서 N(질소)가 반응하여 인장 강도는 상온보다 상승하여 최대를 이루나, 신장률이나 수축률이 최소가 된다.
적열취성	900~1000℃ 이상 고온에서 S(황)과의 반응으로 발생한다. Mn(망간)을 첨가하여 방지할 수 있다.
상온취성 (=저온취성)	−30℃~−20℃에서 P(인)과의 반응으로 발생한다. 열처리를 하여 방지할 수 있다.
고온취성	고온에서 연성이 저하하여 발생하며 Cu(구리)가 원인이다.

2-4 특수강

(1) 특수강(=합금강) : 탄소강에 원소를 첨가하여 기계적 성질은 향상시킨 강이다.

(2) 특수강 제조 목적

① 절삭성, 내마멸성, 내식성 개선
② 고온강도 저하 방지
③ 담금질성 향상
④ 소성가공의 개량
⑤ 결정입도의 성장방지
⑥ 단접, 용접이 용이

(3) 특수강에 첨가하는 원소

원소	설명
Ni(니켈)	- 특수청동 중 열전대, 뜨임시효 경화성 합금으로 사용이 가능하다. - 내식성, 주조성, 용접성, 내산성, 강인성 등 증가시키고 저온취성을 방지한다. - 페라이트 조직을 안정화한다. - 주조상태 그대로 또는 열처리하여 각종 구조용 주물로 이용한다. - 강자성체, 큰 하중을 받거나 고속회전 하는 축에 사용되는 합금의 성분이다.
Mn(망간)	- 적열취성을 감소시킨다. - 함유량 증가 시 내마멸성이 커진다.
Cr(크롬)	- 4% 이상 함유될 경우 단조성이 감소한다. - 경도, 강도, 내마멸성, 내식성, 내열성, 자경성이 증가한다. - 큰 하중을 받거나 고속회전 하는 축에 사용되는 합금의 성분이다.
W(텅스텐)	- 고온에서 강도와 경도가 증가한다. - 탄화물을 만들기 쉽다. - 내마멸성이 증가한다.
Mo(몰리브덴)	- 질량효과(Mass Effect)를 감소 시킨다. - 담금질성과 강인성이 증가한다. - 고온에서 강도, 경도의 저하가 작다. - 뜨임취성 방지, 큰 하중을 받거나 고속회전 하는 축에 사용되는 합금의 성분이다.
V(바나듐)	- *Mo*(몰리브덴)과 비슷하나 경화성은 더 크다. - 단독으로 사용하지 않고 *Cr*(크롬) 또는 *W*(텅스텐)과 함께 사용한다.
Cu(구리)	- 석출 경화를 일으키기 쉽다. - 내산화성을 나타낸다.
Si(규소)	- 적은 함유량은 다소 경도와 인장강도를 증가시킨다. - 많은 함유량은 내식성과 내열성을 증가시킨다. - 전자기적 성질을 개선한다.
Co(코발트)	- 고용 경도와 고온 인장강도를 증가시킨다.
Ti(티타늄)	- *Si*(규소)나 *V*(바나듐)과 비슷하다. - 부식에 대한 저항을 증가시켜 탄화물 만들기 쉽다.

(4) 구조용 특수강

① 강인강

탄소강으로 얻기 어려운 강인성을 가지기 위해 탄소강에 Ni, Cr, Mo, W, V, Ti, Zr, Co, B, Si 등을 적당량 첨가한 구조용 특수강이다.

② 표면 경화강

내부 강도와 표면 경도를 동시에 요구하는 재료에 쓰이는 구조용 특수강이다.

명칭	종류	설명
강인강	Mn(망간)강	Mn(망간)을 다량으로 첨가해 공기 중에서 냉각해도 쉽게 마텐자이트, 오스테나이트 조직이 된다. ① 고망간강 오스테나이트계이며 Mn(망간)함유량 10~14% 이다. 경도는 낮으나 내마모성이크다. 주로 분쇄기롤러, 기차레일 교차점에 사용된다. ② 저망간강 펄라이트계이며 Mn(망간)함유량 1~2% 이다. 항복점과 인장강도가 크고 전연성의 감소가 적다. 조선, 차량, 건축, 교량, 토목구조물에 사용된다.
	Ni(니켈)강	1.5~5% Ni(니켈)을 첨가한 것으로 표준 상태에서 펄라이트 조직이다. 질량효과가 적고 자경성, 강인성이 목적이다.
	Cr(크롬)강	1~2% Cr(크롬)을 첨가한 것으로 상온에서 펄라이트 조직, 자경성, 내마모성이 목적이다.
	$Ni-Cr$강 (SNC)	- 가장 널리 쓰이는 구조용 강으로 Ni강에 1% 이하의 Cr(크롬)첨가로 경도를 보충한 강이다. - 냉각 중 헤어크랙, 백점 등을 발생시키며 뜨임 메짐이 있다. - 강인하고 점성이 크며 담금질성이 높다. - 850℃ 담금질, 550~680℃에서 뜨임하여 소르바이트 조직을 얻는다.
	$Ni-Cr-Mo$강 (SNCM)	- Mo(몰리브덴)첨가로 뜨임 취성을 방지한다. - 고급 내연기관의 크랭크축, 기어, 축 등에 쓰인다.
	$Cr-Mo$강 (SCM)	- 펄라이트 조직의 강으로 뜨임취성이 없고 용접성 우수하다 - 인장강도, 충격저항이 증가하고 $Ni-Cr$강의 대용으로 사용한다.
	$Cr-Mn-Si$강	구조용 강으로 값이 저렴하고 기계적 성질이 좋아 차축 등에 널리 쓰인다.
	고장력강	인장강도 50N/mm^2 이상, 항복강도 32N/mm^2 이상의 강으로 인장강도 200N/mm^2 이상의 것은 초고장력강이라 한다.
표면 경화강	침탄강	보통 저탄소강(0.25% 이하)이 사용되나 보다 우수한 성능이 요구될 땐, Ni, Cr, Mo, W, V 등을 함유하는 특수강에 쓰인다.
	질화강	Al, Cr, Mo, Ti, V 등의 원소 중에 2가지 이상의 원소를 함유한 것이 사용된다.
	쾌삭강	탄소강에 S, Pb, P, Mn을 첨가하여 개선한 구조용 특수강이며 절삭성이 좋다.
	스프링강 (SPS)	탄성한도, 항복점이 높은 $Si-Mn$강에 사용되며, 소르바이트 조직으로 경도가 높다. 고급 스프링과 같은 정밀고급품에는 $Cr-V$강을 사용한다.

(5) 공구용 특수강

① 탄소공구강(=고탄소강 , STC)

㉠ 고탄소강을 담금질하여 강도와 경도를 현저히 향상시킨 공구강
㉡ STC 1종에서 7종으로 갈수록 탄소량 감소한다.
㉢ 탄소공구강은 7종류의 STC강이 있으며 탄소함유량이 0.6~1.5%이다.
㉣ 킬드강괴를 열처리하여 제조한다.
㉤ P(인)과 S(황)의 양이 적은 것이 양질이다.
㉥ 줄, 펀치, 정, 쇠톱날 등의 재료로 이용된다.

② 합금공구강(STS) : STC에 W, Cr, V, Mo을 첨가하여 고온경도 개선, 담금질 효과를 나타낸다.

(6) 표준형 고속도 공구강(=고속도강, SKH)

: 주성분이 $W(18\%)-Cr(4\%)-V(1\%)$ 이고 여기에 $C(0.8\%)$ 으로 구성된 고속도강으로 18-4-1형 이라고도 불린다.

① 풀림온도 : 800~900℃

② 담금질온도 : 1200~1300℃ (1차 경화)

③ 뜨임온도 : 550~580℃ (2차 경화)

✔ 2차 경화란 저온에서 불안정한 탄화물이 형성된 후 경화하는 현상이다.

④ 고속도강에서 요구되는 성질

㉠ 고온경도 ㉡ 내마멸성 ㉢ 내충격성 ㉣ 내마모성

(7) 스텔라이트 : $Co-Cr-W-C$계 합금으로 코발트에 크로뮴, 텅스텐을 섞은 내열성 합금이다.
그 자체로 경도가 높아 담금질을 할 필요가 없다.

(8) 초경합금 : 금형재료로 경도와 내마모성이 우수하고 대량 생산에 적합하다.

(9) 세라믹(Ceramics)

① 알루미나(Al_2O_3)를 주성분으로 하여 결합제를 거의 사용하지 않은 소결공구이다.
② 산화가 되지 않으며 열을 흡수하지 않아 공구를 과열시키지 않는다.
③ 철과의 친화력이 없어 구성인선이 발생하지 않으며 고속정밀가공에 적합하다.

(10) 특수용도용 특수강

① 스테인리스강 : 강철에 크롬과 니켈 등을 가해 녹이 없는 강철로 만든 것으로 구성 성분은 Cr(크롬, 18%로 가장 많은 비율), Ni, Mn, Si, C, P, S 등이 있다.

종류	설명
페라이트계(Cr 계)	표면을 잘 연미하거나 담금질 상태의 것은 내식성이 좋으나 풀림 상태이거나 잘 연마하지 않은 것은 녹슬기 쉽다. 유기산, 질산에는 침식하지 않으나 다른 산류에는 침식되고 오스테나이트계에 비해 내산성이 작다.
마텐자이트계(Cr 계)	열처리에 의해 경화가 가능하고 담금질을 하여 마텐자이트화한 뒤 이대로는 취성이 있으므로 풀림처리를 해서 질긴 성질을 높인다. 이 열처리 후의 강도는, 탄소의 함유량에 의해 변화하며, 일반적으로 저탄소인 경우 질긴 성질이 뛰어나고 고탄소인 경우 내마모성이 뛰어나다.
오스테나이트계 ($Cr-Ni$ 계)	Cr(18%)$-Ni$(8%)로 18-8형 스테인리스강, Ti(티타늄), Nb(나이오븀)을 첨가해 예민화를 방지한다.
석출 경화형계	오스테나이트와 마르텐자이트의 단점을 없애고 이들의 장점을 겸비한 강으로 성형성, 내열성, 내식성이 향상되고 고온강도도 향상되는 스테인리스강이다.

② 불변강

종류	설명
인바 (Invar)	$Fe-Ni$(36%) 의 합금으로 상온에서 열팽창계수가 매우 작기 때문에 온도조절용 바이메탈, 시계추, 표준자, 줄자로 사용된다.
엘린바 (Elinvar)	$Fe-Ni$(36%), Cr(12%)의 합금이다. 주로, 기계태엽, 정밀계측기, 다이얼 게이지 등을 만들 때 사용된다.
코엘린바 (Co-elinvar)	엘린바에 Co(코발트)를 첨가한 강이다. 공기나 물에 부식되지 않으며 주로, 태엽, 스프링 등을 만들 때 사용된다.
초인바 (Super Invar)	인바보다 선팽창계수가 더 작은 우수한 불변강이다.
플래티나이트 (Platinite)	$Fe-Ni$(46%)의 합금으로 평행계수가 유리와 거의 같으며, 백금선 대용의 전구 도입선에 사용된다.

③ 영구 자석강 : 잔류자속 밀도 및 보자력 그리고 경도가 크다.

Memo

핵심 예상문제

기계재료

02. 철강과 특수강

01

큐폴라(cupola)의 용량에 대한 설명으로 가장 옳은 것은?

① 1회에 용해할 수 있는 구리의 무게를 kg으로 표시한다.
② 1시간에 용해할 수 있는 구리의 무게를 kg으로 표시한다.
③ 1회에 용해할 수 있는 쇳물의 무게를 ton으로 표시한다.
④ 1시간에 용해할 수 있는 쇳물의 무게를 ton으로 표시한다.

*큐폴라(용선로, Cupola)의 용량[ton/hr]
1시간에 용해할 수 있는 쇠물의 무게를 ton으로 표시

02

㉠ ~ ㉢에 들어갈 용어를 바르게 연결한 것은?

> ㅇ 용광로에 코크스, 철광석, 석회석을 교대로 장입하고 용해하여 나오는 철을 (㉠)이라 하며, 이 과정을(㉡)과정이라 한다.
> ㅇ 용광로에서 나온 (㉠)을 다시 평로, 전기로 등에 넣어 불순물을 제거하여 제품을 만드는 과정을 (㉢)과정이라 한다.

	㉠	㉡	㉢
①	선철	제선	제강
②	선철	제강	제선
③	강철	제선	제강
④	강철	제강	제선

*제선
용광로에 코크스, 철광석, 석회석을 교대로 장입하고 용해하여 선철을 만드는 과정

*제강
용광로에서 나온 선철을 다시 평로, 전기로 등에 넣어 불순물을 제거하여 제품을 만드는 과정

03

강괴를 탈산 정도에 따라 분류할 때 용강 중에 탈산제를 첨가하여 완전히 탈산시킨 강은?

① 림드강(rimmed steel)
② 캡드강(capped steel)
③ 킬드강(killed steel)
④ 세미킬드강(semi-killed steel)

*킬드강(Killed Steel)
노속이나 쇳물 바가지에서 페로실리콘(Fe-Si), Al, Si 등의 강력한 탈산제(산소제거)를 첨가해 충분히 탈산시킨 완전 탈산강이다. 배출되는 가스가 없기 때문에 조용히 응고한다. 기포나 편석, 불순물이 없으나 헤어크랙이 생기기 쉬우며 상부에 수축공이 생기기 쉽다. 조선 압연판에 주로 사용한다.

*림드강(Rimmed Steel)
용강에 주로 페로망간(=망간철)의 탈산제를 소량 첨가한 것으로서 충분히 처리를 행하지 않은 상태이다. 불완전탈산강이며 기포발생과 편석이 되기 쉽다.

*세미킬드강(Semi Killed Steel)
탈산도가 킬드강과 림드강의 중간에 있는 강

*캡드강(Capped Steel)
강 중 산소량을 규정값으로 조절한 림드강의 변형체

01.④ 02.① 03.③

04

조선 압연판으로 쓰이는 것으로 편석과 불순물이 적은 균질의 강은?

① 림드강 ② 킬드강
③ 캡트강 ④ 세미킬드강

***킬드강(Killed Steel)**
노속이나 쇳물 바가지에서 페로실리콘(Fe-Si), Al, Si 등의 강력한 탈산제(산소제거)를 첨가해 충분히 탈산시킨 완전 탈산강이다. 배출되는 가스가 없기 때문에 조용히 응고한다. 기포나 편석, 불순물이 없으나 헤어크랙이 생기기 쉬우며 상부에 수축공이 생기기 쉽다. 조선 압연판에 주로 사용한다.

05

순철에 대한 설명으로 옳지 않은 것은?

① 연성이 좋다.
② 탄소의 함유량이 1.0% 이상이다.
③ 변압기와 발전기의 철심에 사용된다.
④ 강도가 낮아 기계구조용 재료로 적합하지 않다.

***순철**
탄소의 함유량이 0.02% 이하인 철로 연성이 좋고, 강도가 낮아 기계구조용 재료로 적합하지 않고 변압기와 발전기의 철심에 사용된다.

06

강의 탄소 함유량이 증가함에 따라 나타나는 특성 중 옳지 않은 것은?

① 인장강도가 증가한다.
② 항복점이 증가한다.
③ 경도가 증가한다.
④ 충격치가 증가한다.

07

철강에 포함된 탄소 함유량의 영향에 대한 설명으로 옳지 않은 것은?

① 탄소량이 증가하면 연신율이 감소한다.
② 탄소량이 감소하면 경도가 증가한다.
③ 탄소량이 감소하면 내식성이 증가한다.
④ 탄소량이 증가하면 단면수축률이 감소한다.

08

스테인레스강에 대한 설명으로 옳지 않는 것은?

① 스테인레스강은 뛰어난 내식성과 높은 인장강도의 특성을 갖는다.
② 스테인레스강은 산소와 접하면 얇고 단단한 크롬산화막을 형성한다.
③ 스테인레스강에서 탄소량이 많을수록 내식성이 향상된다.
④ 오스테나이트계 스테인레스강은 주로 크롬, 니켈이 철과 합금된 것으로 연성이 크다.

09

철(Fe)에 탄소(C)를 함유한 탄소강(carbon steel)에 대한 설명으로 옳지 않은 것은?

① 탄소함유량이 높을수록 비중이 증가한다.
② 탄소함유량이 높을수록 비열과 전기저항이 증가한다.
③ 탄소함유량이 높을수록 연성이 감소한다.
④ 탄소함유량이 0.2% 이하인 탄소강은 산에 대한 내식성이 있다.

04.② 05.② 06.④ 07.② 08.③ 09.①

*강의 탄소 함유량 증가함에 따른 특성
① 인장강도 증가
② 항복점 증가
③ 경도 증가
④ 인성(충격치) 감소
⑤ 연성, 연신율, 단면감소율, 열전도도 감소
⑥ 열팽창계수, 비중, 내식성, 용접성 감소
⑦ 비열, 전기저항, 항자력, 주조성 증가
⑧ 탄성계수, 강성, 포아송비 일정

10

탄소강($SM30C$)을 냉간가공하면 일반적으로 감소되는 기계적 성질은?

① 연신율　② 경도
③ 항복점　④ 인장강도

탄소강을 냉간가공하면 경도, 항복점, 인장강도가 증가하고 연신율, 단면수축률이 감소한다.

11

다음은 탄소강에 포함된 원소의 영향에 대한 설명이다. 이에 해당하는 원소는?

고온에서 결정 성장을 방지하고 강의 점성을 증가시켜 주조성과 고온 가공성을 향상시킨다. 탄소강의 인성을 증가시키고, 열처리에 의한 변형을 감소시키며, 적열취성을 방지한다.

① 인(P)　② 황(S)
③ 규소(Si)　④ 망간(Mn)

*탄소강에 함유된 망간(Mn)의 영향
① 고온에서 결정 성장을 방지하고 강의 점성을 증가시켜 주조성과 고온 가공성을 향상시킨다.
② 탄소강의 인성을 증가시킨다.
③ 열처리에 의한 변형을 감소시킨다.
④ 적열취성을 방지한다.
⑤ 강도와 경도를 증가시킨다.
⑥ 내마멸성을 증가시킨다.

12

탄소강에 함유된 인(P)의 영향을 바르게 설명한 것은?

① 강도와 경도를 감소시킨다.
② 결정립을 미세화시킨다.
③ 연신율을 증가시킨다.
④ 상온 취성의 원인이 된다.

*인(P)의 영향
① 결정립을 조대화시키고 담금균열의 원인
② 상온취성의 원인
③ 강도/경도를 증가시키지만 연신율은 감소

13

다음 중 옳지 않은 것은?

① 아공석강의 서냉조직은 페라이트(ferrite)와 펄라이트(pearlite)의 혼합조직이다.
② 공석강의 서냉조직은 페라이트로 변태종료 후 온도가 내려가도 조직의 변화는 거의 일어나지 않는다.
③ 과공석강의 서냉조직은 펄라이트와 시멘타이트(cementite)의 혼합조직이다.
④ 시멘타이트는 철과 탄소의 금속간 화합물이다.

10.① 11.④ 12.④ 13.②

공석강의 서냉조직은, 페라이트와 시멘타이트의 공석조직인 펄라이트가 나타난다.

14

$Fe-C$ 평형상태도에 표시된 S, C, J 점에 대한 설명으로 옳은 것은?

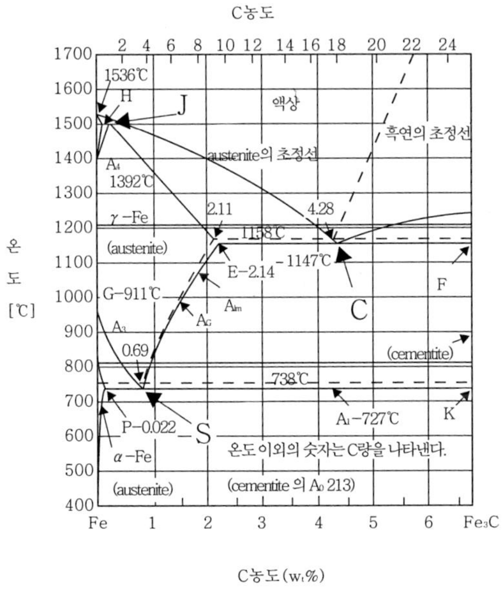

Fe-C계 상태도(실선 : Fe-Fe3C계, 점선 : Fe-흑연계)

	S	C	J
①	포정점	공정점	공석점
②	공정점	공석점	포정점
③	공석점	공정점	포정점
④	공정점	포정점	공석점

S점 : 공석점 (0.8%C, 약 727℃)
C점 : 공정점 (4.3%C, 약 1148℃)
J점 : 포정점 (0.17%C, 약 1495℃)

15

순철은 상온에서 체심입방격자이지만 912 ˚C 이상에서는 면심입방격자로 변하는데 이와 같은 철의 변태는?

① 자기변태　　② 동소변태
③ 변태점　　④ 공석변태

***철의 변태점**

변태점	온도	특징
A_0 변태점	210℃	시멘타이트의 자기변태점
A_1 변태점	723℃	동소변태점(공석변태점), 강에만 존재하고, 순철에는 없다.
A_2 변태점	768℃	순철의 자기변태점(퀴리점)
A_3 변태점	912℃	순철의 동소변태점 (α철 ⇄ γ철)
A_4 변태점	1400℃	순철의 동소변태점 (γ철 ⇄ δ철)

α, δ철 : 체심입방격자(BCC)
γ철 : 면심입방격자(FCC)

16

자기변태에 대한 설명으로 옳지 않은 것은?

① 자기변태가 일어나는 점을 자기변태점이라 하며, 이 변태가 일어나는 온도를 큐리점(curie point)이라고 한다.
② 자기변태점에서 원자배열이 변화함으로써 자기강도가 변화한다.
③ 철, 니켈, 코발트 등의 강자성 금속을 가열하여 자기변태점에 이르면 상자성 금속이 된다.
④ 순철의 자기변태점은 768℃이다.

***철의 변태점**

변태점	온도	특징
A_0 변태점	210℃	시멘타이트의 자기변태점
A_1 변태점	723℃	동소변태점(공석변태점), 강에만 존재하고, 순철에는 없다.
A_2 변태점	768℃	순철의 자기변태점(퀴리점)
A_3 변태점	912℃	순철의 동소변태점 (α철 ⇄ γ철)
A_4 변태점	1400℃	순철의 동소변태점 (γ철 ⇄ δ철)

α, δ철 : 체심입방격자(BCC)
γ철 : 면심입방격자(FCC)

② 자기변태점에서는 원자배열이 변하지 않은 상태에서 자기강도만 변화한다.

17

$Fe-Fe_3C$ 상태도에 대한 설명으로 옳지 않은 것은?

① 오스테나이트는 공석변태온도보다 높은 온도에서 존재한다.
② 0.5% 의 탄소를 포함하는 탄소강은 아공석강이다.
③ 시멘타이트는 사방정계의 결정구조를 가지고 있어 높은 경도를 나타낸다.
④ 공석강은 공정반응을 보이는 탄소 성분을 가진다.

① 오스테나이트는(약 727℃ 이상) 공석변태온도(723℃) 보다 높은 온도에서 존재한다.
② 아공석강 : 탄소함유량 0.02~0.8%
공석강 : 탄소함유량 0.8%
과공석강 : 탄소함유량 0.8~2.1%
③ 시멘타이트는 사방정계의 결정구조를 가지고 있어 경도가 높다.
④ 공석강은 공석반응을 보이는 탄소 성분을 가진다.

18

다음 중 응고 반응이 아닌 것은?

① 공석 반응 ② 포정 반응
③ 편정 반응 ④ 공정 반응

***공석 반응(Eutectoid Reaction)**
특정 온도에서, 하나의 고용체로부터 두 개의 다른 고체상이 동시에 석출되는 반응

응고는 액체가 냉각되어 고체 상태가 되는 변화를 의미하여, 포정 반응, 편정 반응, 공정 반응 3가지는 액체에서 고체로 변화하나, 공석 반응은 고체에서 고체로 변한다.

19

포정반응의 설명으로 옳은 것은?

① 냉각할 때 액상이 두 개의 고상으로 바뀌고, 가열할 때 역반응이 일어난다.
② 철탄화물계에서 냉각시 액상이 γ철과 시멘타이트로 바뀌는 반응이다.
③ 가열할 때 하나의 고상이 하나의 액상과 다른 하나의 고상으로 바뀌고, 냉각할 때 역반응이 일어난다.
④ 냉각할 때 고상이 서로 다른 두 개의 고상으로 바뀌고, 가열할 때 역반응이 일어난다.

***합금 상태에 따른 반응**

합금 상태	반응
공석 반응	고용체 ⇄ 고체A + 고체B
공정 반응	액체 ⇄ 고체A + 고체B
포정 반응	고체A + 액체 ⇄ 고체B
포석 반응	고용체 + 고체A ⇄ 고체B
편정 반응	고체 + 액체A ⇄ 액체B

17.④ 18.① 19.③

포정 반응은 가열할 때 하나의 고상이 하나의 액상과 다른 하나의 고상으로 바뀌고, 냉각할 때 역반응이 일어난다.

①, ② : 공정 반응에 대한 설명
④ : 공석 반응에 대한 설명

20

두 가지 성분의 금속이 용융되어 있는 상태에서는 하나의 액체로 존재하나, 응고 시 일정한 온도에서 액체로부터 두 종류의 금속이 일정한 비율로 동시에 정출되어 나오는 반응은?

① 공정반응 ② 포정반응
③ 편정반응 ④ 포석반응

*합금 상태에 따른 반응

합금 상태	반응
공석 반응	고용체 ⇄ 고체A + 고체B
공정 반응	액체 ⇄ 고체A + 고체B
포정 반응	고체A + 액체 ⇄ 고체B
포석 반응	고용체 + 고체A ⇄ 고체B
편정 반응	고체 + 액체A ⇄ 액체B

공정반응은 액체로부터 두 종류의 금속이 정출된다.

21

금속합금과 그 상태도에 대한 설명으로 옳지 않은 것은?

① 2개의 금속 성분이 용융되어 있는 상태에서는 균일한 액체를 형성하나, 응고된 후 각각의 결정으로 분리하여 2개의 성분이 일정한 비율로 혼재된 조직이 되는 것을 공정이라고 한다.
② 용융상태에서 냉각하면 일정한 온도에서 고용체가 정출되고, 이와 동시에 공존된 용액이 반응을 하여 새로운 별도의 고용체를 형성하는 것을 편정이라고 한다.
③ 두 개 이상의 금속이 혼합되어 용융상태에서 합금이 되거나, 혹은 고체상태에서도 균일한 융합상태가 되어, 각 성분을 기계적인 방법으로 구분할 수 없는 것을 고용체라고 한다.
④ 2종 이상의 화학적 친화력이 큰 금속이 간단한 원자비로 결합되어 본래의 물질과는 전혀 별개의 물질이 형성되는 것을 금속간 화합물이라고 한다.

*합금 상태에 따른 반응

합금 상태	반응
공석 반응	고용체 ⇄ 고체A + 고체B
공정 반응	액체 ⇄ 고체A + 고체B
포정 반응	고체A + 액체 ⇄ 고체B
포석 반응	고용체 + 고체A ⇄ 고체B
편정 반응	고체 + 액체A ⇄ 액체B

용융상태에서 냉각하면 일정한 온도에서 고용체가 정출되고, 이와 동시에 공존된 용액이 반응을 하여 새로운 별도의 고용체를 형성하는 것은 포정이다.

20.① 21.②

22

다음은 탄소 0.6%를 함유하고 있는 강을 준평형 상태 조건에서 상온부터 서서히 가열할 때, 발생하는 조직의 변화를 나타낸 것이다. (가), (나), (다)에 들어갈 말을 바르게 짝 지은 것은?
(단, 탄소는 Fe_3C로 존재한다)

α+시멘타이트 → (가) → (나) → (다) → 액상

	(가)	(나)	(다)
①	$\alpha+\gamma$	γ	δ+액상
②	$\alpha+\gamma$	γ	γ+액상
③	γ+시멘타이트	γ	γ+액상
④	γ+시멘타이트	δ	δ+액상

*Fe−C 평형상태도 일부

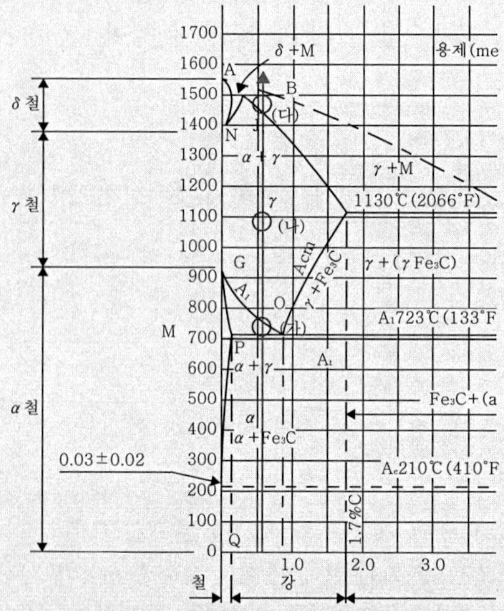

<Fe − C 평형상태도>

(가) : α(페라이트) + γ(오스테나이트)
(나) : γ(오스테나이트)
(다) : γ(오스테나이트) + 액상

23

강의 공석변태와 조직에 대한 설명으로 옳지 않은 것은?

① 시멘타이트의 탄소 함유량은 6.67%이다.
② 페라이트와 시멘타이트의 혼합 조직은 마르텐사이트다.
③ 공석 반응점에서 오스테나이트가 페라이트와 시멘타이트로 변한다.
④ 0.77% 탄소강을 A_1 변태온도 이하로 냉각하면 발생한다.

24

탄소 함유량이 0.77%인 강을 오스테나이트 구역으로 가열한 후 공석변태온도 이하로 냉각시킬 때, 페라이트와 시멘타이트의 조직이 층상으로 나타나는 조직으로 옳은 것은?

① 오스테나이트(austenite) 조직
② 베이나이트(bainite) 조직
③ 마르텐사이트(martensite) 조직
④ 퍼얼라이트(pearlite) 조직

25

서냉한 공석강의 미세조직인 펄라이트(pearlite)에 대한 설명으로 옳은 것은?

① α−페라이트로만 구성된다.
② δ−페라이트로만 구성된다.
③ α−페라이트와 시멘타이트의 혼합상이다.
④ δ−페라이트와 시멘타이트의 혼합상이다.

22.② 23.② 24.④ 25.③

26

철강재료의 표준조직에 대한 설명으로 옳지 않은 것은?

① 페라이트는 연성이 크며 상온에서 자성을 띤다.
② 시멘타이트는 Fe와 C의 금속간화합물이며 경도와 취성이 크다.
③ 오스테나이트는 면심입방구조이며 성형성이 비교적 양호하다.
④ 펄라이트는 페라이트와 오스테나이트의 층상 조직으로 연성이 크며 절삭성이 좋다.

***펄라이트(P)**
페라이트($\alpha-Fe$)와 시멘타이트(Fe_3C)가 층을 이루는 공석조직을 가지며 강도가 크고 어느정도 연성이 있다.

27

펄라이트(pearlite) 상태의 강을 오스테나이트(austenite) 상태까지 가열하여 급랭할 경우 발생하는 조직은?

① 시멘타이트(cementite)
② 마르텐사이트(martensite)
③ 펄라이트(pearlite)
④ 베이나이트(bainite)

***마르텐사이트(Martensite)**
펄라이트(Pearlite) 상태의 강을 오스테나이트(Austenite) 상태까지 가열하여 급랭할 경우 발생하는 조직

28

탄소강에 함유되어 있는 원소 중 많이 함유되면 적열 취성의 원인이 되는 것은?

① 인 ② 규소
③ 구리 ④ 황

***취성의 종류**
① 청열취성 : 200~300℃ 강에서 일어난다
② 적열취성 : S(황)이 원인
③ 상온취성 : P(인)이 원인
④ 고온취성 : Cu(구리)가 원인

29

강에 크롬(Cr)을 첨가하는 목적으로 옳지 않은 것은?

① 내식성 증가
② 내열성 증가
③ 강도 및 경도 증가
④ 자기적 성질 증가

강에 첨가하여 자기적 성질이 증가하는 것은 규소(Si)에 해당되는 내용이다.

30

니켈-크롬 합금강에서 뜨임 메짐을 방지하는 원소는?

① Cu ② Mo
③ Ti ④ Zr

***몰리브덴(Mo)**
① 질량효과(Mass Effect)를 감소 시킴
② 담금질성과 강인성 증가
③ 고온에서 강도, 경도의 저하가 작음
④ 뜨임취성 방지, 큰 하중을 받거나 고속회전 하는 축에 사용되는 합금의 성분

26.④ 27.② 28.④ 29.④ 30.②

31

강에 첨가되는 합금 원소의 효과에 대한 설명으로 옳지 않은 것은?

① 망간(Mn)은 황(S)과 화합하여 취성을 방지한다.
② 니켈(Ni)은 절삭성과 취성을 증가시킨다.
③ 크롬(Cr)은 경도와 내식성을 향상시킨다.
④ 바나듐(V)은 열처리 과정에서 결정립의 성장을 억제하여 강도와 인성을 향상시킨다.

니켈(Ni)은 인성을 부여하고 내식성, 주조성, 용접성 등을 향상시킨다.

32

쾌삭강(Free cutting steel)에 절삭속도를 크게 하기 위하여 첨가하는 주된 원소는?

① Ni ② Mn ③ W ④ S

***쾌삭강**
탄소강에 (S, Pb, P, Mn)을 첨가하여 개선한 구조용 특수강으로 절삭성은 주로 황(S)에 기인한다.

33

철강재료에 대한 설명으로 옳지 않은 것은?

① 합금강은 탄소강에 원소를 하나 이상 첨가해서 만든 강이다.
② 아공석강은 탄소함유량이 높을수록 강도와 경도가 증가한다.
③ 스테인리스강은 크롬을 첨가하여 내식성을 향상시킨 강이다.
④ 고속도강은 고탄소강을 담금질하여 강도와 경도를 현저히 향상시킨 공구강이다.

***탄소공구강**
고탄소강을 담금질하여 강도와 경도를 현저히 향상시킨 공구강

34

18−8**형 스테인리스강의 성분으로 옳은 것은?**

① 니켈 18%, 크롬 8%
② 티탄 18%, 니켈 8%
③ 크롬 18%, 니켈 8%
④ 크롬 18%, 티탄 8%

***18−8형 스테인리스강(오스테나이트계 스테인리스강)**
: 크롬(Cr) 18% + 니켈(Ni) 8%

35

표준형 고속도 공구강의 주성분으로 옳은 것은?

① 18% W, 4% Cr, 1% V, 0.8~0.9% C
② 18% C, 4% Mo, 1% V, 0.8~0.9% Cu
③ 18% W, 4% V, 1% Ni, 0.8~0.9% C
④ 18% C, 4% Mo, 1% Cr, 0.8~0.9% Mg

***표준형 고속도 공구강(=고속도강, SKH)**
주성분이 W(18%) − Cr(4%) − V(1%) + C(0.8%) 으로 구성된 고속도강으로 18−4−1형 이라고도 불린다.

36

대표적인 주조경질 합금으로 코발트를 주성분으로 한 Co-Cr-W-Cr계 합금은?

① 라우탈(lutal) ② 실루민(silumin)
③ 세라믹(ceramic) ④ 스텔라이트(stellite)

31.② 32.④ 33.④ 34.③ 35.① 36.④

*스텔라이트
$Co-Cr-W-C$ 계 합금, 코발트에 크로뮴, 텅스텐을 섞은 내열성 합금이다. 그 자체로 경도가 높아 담금질을 할 필요가 없다.

37

산화알루미나(Al_2O_3) 등을 주성분으로 하며 철과 친화력이 없고, 열을 흡수하지 않으므로 공구를 과열시키지 않아 고속 정밀가공에 적합한 공구의 재질은 무엇인가?

① 세라믹 ② 인코넬
③ 고속도강 ④ 탄소공구강

*세라믹(Ceramics)
① 알루미나(Al_2O_3)를 주성분으로 하여 결합제를 거의 사용하지 않은 소결공구.
② 산화가 안되며 열을 흡수하지 않아 공구를 과열시키지 않는다.
③ 철과의 친화력이 없어 구상인선이 발생하지 않으며 고속정밀가공에 적합하다.

38

스테인리스강(stainless steel)의 구성 성분 중에서 함유율이 가장 높은 것은?

① Mo ② Mn
③ Cr ④ Ni

*스테인리스강(Stainless Steel) 구성 성분
① 크롬(Cr) - 18%로 가장 많은 비율 차지
② 니켈(Ni)
③ 망간(Mn)
④ 규소(Si)
⑤ 탄소(C)
⑥ 인(P)
⑦ 황(S) 등

39

스테인리스강에 대한 설명으로 옳지 않은 것은?

① 크롬계와 크롬-니켈계 등이 있다.
② 석출경화형계는 성형성이 향상되나 고온강도는 저하된다.
③ 크롬을 첨가하면 내부식성이 우수해진다.
④ 나이프, 순가락 등의 일상용품과 화학공업용 기계설비 재료로 사용된다.

*석출 경화형계 스테인리스강
오스테나이트와 마르텐자이트의 단점을 없애고 이들의 장점을 겸비한 강으로 성형성, 내열성, 내식성이 좋고 고온에서 강도가 좋다.

40

다음 합금 중에서 열에 의한 팽창계수가 작아 측정기 재료로 가장 적합한 것은?

① $Ni-Fe$ ② $Cu-Zn$
③ $Al-Mg$ ④ $Pb-Sn-Sb$

*인바(Invar)
Fe-Ni 36%의 합금으로 상온에서 열팽창계수가 매우 작기 때문에 온도조절용 바이메탈, 시계추, 표준자, 줄자, 측정기 등의 재료로 사용된다.

41

특수강인 엘린바의 성질이 아닌 것은?

① 열팽창계수가 크다.
② 온도에 따른 탄성률의 변화가 적다.
③ 소결합금이다.
④ 전기전도도가 아주 좋다.

37.① 38.③ 39.② 40.① 41.①

*엘린바(Elinvar)
$Fe - Ni\ 36\% - Cr\ 12\%$,
① 열팽창계수가 매우 작다.
② 탄성률(=탄성계수) 불변이다.
③ 소결합금이다.
④ 전기전도도가 매우 좋다.

42

다음 중 Ni-Fe계 합금이 아닌 것은?

① 인바
② 톰백
③ 엘린바
④ 플래티나이트

***불변강($Ni - Fe$계합금)의 종류**
① 인바
② 엘린바
③ 코엘린바
④ 초인바
⑤ 플래티나이트

***톰백**
$Cu - Zn$ 5 ~ 20%계 합금이다. 강도는 낮으나 전연성이 좋음. 주로 금대용품, 화폐, 메달, 금박단추, 액세서리로 이용된다.

42.②

Memo

Chapter 3

열처리

3-1 담금질(Quenching)

강을 가열하여 오스테나이트로 상변화시킨 후 급냉하여 마텐자이트 조직으로 변태시켜 강을 강화하는 열처리 공정이다. 강도와, 경도를 증가시켜 내마멸성을 향상시킨다.

(1) 담금질온도

종류	담금질 온도
아공석강 (탄소 함유량 0.025~0.8%)	A_3 변태점(912℃)보다 30~50℃ 정도 높은 온도.
과공석강 (탄소 함유량 0.8~2.11%)	A_1 변태점(723℃)보다 30~50℃ 정도 높은 온도.

(2) 각 냉각제의 냉각능력

냉각제	냉각능력
소금물, 황산, 10% $NaCl$, $NaOH$	우수
물, 기름	보통
비눗물	나쁨

(3) 담금질 조직 냉각속도에 따른 변화 순서

M(마텐자이트) → T(트루스타이트) → S(소르바이트) → A(오스테나이트)로 변화하며 오른쪽으로 갈수록 냉각속도가 느려진다.

① 마텐자이트(M) : 펄라이트 상태의 강을 오스테나이트 상태까지 가열하여 급냉시켰을 때 나타나는 침상조직. 담금질 조직중 가장 경도가 높으며 내부식성, 취성이 있다.

㉠ M_s : 마텐자이트 변태가 일어나는 점

㉡ M_f : 마텐자이트 변태가 끝나는 점

② 트루스타이트(T) : α철과 극미세 시멘타이트와의 혼합 조직으로서 마텐자이트를 약 400℃로 뜨임처리(Tempering)를 하였을 때 생기는 조직이다. 이 조직은 마텐자이트 다음으로 경도가 높고 인성이 있으므로 주로 고급 절삭날의 조직으로 사용된다.

③ 소르바이트(S) : 강도와 탄성이 한 번에 요구되는 구조용 강재 망간강, 쾌삭강, 스프링강, 피아노선 등에 사용된다.

④ 오스테나이트(A) : 탄소를 고용하고 있는 γ철, 즉 Y고용체를 오스테나이트라 하며 담금질강 조직의 일종이다. 오스테나이트는 비자성체이며 전기 저항이 크다. 경도는 마텐자이트보다 적지만 인장강도와 비교하면 연신이 크다. 또 상온에서는 불안정한 조직으로서 상온 가공을 하면 마텐자이트로 변화한다.

(4) **담금질 조직의 경도순서** : M > T > B(베이나이트) > S > P(펄라이트) > A > F(페라이트)

(5) **담금질 균열**

담금질 응력에 의해 생기는 터짐이다. 탄소 함량이 높은 강을 급히 담금질하면 내외의 팽창이 고르지 못하여 이따금 균열이 생긴다. 열처리에서 담금질할 때 발생하는 선상의 균열. 열응력, 변태응력에 기인한다.

(6) **담금질 균열의 원인**

① 담금질 온도가 높을 경우.
② 급냉할 경우.
③ 가열이 균열하지 않을 경우.
④ 담금질하기 전에 노멀라이징(=불림)을 충분히 하지 못할 경우.

(7) **질량효과**(Mass Effect)

질량효과가 작다는 것은 열처리가 잘 된다는 것을 의미한다. 즉, 경화능을 높인다는 것을 의미하며 대표적인 질량효과가 큰 재료는 탄소강이다. 질량효과를 감소시키려면 Cr, Ni, Mo, Mn 등의 원소를 첨가한다.

(8) **심냉처리**(Sub-zero)

담금질된 잔류오스테나이트를 0℃ 이하의 온도로 냉각시켜 마텐자이트화하는 열처리이다. 담금질 조직이 안정화되어 치수와 형상 안정되고 경도와 성능이 증가한다.

(9) **뜨임**(Tempering)

담금질에 의한 잔류 응력을 제거하고 담금질한 강의 인성 증가와 경도 감소를 위해 변태점(A_1) 이하의 적당한 온도로 가열한 후 냉각시키는 조직이다. 마텐자이트(M) 조직을 소르바이트(S) 조직으로 변화시킨다.

① 저온 뜨임 : 담금질에 의해 생긴 재료내부의 잔류응력이 제거된다.
② 고온 뜨임 : 500~600℃ 부근에서 뜨임하는 것으로 강인성을 주기 위한 것이다.

(10) 풀림(Annealing)

금속 재료를 적당한 온도로 가열한 다음 서서히 상온으로 냉각시키는 열처리이다. 가공 또는 담금질로 인하여 경화한 재료의 내부 균열을 제거하고, 결정 입자를 조대화 한다.

① 결정조직의 불균일 제거
② 내부응력 제거
③ 오스테나이트에서 탄소를 유리시킴
④ 기계적 성질, 담금질 효과, 인성 향상
⑤ 재질 연화
⑥ 확산풀림(diffusion annealing) : 편석을 제거(소실)시켜 이것을 균질화하기 위해 하는 풀림

(11) 불림(Normalizing)

강을 단련한 후, 오스테나이트의 단상이 되는 온도범위에서 가열하여 대기에 자연냉각 한다.

① 주조 조직, 과열 조직을 균일화
② 냉간가공, 단조 등에 의한 내부응력 제거
③ 결정조직, 기계적, 물리적 성질 등을 표준화

3-2 항온열처리

담금질과 뜨임을 동시에 하는 열처리이며, 베이나이트(B) 조직을 얻을 수 있다.

(1) 항온변태곡선 : TTT곡선 = S곡선 = C곡선

(2) 항온열처리 선도

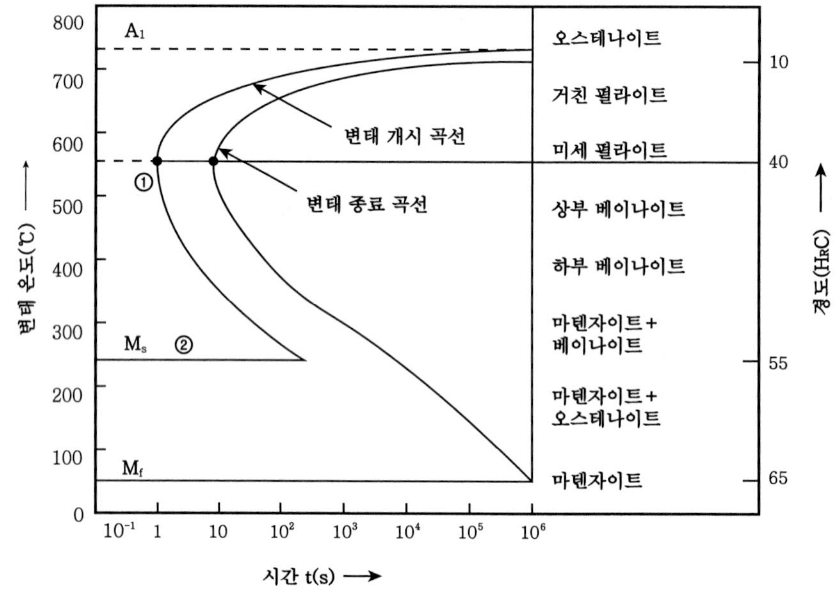

▌항온열처리 선도

(3) 항온열처리의 종류

종류	설명
오스템퍼링 (Austempering)	베이나이트(B)조직을 얻기 위한 항온열처리이다.
마템퍼링 (Martempering)	M_s점과 M_f점 사이에서 항온처리하는 열처리 방법이다. 마텐자이트(M)와 베이나이트(B)의 혼합조직을 얻는다.
마퀜칭 (Marquenching)	오스테나이트(A) 상태까지 가열한 강을 급랭하여 재료의 온도가 일정하게 되고부터 천천히 M_s, M_f점을 통과시키는 담금질을 한 후 템퍼링을 하는 열처리이다.
오스포밍 (Ausforming)	과냉 오스테나이트 상태에서 소성가공을 하고 그 후 냉각 중에 마텐자이트(M)화한 항온 열처리 방법이다. 고강인성의 강을 얻을 수 있다.
M_s 퀜칭 (M_s Quenching)	담금질 온도로 가열한 상태로 M_s보다 약간 낮은 온도에서 항온유지 후 급냉하여 잔류 오스테나이트(A)가 감소한다.
항온 풀림	오스테나이트(A) 구역까지 가열 후 TTT 노즈 구역에서 항온하여 오스테나이트를(A) 만드는 과정이다.
항온 뜨임 (=베이나이트 뜨임)	뜨임온도에서 M_s 부근의 염욕에 넣어 항온유지시켜 2차 베이나이트(B)가 생기도록 유도하는 과정이다.

(4) 항온열처리 선도

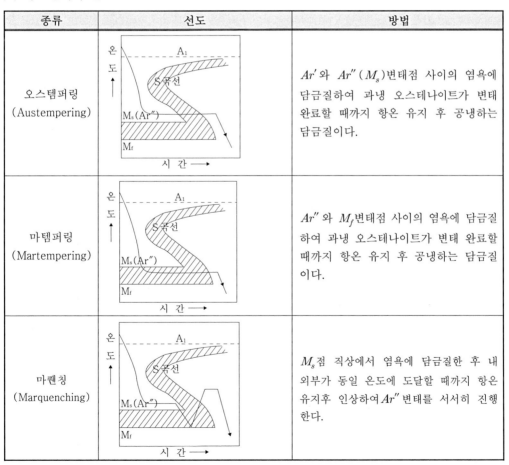

종류	선도	방법
오스템퍼링 (Austempering)	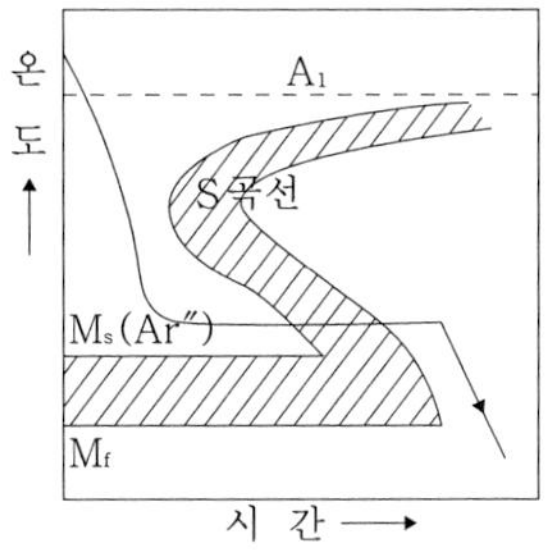	Ar'와 Ar'' (M_s)변태점 사이의 염욕에 담금질하여 과냉 오스테나이트가 변태 완료할 때까지 항온 유지 후 공냉하는 담금질이다.
마템퍼링 (Martempering)	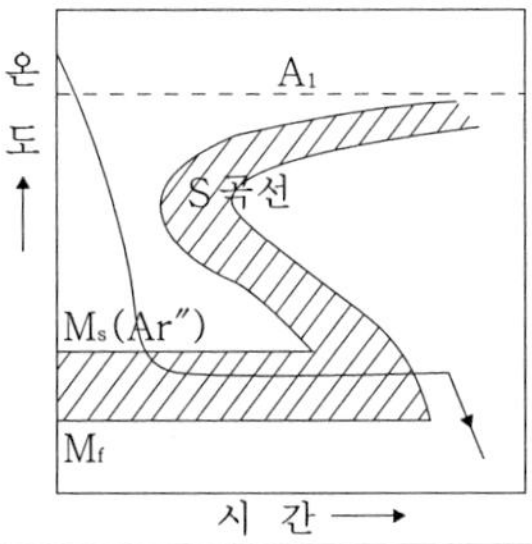	Ar''와 M_f변태점 사이의 염욕에 담금질하여 과냉 오스테나이트가 변태 완료할 때까지 항온 유지 후 공냉하는 담금질이다.
마퀜칭 (Marquenching)	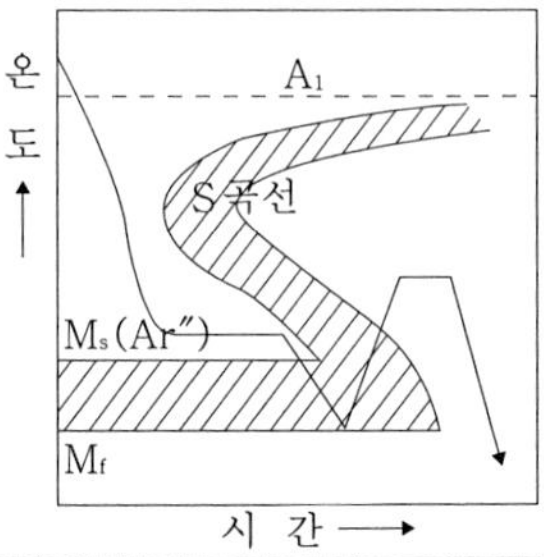	M_s점 직상에서 염욕에 담금질한 후 내외부가 동일 온도에 도달할 때까지 항온 유지후 인상하여 Ar'' 변태를 서서히 진행한다.

3-3 표면경화법

(1) 화학적 표면경화법

① 화학적 표면경화법 종류

종류	설명
침탄법	0.2% 이하의 저탄소강 또는 저탄소합금강 소재를 침탄제 속에 파묻고 가열하여 그 표면에 탄소(C)를 침입시켜 고용시키는 방법이다. 내마모성, 인성, 기계적 성질이 개선된다.
질화법	강을 500~550℃의 암모니아(NH_3)가스중에서 장시간 가열하면 질소가 흡수되어 질화물(Fe_4N, Fe_2N)이 형성된다. 이처럼 질소가 노내에 확산하여 표면에 질화경화층을 생성하는 방법이다.
청화법 (=시안화법)	시안화물을 사용하는 경화법으로 빠르고 효율적인 방법으로 30분 이내에 가능하며 침탄법보다도 경도가 높다. 볼트, 너트나 작은 기어와 같은 소형 부품에 사용한다. 단점으로는 공정중에 독성이 있는 재료를 사용한다. 종류로는 간편뿌리기법과 침적법이 있다.

② 침탄법과 질화법의 비교

침탄법	질화법
낮은 고온경도	높은 고온경도
높은 가열온도	낮은 가열온도
열처리 필요	열처리 불필요
수정 가능	수정 불가능
단시간	장시간
변형 O	변형 X
단단함, 두꺼움	여린 조직

(2) 물리적 표면경화법

종류	설명
화염경화법 (=쇼터라이징)	산소 아세틸렌 불꽃으로 강의 표면만을 가열하고 중심부는 가열되지 않게 한 후 급랭시키는 방법이다. 주로 대형 가공물에 이용한다.
고주파경화법 (=고주파담금질)	소재를 코일 장치에 넣고 고주파 전류로 가열 후 수냉하는 표면경화법으로, 재료의 원래 성질을 유지하면서 내마멸성 강화시키는 데 적합한 열처리 공정이다.

(3) 기타 표면경화법

종류	설명
금속침투법	① 크로마이징 : Cr(크롬)침투 – 내식성 향상 ② 칼로라이징 : Al(알루미늄)침투 – 내열성, 내식성, 내산화성 향상 ③ 실리콘라이징 : Si(규소)침투 – 산류에 대한 내부식성, 내마멸성 ④ 보로나이징 : B(붕소)침투 – 처리 후 담금질 불필요 ⑤ 세라다이징 : Zn(아연)침투 – 대기 중 부식 방지
양극산화법 (=아노다이징)	알루미늄에 많이 적용되며 다양한 색상의 유기 염료를 사용하여 소재 표면에 안정되고 오래가는 착색피막을 형성하는 표면처리 방법

핵심 예상문제

기계재료

03. 열처리

01

담금질 강의 냉각조건에 따른 변화 조직에 해당하지 않는 것은?

① 시멘타이트 ② 트루스타이트
③ 소르바이트 ④ 마텐자이트

***담금질 조직 냉각속도에 따른 변화 순서**
M(마르텐사이트) → T(트루스타이트) → S(소르바이트) → A(오스테나이트)

02

강의 담금질 열처리에서 냉각속도가 가장 느린 경우에 나타나는 조직은?

① 소르바이트
② 잔류 오스테나이트
③ 트루스타이트
④ 마르텐사이트

***담금질 조직 냉각속도에 따른 변화 순서**
M(마르텐사이트) → T(트루스타이트) → S(소르바이트) → A(오스테나이트)

왼쪽은 냉각속도가 빠르고, 오른쪽으로 갈수록 냉각속도가 느려진다.

03

피아노선의 조직으로 가장 적당한 것은 무엇인가?

① austenite ② ferrite
③ sorbite ④ martensite

***피아노선재**
① 0.55~0.95% C 정도의 강인한 탄소강선.
② 열처리하여 소르바이트 조직으로 만든 것.
③ P, S 불순물이 적다.

04

담금질 균열의 원인이 아닌 것은?

① 담금질 온도가 너무 높다.
② 냉각속도가 너무 빠르다.
③ 가열이 불균일하다.
④ 담금질하기 전에 노멀라이징을 충분히 했다.

***담금질 균열의 원인**
① 담금질 온도가 높을 경우.
② 급냉할 경우.
③ 가열이 균열하지 않을 경우.
④ 담금질하기 전에 노멀라이징을 충분히 하지 못할 경우.

01.① 02.① 03.③ 04.④

05

특수강의 질량효과(mass effect)와 경화능에 관한 다음 설명 중 옳은 것은?

① 질량효과가 큰 편이 경화능을 높이고 Mn, Cr 등은 질량효과를 크게 한다.
② 질량효과가 큰 편이 경화능을 높이고 Mn, Cr 등은 질량효과를 작게 한다.
③ 질량효과가 작은 편이 경화능을 높이고 Mn, Cr 등은 질량효과를 크게 한다.
④ 질량효과가 작은 편이 경화능을 높이고 Mn, Cr 등은 질량효과를 작게 한다.

***질량효과(mass effect)**
질량효과(mass effect)가 작다는 것은 열처리가 잘 된다는 것을 의미한다. 즉, 경화능을 높인다는 것을 의미하고, 질량효과가 큰 재료는 탄소강이다.
질량효과를 감소시키려면 *Cr, Ni, Mo, Mn* 등의 원소를 첨가한다.

06

강의 열처리 방법에 대한 설명을 순서대로 옳게 나열한 것은?

가. 강을 표준 상태로 하기 위하여 가공 조직의 균일화, 결정립의 미세화, 기계적 성질의 향상
나. 강 속에 있는 내부 응력을 완화시켜 강의 성질을 개선하는 것으로 노(爐)나 공기 중에서 서냉
다. 불안정한 조직을 재가열하여 원자들을 좀 더 안정적인 위치로 이동시킴으로써 인성을 증대
라. 재료를 단단하게 하기 위해 가열된 재료를 급랭하여 경도를 증가시켜서 내마멸성을 향상

	가	나	다	라
①	뜨임	불림	담금질	풀림
②	불림	풀림	뜨임	담금질
③	불림	뜨임	풀림	담금질
④	뜨임	풀림	불림	담금질

***불림(Normalizing)**
강을 표준 상태로 하기 위하여 가공 조직의 균일화, 결정립의 미세화, 기계적 성질의 향상

***풀림(Annealing)**
금속 재료를 적당한 온도로 가열한 다음 서서히 상온으로 냉각시키는 열처리. 가공 또는 담금질로 인하여 경화한 재료의 내부 균열을 제거하고, 결정 입자를 조대화 한다.

① 결정조직의 불균일 제거
② 내부응력 제거
③ 오스테나이트에서 탄소를 유리시킴
④ 기계적 성질/담금질 효과/인성 개선 • 향상
⑤ 재질 연화
⑥ 확산풀림(diffusion annealing)
편석을 제거(소실)시켜 이것을 균질화하기 위해 하는 풀림

***뜨임(Tempering)**
담금질에 의한 잔류 응력을 제거하고 담금질한 강의 인성 증가 • 경도 감소를 위해 변태점(A_1) 이하의 적당한 온도로 가열한 후 냉각시키는 조직이다. 마텐자이트(M) 조직을 소르바이트(S) 조직으로 변화시킨다.

***담금질(Quenching)**
강을 가열하여 오스테나이트로 상변화시킨 후 급냉하여 마텐자이트 조직으로 변태시켜 강을 강화하는 열처리 공정으로, 강도와, 경도를 증가시켜 내마멸성을 향상시킨다.

07

금속의 열처리에 대한 설명으로 옳지 않은 것은?

① 풀림(annealing)은 금속을 적정 온도로 가열하고 일정시간 유지한 후 서서히 냉각함으로써 냉간가공되었거나 열처리된 재료를 원래 성질로 되돌리고, 잔류응력을 해소하기 위한 열처리 공정이다.
② 뜨임(tempering)은 경화된 강의 취성을 감소시키고 연성과 인성을 개선시켜 마르텐사이트(martensite) 조직의 응력을 완화하기 위한 열처리 공정이다.
③ 불림(normalizing)은 풀림과 유사한 가열, 유지조건에서 실시하지만, 과도한 연화를 막기 위해 공기 중에서 냉각하여 미세한 균질 조직을 얻음으로써 기계적 성질을 향상하는 열처리 공정이다.
④ 담금질(quenching)은 강을 가열하여 오스테나이트(austenite)로 상변화시킨 후 급냉하여 페라이트(ferrite) 조직으로 변태시켜 강을 강화하는 열처리 공정이다.

*담금질(Quenching)
강을 가열하여 오스테나이트로 상변화시킨 후 급냉하여 마텐자이트 조직으로 변태시켜 강을 강화하는 열처리 공정으로, 강도와, 경도를 증가시켜 내마멸성을 향상시킨다.

08

㉠, ㉡에 들어갈 말을 올바르게 짝지은 것은?

강에서 ㉠ 이라 함은 변태점 온도 이상으로 가열한 후 물 또는 기름과 같은 냉각제 속에 넣어 급랭시키는 열처리를 말하며, 일반적으로 강은 급랭시키면 ㉡ 조직이 된다.

	㉠	㉡
①	어닐링(annealing)	마르텐사이트(martensite)
②	퀜칭(quenching)	마르텐사이트(martensite)
③	어닐링(annealing)	오스테나이트(austenite)
④	퀜칭(quenching)	오스테나이트(austenite)

*담금질(Quenching)
변태점 온도 이상으로 가열한 후 물 또는 기름과 같은 냉각제 속에 넣어 급랭시키는 열처리를 말하며, 일반적으로 강은 급랭시키면 마르텐사이트 조직이 된다.

09

풀림(annearling) 처리를 하는 목적 중 가장 옳지 않은 것은?

① 경도를 감소시키고 내부응력을 제거한다.
② 불균일한 조직을 균일화한다.
③ 결정 조직을 미세화하고, 결정 조직과 기계적 성질 등을 표준화 시킨다.
④ 내부의 가스나 불순물을 방출시키거나 확산시킨다.

*불림(Normalizing)
강을 표준 상태로 하기 위하여 가공 조직의 균일화, 결정립의 미세화, 기계적 성질의 향상

③은 불림 처리를 하는 목적이다.

07.④ 08.② 09.③

10

강의 열처리 및 표면경화에 대한 설명 중 옳지 않은 것은?

① 구상화 풀림(spheroidizing annealing) : 과공석강에서 초석 탄화물이 석출되어 기계가공성이 저하되는 문제를 해결하기 위해 행하는 열처리 공정으로, 탄화물을 구상화하여 기계가공성 및 인성을 향상시키기 위해 수행된다.
② 불림(normalizing) : 가공의 영향을 제거하고 결정립을 조대화시켜 기계적 성질을 향상시키기 위해 수행된다.
③ 침탄법 : 표면은 내마멸성이 좋고 중심부는 인성이 있는 기계 부품을 만들기 위해 표면층만을 고탄소로 조성하는 방법이다.
④ 심냉(subzero)처리: 잔류 오스테나이트(austenite)를 마르텐사이트(martensite)화 하기 위한 공정이다.

*불림(Normalizing)
강을 단련한 후, 오스테나이트의 단상이 되는 온도범위에서 가열하여 대기 속에 방치하여 자연냉각 한다.

① 주조 or 과열 조직을 균일화
② 냉간가공 • 단조 등에 의한 내부응력 제거
③ 결정조직, 기계적 • 물리적 성질 등을 표준화

11

금속재료의 열처리에 대한 설명이다. 다음 내용 중 옳지 않은 것은?

① 풀림(annealing)을 하면 가공경화나 내부응력을 제거할 수 있다.
② 담금질(quenching)을 하면 강도는 올라가고, 경도는 하락한다.
③ 불림(normalizing)은 조직을 표준화 시킨다.
④ 강의 탄소함유량을 측정할 때 불림(normalizing)을 이용한다.

*담금질(Quenching)
강을 가열하여 오스테나이트로 상변화시킨 후 급냉하여 마텐자이트 조직으로 변태시켜 강을 강화하는 열처리 공정으로, 강도와, 경도를 증가시켜 내마멸성을 향상시킨다.

12

〈보기〉에서 설명하는 것으로 가장 옳은 것은?

〈보기〉

담금질에 의해 생긴 단단하고 취약하며 불안정한 조직을 변태 또는 석출을 진행시켜 다소 안정한 조직으로 만들고 동시에 잔류응력을 감소시키며, 적당한 인성을 부여하기 위하여 페라이트와 오스테나이트 및 시멘타이트(Fe_3C)가 평형상태에 있는 온도 영역 이하의 온도로 가열 후 냉각하는 열처리 방법

① 어닐링(annealing)
② 노멀라이징(normalizing)
③ 템퍼링(tempering)
④ 세라다이징(sheradizing)

*뜨임(Tempering)
담금질에 의한 잔류 응력을 제거하고 담금질한 강의 인성 증가 • 경도 감소를 위해 변태점(A_1) 이하의 적당한 온도로 가열한 후 냉각시키는 조직이다. 마텐자이트(M) 조직을 소르바이트(S) 조직으로 변화시킨다.

10.② 11.② 12.③

13

탄소강의 열처리에 대한 설명으로 옳지 않은 것은?

① 담금질을 하면 경도가 증가한다.
② 풀림을 하면 연성이 증가된다.
③ 뜨임을 하면 담금질한 강의 인성이 감소된다.
④ 불림을 하면 결정립이 미세화되어 강도가 증가한다.

***뜨임(Tempering)**
담금질에 의한 잔류 응력을 제거하고 담금질한 강의 인성 증가 • 경도 감소를 위해 변태점(A_1) 이하의 적당한 온도로 가열한 후 냉각시키는 조직이다. 마텐자이트(M) 조직을 소르바이트(S) 조직으로 변화시킨다.

14

담금질에 의한 잔류 응력을 제거하고, 재질에 적당한 인성을 부여하기 위해 담금질 온도보다 낮은 변태점 이하의 온도에서 일정 시간을 유지하고 나서 냉각시키는 열처리 방법은?

① 불림(normalizing)
② 뜨임(tempering)
③ 풀림(annealing)
④ 표면경화(surface hardening)

***뜨임(Tempering)**
담금질에 의한 잔류 응력을 제거하고 담금질한 강의 인성 증가 • 경도 감소를 위해 변태점(A_1) 이하의 적당한 온도로 가열한 후 냉각시키는 조직이다. 마텐자이트(M) 조직을 소르바이트(S) 조직으로 변화시킨다.

15

심냉(sub-zero) 처리의 목적의 설명으로 옳은 것은?

① 자경강에 인성을 부여하기 위함
② 급열 · 급냉시 온도 이력현상을 관찰하기 위함
③ 항온 담금질하여 베이나이트 조직을 얻기 위함
④ 담금질 후 시효변형을 방지하기 위해 잔류 오스테나이트를 마텐자이트 조직으로 얻기 위함

***심냉처리(sub-zero)**
담금질된 잔류오스테나이트를 0℃ 이하의 온도로 냉각시켜 마텐자이트화하는 열처리. 담금질 조직이 안정화되어 치수와 형상 안정된다. 또한 경도와 성능이 증가한다.

16

가공 열처리 방법에 해당되는 것은?

① 마퀜칭(marquenching)
② 오스포밍(ausforming)
③ 마템퍼링(martempering)
④ 오스템퍼링(austempering)

***오스포밍(ausforming)**
과냉 오스테나이트 상태에서 소성가공을 하고 그 후 냉각 중에 마텐자이트화한 항온 열처리 방법, 고강인성의 강을 얻을 수 있다. 가공 열처리 방법에 해당된다.

13.③ 14.② 15.④ 16.②

17

항온 열처리 방법이 아닌 것은?

① 오스템퍼링(austempering)
② 마래징(maraging)
③ 마퀜칭(marquenching)
④ 마템퍼링(martempering)

***항온 열처리 종류**
① 오스템퍼링(Austempering)
② 마템퍼링(Martempering)
③ 마퀜칭(Marquenching)
④ 오스포밍(Ausforming)
⑤ M_s퀜칭(M_s Quenching)
⑥ 항온 풀림(Isothermal Annealing)
⑦ 항온 뜨임
(=베이나이트 뜨임, Isothermal Tempering)

18

그림의 TTT 곡선(Time-Temperature-Transformation diagram)에서 화살표를 따라 오스테나이트 강을 소성가공 후 담금질하는 열처리 방법은?

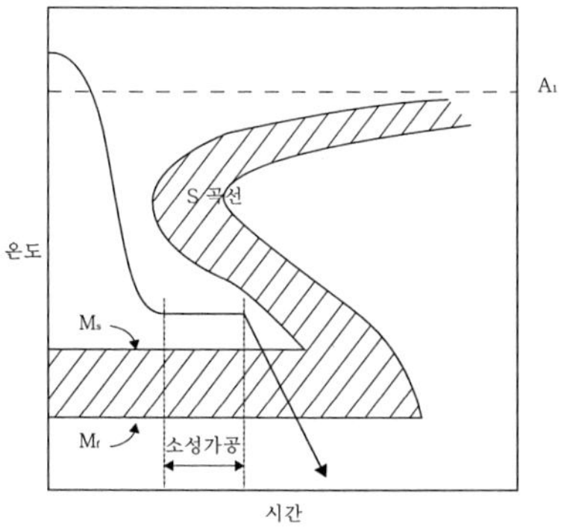

① 마르템퍼링(martempering)
② 마르퀜칭(marquenching)
③ 오스템퍼링(austempering)
④ 오스포밍(ausforming)

19

아래의 TTT 곡선(Time-Temperature-Transformation diagram)에 나와 있는 화살표를 따라 강을 담금질할 때 얻게 되는 조직은? (단, 그림에서 A_1은 공석온도, M_s는 마르텐사이트 변태 개시점, M_f는 마르텐사이트 변태 완료점을 나타낸다)

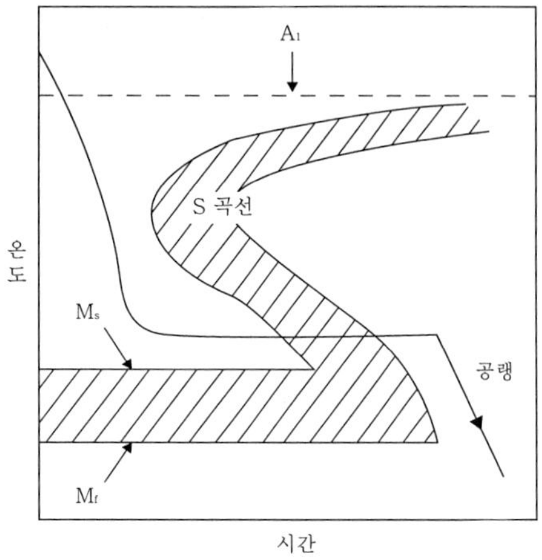

① 베이나이트(bainite)
② 마르텐사이트(martensite)
③ 페라이트(ferrite)
④ 오스테나이트(austenite)

***항온열처리 선도**
① 오스템퍼링(Austempering)

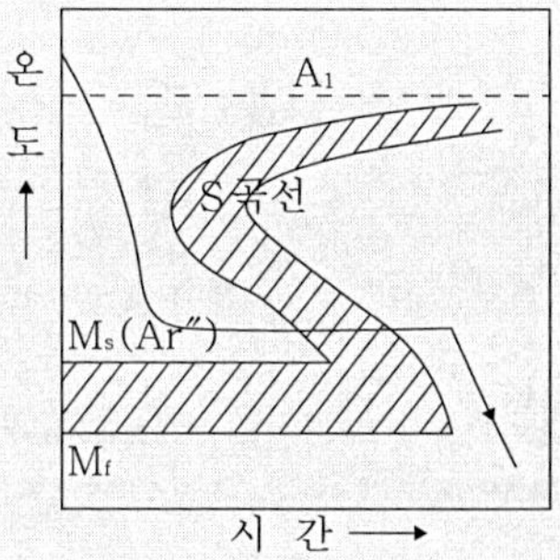

② 마템퍼링(Martempering)

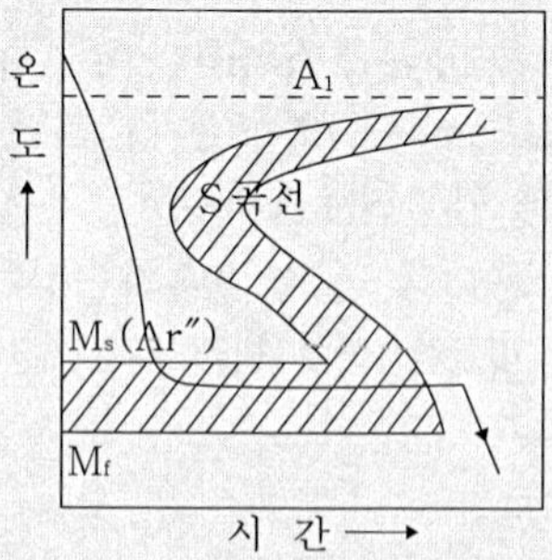

③ 마퀜칭(Marquenching)

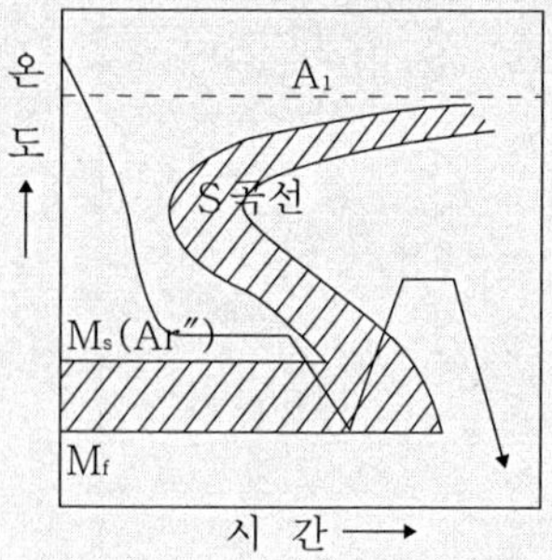

20

침탄법과 질화법에 대한 설명 중 옳지 않은 것은?

① 침탄법은 질화법에 비해 같은 깊이의 표면 경화를 짧은 시간에 할 수 있다.
② 질화법은 침탄법에 비해 변형이 적다.
③ 질화법은 침탄법에 비해 경화층은 얇으나 경도가 높다.
④ 질화법은 질화 후 열처리가 필요하다.

21

표면경화를 위한 질화법(nitriding)을 침탄경화법(carburizing)과 비교하였을 때, 옳지 않은 것은?

① 질화법은 침탄경화법에 비하여 경도가 높다.
② 질화법은 침탄경화법에 비하여 경화층이 얇다.
③ 질화법은 경화를 위한 담금질이 필요 없다.
④ 질화법은 침탄경화법보다 가열 온도가 높다.

***침탄법과 질화법 비교**

침탄법	질화법
낮은 고온경도	높은 고온경도
높은 가열온도	낮은 가열온도
열처리 필요	열처리 불필요
수정 가능	수정 불가능
단시간	장시간
변형 O	변형 X
단단함, 두꺼움	여린 조직

22

다음 중에서 탄소강의 표면경화 열처리법이 아닌 것은?

① 어닐링법 ② 질화법
③ 침탄법 ④ 고주파경화법

***표면경화 열처리법**
① 화학적 표면경화 - 침탄법, 질화법
② 물리적 표면경화 - 화염 경화법, 고주파 경화법

23

재료의 원래 성질을 유지하면서 내마멸성을 강화시키는 데 가장 적합한 열처리 공정은?

① 풀림(annealing)
② 뜨임(tempering)
③ 담금질(quenching)
④ 고주파 경화법(induction hardening)

***고주파 경화법(Induction Hardening)**
소재를 코일 장치에 넣고 고주파 전류로 가열 후 수냉하는 표면경화법으로, 재료의 원래 성질을 유지하면서 내마멸성 강화시키는 데 적합한 열처리 공정이다.

20.④ 21.① 22.① 23.④

24

알루미늄에 많이 적용되며 다양한 색상의 유기 염료를 사용하여 소재 표면에 안정되고 오래가는 착색피막을 형성하는 표면처리 방법으로 옳은 것은?

① 침탄법(carburizing)
② 화학증착법(chemical vapor deposition)
③ 양극산화법(anodizing)
④ 고주파경화법(induction hardening)

***양극산화법(Anodizing)**
알루미늄에 많이 적용되며 다양한 색상의 유기 염료를 사용하여 소재 표면에 안정되고 오래가는 착색피막을 형성하는 표면처리 방법

25

표면경화 열처리 방법에 대한 설명으로 옳지 않은 것은?

① 침탄법은 저탄소강을 침탄제 속에 파묻고 가열하여 재료 표면에 탄소가 함유되도록 한다.
② 청화법은 산소 아세틸렌 불꽃으로 강의 표면만을 가열하고 중심부는 가열되지 않게 하고 급랭시키는 방법이다.
③ 질화법은 암모니아 가스 속에 강을 넣고 가열하여 강의 표면이 질소 성분을 함유하도록 하여 경도를 높인다.
④ 고주파경화법은 탄소강 주위에 코일 형상을 만든 후 탄소강 표면에 와전류를 발생시킨다.

***화염경화법(Flame Hardening)**
산소 아세틸렌 불꽃으로 강의 표면만을 가열하고 중심부는 가열되지 않게 하고 급랭시키는 방법

***청화법(시안화법, Cyaniding)**
시안화물을 사용하는 경화법으로 빠르고 효율적인 방법으로 30분 이내에 가능하며 침탄법보다도 경도가 높다. 볼트, 너트나 작은 기어와 같은 소형 부품에 보통 적용한다. 단점으로는 공정에 독성이 있는 재료가 있다. 종류로는 간편 뿌리기법과 침적법 두 방법이 있다.

26

강의 표면 처리법에 대한 설명으로 옳은 것은?

① 아연(Zn)을 표면에 침투 확산시키는 방법을 칼로라이징(calorizing)이라 한다.
② 고주파 경화법은 열처리 과정이 필요하지 않다.
③ 청화법(cyaniding)은 침탄과 질화가 동시에 일어난다.
④ 강철입자를 고속으로 분사하는 숏 피닝(shot peening)은 소재의 피로수명을 감소시킨다.

① 아연(Zn)을 표면 침투 확산시키는 방법은 세라다이징이고, 알루미늄을 표면 침투 확산시키는 방법이 칼로라이징이다.
② 고주파 경화법은 열처리 과정이 필요하다.
③ 청화법은 침탄과 질화가 동시에 발생하는 표면경화법이다.
④ 숏피닝은 소재의 표면 부분에 압축잔류응력을 발생시켜 소재의 피로수명을 증가시키는 표면처리법이다.

27

철과 아연을 접촉시켜 가열하면 양자의 친화력에 의하여 원자 간의 상호 확산이 일어나서 합금화하므로 내식성이 좋은 표면을 얻는 방법은?

① 칼로라이징 ② 크로마이징
③ 세라다이징 ④ 보로나이징

***금속침투법**
① 크로마이징 : *Cr*(크로뮴)침투 – 내식성 향상
② 칼로라이징 : *Al*(알루미늄)침투
③ 실리콘라이징 : *Si*(규소)침투 – 산류에 대한 내부식성, 내마멸성
④ 보로나이징 : *B*(붕소)침투
⑤ 세라다이징 : *Zn*(아연)침투 – 대기 중 부식 방지

24.③ 25.② 26.③ 27.③

Chapter 4

주철

4-1 주철

일반적으로 3.0 ~ 3.6%의 탄소량에 해당하는 철의 합금이다. 주철은 흑연이 많을 경우에 파단면이 회색을 띄고, C, P 양이 많고 냉각속도가 늦을 수록 흑연화하기 쉽다. 주철 중 전 탄소량은 유리탄소+화합탄소 이며, 주철의 C, Si 함량에 따른 조직관계는 마우러 조직도로 나타낼 수 있다. 일반적으로 탄소함유량이 높을수록 강도와 경도가 높아지지만 주철의 경우에는 경도는 높지만 인장강도는 낮다. 그 이유는 탄소량이 일정 수치이상(약 0.8%)을 넘어가면 깨지기 쉽고 강도가 떨어지기 쉽기 때문이다. 따라서 탄소함유량이 3%가 넘는 주철은 가단주철 등으로 보완하여 사용한다.

(1) 주철의 5대 원소 : Si, Mn, C, P, S

(2) 주철의 특징

① 인장강도, 충격값, 휨강도가 약하며 연신률이 적고 가공이 어렵다.
② 용융점이 낮고 유동성이 좋아 주조성이 양호하다.
③ 녹 발생이 적으며 값이 싸다.
④ 절삭성이 우수하고 압축강도가 크다.

4-2 주철의 탄소함유량

(1) 탄소함유량에 따른 주철의 분류
: 주철은 주로 주물재료(공작기계 배드, 프레임, 실린더 등)로 이용된다.

주철 분류	탄소함유량
아공정주철	2.1 ~ 4.3%
공정주철	4.3%
과공정주철	4.3 ~ 6.68%

(2) 주철에 함유된 탄소(C)의 영향

종류	설명
유리탄소(흑연)	탄소가 유리탄소(흑연)로 존재하는 것. Si가 많고 냉각속도가 느리며 경도가 작다.
화합탄소(Fe_3C)	탄소가 화합탄소로 존재하는 것. Mn이 많고 냉각속도가 빠르며 경도가 크다.

(3) 흑연화 : 시멘타이트를 분해하여 흑연을 만드는 열처리 방법이다.

종류	원소
탈산제	Ti
흑연화 방지제	Mo, S, Cr, V, Mn, W
흑연화 촉진제	Ni, Ti, Co, Al, Si, P

(4) 마우러 조직도(Maurer's Diagram) : C, Si 량에 따른 주철의 조직도

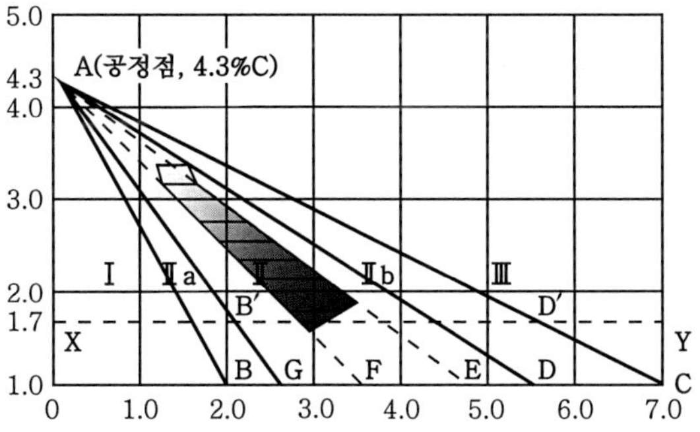

▌마우러 조직도(Maurer's Diagram)

① I 구역 : 백(극경) 주철(펄라이트+Fe_3C)

② II_a 구역 : 반(경질) 주철(펄라이트+Fe_3C+흑연)

③ II 구역 : F(강력) 주철(펄라이트+흑연)

④ II_b 구역 : 회(보통) 주철(펄라이트+페라이트+흑연)

⑤ III 구역 : P(연질) 주철(페라이트+흑연)

4-3 주철의 종류

종류	설명
미하나이트 주철 (Meehanite Cast Iron)	탄소와 규소가 적은 주철(저탄소, 저규소)에 Si 또는 $Ca-Si$(칼슘실리케이트)를 첨가해 흑연을 미세화시켜 강도를 높인 펄라이트 주철
칠드주철 (=냉경주철)	보통주철의 쇳물을 금형에 넣고 표면만 급랭시켜 내열성과 내마모성을 향상시킨 주철이며 칠드롤, 스프로킷, 노즐, 기차바퀴, 분쇄기롤, 제강용롤, 제지용롤 등에 사용된다. 주물 표면이 백주철이고 내부는 회주철이다.
구상흑연주철 (=덕타일주철)	용융상태의 주철에 Mg, Ca, Ce 등을 첨가하여 편상흑연을 구상화한 것이다. 편상흑연주철(=보통주철)에 비하여 강도, 연성, 인성, 내식성, 내열성, 내마멸성 등이 매우 우수하다. 흑연의 형상에 따라 판상, 구상, 공정상 흑연주철로 나누고, 주로 자동차의 크랭크 축, 캠 축 및 브레이크 드럼 등에 사용된다.
회주철 (Gray Cast Iron)	탄소가 흑연 박편의 형태로 석출되며 내마모성이 우수하고 압축강도가 좋으며 엔진 블록, 브레이크 드럼 등에 사용되는 재료이다.
백주철 (White Cast Iron)	회주철을 급랭하여 얻을 수 있으며 다량의 시멘타이트를 포함하는 주철이다.
가단주철 (Malleable Cast Iron)	백주철을 고온에서 장시간 풀림을 통해 가단성과 인성을 부여한 것으로 피삭성과 연성이 좋고 대량생산에 적합하며, 시간과 비용이 많이 든다.

※ 패딩(Fading)현상 : 구상화처리 후 용탕상태로 방치하면 흑연구상화 효과가 소멸하는 현상

01

Memo

핵심 예상문제

기계재료

04. 주철

01

주철에 대한 설명으로 틀린 것은?

① 흑연이 많을 경우에는 그 파단면이 회색을 띤다.
② C와 P의 양이 적고 냉각이 빠를수록 흑연화하기 쉽다.
③ 주청 중에 전 탄소량은 유리탄소와 화합탄소를 합한 것이다.
④ C와 Si의 함량에 따른 주철의 조직관계를 마우러 조직도라 한다.

주철은 흑연이 많을 경우에 파단면이 회색을 띠고, C, P 양이 많고 냉각속도가 늦을 수록 흑연화하기 쉽다.

02

주철 중에 함유되어 있는 유리탄소는 무엇인가?

① Fe_3C　② 화합탄소
③ 전탄소　④ 흑연

***유리탄소(흑연)**
탄소가 유리탄소(흑연)로 존재하는 것을 말하며, Si가 많고, 냉각 속도가 느리며 주입온도가 높을 때 생기며 회색을 띄고 경도가 작은 회주철이다.

03

주철에 함유된 원소 중 인(P)의 영향으로 옳은 것은?

① 스테다이트(steadite)를 형성하여 주철의 경도를 낮춘다.
② 공정온도와 공석온도를 상승시킨다.
③ 주철의 융점을 낮추어 유동성을 양호하게 한다.
④ $1wt\%$ 이상 사용할 때 경도는 상승하지만 인성은 감소한다.

① 스테다이트(Steadite)를 형성하여 주철의 경도를 높이고, 재질을 여리게 한다.
② 합금원소에 따라 공석온도에 미치는 영향이 다른데, Mn, Ni, Co는 공석온도를 낮추고, Ti, Mo, Si, W, Cr은 공석온도를 높인다.
③ 주철에 인(P)이 함유되면 용융점과 응고수축률이 감소하고 유동성이 증가하여 주조성이 좋아진다.
④ 주철에 인(P)의 함량이 높으면 취성이 커지고 인성이 감소하여 함량을 0.05wt%로 제한한다.

04

합금주철에서 특수합금 원소의 영향을 설명한 것으로 틀린 것은?

① Ni은 흑연화를 방지한다.
② Ti은 강한 탈산제이다.
③ V은 강한 흑연화 방지 원소이다.
④ Cr은 흑연화를 방지하고 탄화물을 안정화한다.

① 탈산제 : Ti
② 흑연화 방지제 : W, Cr, V, Mo, Mn, S
③ 흑연화 촉진제 : Si, Ni, Ti, Al, Co, P

01.② 02.④ 03.③ 04.①

05

주철 조직에 관한 마우러(Maurer) 선도와 관계있는 원소는?

① Si ② Mn ③ P ④ S

*마우러조직도(Maurer's Diagram)
C, Si량에 따른 주철의 조직도

06

미하나이트 주철(Meehanite cast iron)의 바탕 조직은?

① 시멘타이트 ② 펄라이트
③ 오스테나이트 ④ 페라이트

*미하나이트 주철(meehanite cast iron)
탄소와 규소가 적은 주철(저탄소, 저규소)에 Si 또는 $Ca-Si$(칼슘실리케이트)를 첨가해 흑연을 미세화시켜 강도를 높인 펄라이트 주철

07

탄소가 흑연 박편의 형태로 석출되며 내마모성이 우수하고 압축강도가 좋으며 엔진 블록, 브레이크 드럼 등에 사용되는 재료는?

① 회주철(gray iron)
② 백주철(white iron)
③ 가단주철(malleable iron)
④ 연철(ductile iron)

*회주철(Gray Cast Iron)
탄소가 흑연 박편의 형태로 석출되며 내마모성이 우수하고 압축강도가 좋으며 엔진 블록, 브레이크 드럼 등에 사용되는 재료

08

가단주철에 대한 설명으로 옳지 않은 것은?

① 가단주철은 연성을 가진 주철을 얻는 방법 중 시간과 비용이 적게 드는 공정이다.
② 가단주철의 연성이 백주철에 비해 좋아진 것은 조직 내의 시멘타이트의 양이 줄거나 없어졌기 때문이다.
③ 조직 내에 존재하는 흑연의 모양은 회주철에 존재하는 흑연처럼 날카롭지 않고 비교적 둥근 모양으로 연성을 증가시킨다.
④ 가단주철은 파단시 단면감소율이 10% 정도에 이를 정도로 연성이 우수하다.

*가단주철
백주철을 고온에서 장시간 풀림을 통해 가단성과 인성을 부여한 것으로 피삭성과 연성이 좋고 대량 생산에 적합하며, 시간과 비용이 많이 든다.

09

회주철을 급랭하여 얻을 수 있으며 다량의 시멘타이트(cementite)를 포함하는 주철로 옳은 것은?

① 백주철 ② 주강
③ 가단주철 ④ 구상흑연주철

*백주철(White Cast Iron)
회주철을 급랭하여 얻을 수 있으며 다량의 시멘타이트를 포함하는 주철

05.① 06.② 07.① 08.① 09.①

10

보통의 주철 쇳물을 금형에 넣어 표면만 급랭시켜 내열성과 내마모성을 향상시킨 것은?

① 회주철 ② 가단주철
③ 칠드주철 ④ 구상흑연주철

***칠드 주철(Chilled Cast Iron)**
보통주철의 쇳물을 금형에 넣고 표면만 급랭시켜 내열성과 내마모성을 향상시킨 주철로 냉경주철이라고도 한다.

11

회주철의 부족한 연성을 개선하기 위해 용탕에 직접 첨가물을 넣음으로써 흑연을 둥근 방울형태로 만들 수 있다. 이와 같이 흑연이 구상으로 되는 구상흑연주철을 만들기 위해 첨가하는 원소로서 가장 적합한 것은 어느 것인가?

① P ② Mn
③ Si ④ Mg

***구상흑연주철(=덕타일주철)**
용융상태의 주철에 Mg, Ca, Ce 등을 첨가하여 편상흑연을 구상화한 것이다. 편상흑연주철(보통주철)에 비하여 강도, 연성, 인성, 내식성, 내열성, 내마멸성 등이 매우 우수하다. 흑연의 형상에 따라 판상, 구상, 공정상 흑연주철로 나누고, 주로 자동차의 크랭크 축, 캠 축 및 브레이크 드럼 등에 사용된다.

12

주철에 마그네슘, 세슘, 칼슘 등을 첨가하여 만든 것은?

① 백주철 ② 가단주철
③ 구상흑연주철 ④ 칠드주철

***구상흑연주철(=덕타일주철)**
용융상태의 주철에 Mg, Ca, Ce 등을 첨가하여 편상흑연을 구상화한 것이다. 편상흑연주철(보통주철)에 비하여 강도, 연성, 인성, 내식성, 내열성, 내마멸성 등이 매우 우수하다. 흑연의 형상에 따라 판상, 구상, 공정상 흑연주철로 나누고, 주로 자동차의 크랭크 축, 캠 축 및 브레이크 드럼 등에 사용된다.

10.③ 11.④ 12.③

Memo

01

Chapter 5

비철금속 재료, 비금속 재료, 신소재

5-1 비철금속 재료

(1) 구리(Cu)

① 비중 8.89, 용융온도는 액상 : 1083℃, 고상 : 1065℃이다.
② 내식성, 가공성이 좋다.
③ 전연성이 좋아 가공이 용이하다.
④ 전기와 열의 양도체이다.(=전도성이 좋지 않다.)
⑤ 아연, 주석, 니켈, 은 등과 합금이 용이하다.
⑥ 강도나 경도가 철강에 비해 다소 떨어지고 가격도 고가이므로 구조용 재료로는 많이 사용되지 않는다.
⑦ 물탱크, 열 교환기, 선박, 전선 및 전기용품, 도관 등에 널리 사용된다.

(2) 구리의 합금

① 황동 : 구리(Cu)와 아연(Zn)의 합금으로 구리에 비하여 가공성, 주조성이 좋고 광택이 있어 공업용 재료로 많이 사용된다.

종류	설명
문쯔메탈	6:4 황동(Cu 60%− Zn 40%)
쾌삭황동	6:4 황동(Cu 60%− Zn 40%) + Pb 1.5~3% 첨가
강력황동	6:4 황동(Cu 60%− Zn 40%) + Mn, Fe, Ni, Al, Sn 첨가
델타메탈(=철황동)	6:4 황동(Cu 60%− Zn 40%) + Fe 1~2% 합금이다. 강도가 크고 내식성이 좋아 광산기계, 선반용기계, 화학기계에 사용된다.
망가닌	6:4 황동(Cu 60%− Zn 40%) + Mn 10~15% 첨가
애드미럴티 황동	7:3 황동(Cu 70%− Zn 30%) + Sn (주석) 1% 첨가
양은(=양백, 백동, 니켈황동)	7:3 황동(Cu 60%− Zn 40%) + Ni 10~20% 첨가. 색깔이 은(Ag)과 비슷하며 장식용, 식기, 악기, 기타 은그릇 대용으로 많이 쓰인다.
톰백	Cu 80%− Zn 20% + Sn 0.1%계 합금이다. 강도는 낮으나 전연성이 좋다. 주로 금대용품, 화폐, 메달, 금박단추, 액세서리로 이용된다.

황동의 화학적 성질	설명
탈아연 부식	불순한 물, 부식성 물질이 녹아있는 수용액의 작용에 의해 황동의 탈아연 현상. 방지법으로는 Zn 30% 이하의 황동을 쓰거나 1% 정도의 Sn을 첨가한다.
고온 탈아연	고온에서 탈아연되는 현상. 표면이 깨끗할수록 심하다. 방지법으로는 도료 및 Zn 도금을 하여 잔류응력을 제거한다.
자연균열	냉간가공한 황동이 잔류응력에 의하여 저장중에 자연스럽게 균열이 생기는 것으로 방지법으로는 도금, 풀림처리, 도색을 한다.

② 청동 : 구리(Cu)와 주석(Sn)의 합금으로 황동보다 내식성, 내마모성이 좋다.

종류	설명
베릴륨 청동	청동($Cu-Sn$) + 베릴륨(Be)합금. 뜨임시효 경화성이 있어 내식성, 내열성, 내피로성이 좋다. 구리합금 중에서 가장 높은 경도와 강도를 가지며, 주로 고급스프링 등에 이용된다.
포금(=청동주물)	Cu 88% + Sn 10% + Zn 2% 합금. 주로 대포를 만들 때 이용된다.
켈밋	Cu 60~70% + Pb 30~40% 합금이다. 고속용 베어링으로 자동차, 항공기 등에 널리 사용된다.
니켈청동	열전대 및 뜨임시효 경화성 합금으로 사용된다.
인청동	P(인)을 0.03~0.06% 첨가한다. 쇳물 유동성, 내마멸성, 내식성, 탄성이 증가하고 주로 기어, 펌프, 선박용 등 주물재료, 스프링재료로 사용된다.

(3) 알루미늄(Al)

비중이 2.7로 가벼우며 각종 기계 기구, 건축 자재 등 사용 분야가 넓다. 대기 중에서 산화 알루미늄(Al_2O_3)의 얇은 보호막으로 인하여 부식되지 않는다. 순수한 알루미늄은 연하여 구조용 재료로 부적합하나 다른 금속과 합금하면 기계적 성질이 많이 개선된다.

① 주물용 알루미늄합금

종류	설명
실루민	$Al-Si$계 합금. 주조성은 좋으나 절삭성은 좋지 않다.
라우탈	$Al-Cu-Si$계 합금. Cu는 절삭성을 향상시키고 Si는 주조성을 개선한다.
Y합금	$Al-Cu-Ni-Mg$ 계 합금. 내열성이 좋으며 고온강도가 커서 주로, 내연기관, 피스톤, 실린더로 사용된다.
하이드로날륨	Al 90% + Mg10% 합금. 내식성이 우수하고 주로 지붕이나 철도차량, 객선의 갑판구조물로 사용된다.
다이캐스팅용 합금	Al에 Cu, Zn, Sn, Mg을 첨가한 합금으로 자마크(Zamak)계 합금이 널리 사용된다.
로엑스(Lo-Ex)	$Al-Si$ 합금에 Cu, Mg, Ni을 소량 첨가한 것이다. 내열성, 주조성, 단조성이 높아 주로, 자동차 등의 엔진 피스톤 재료로 사용된다.

② 가공용 알루미늄합금

종류	설명
두랄루민	$Al-Cu-Mg-Mn$ 계 합금. 기계적 성질이 탄소강과 비슷하며, 비중이 연강의 약 1/3 정도로 경량재료에 해당된다. 고온에서 용체화 처리 후 급랭하여 상온에 방치하면 시효경화하여 연강 정도의 인장강도를 보인다. 항공기, 자동차, 유람선 등에 사용된다.
초두랄루민	두랄루민에 Mg함유량을 높이고, 시효경화를 통해 강도를 높인 것이고 주로, 항공기용 재료로 사용된다.
초초두랄루민	$Al-Cu-Zn-Mg-Mn-Cr$ 계 합금이며 항공기 재료로 사용된다.

✔ 두랄루민은 알루미늄에 구리와 마그네슘 등을 첨가한 알루미늄 합금이다. 여기에 구리와 마그네슘의 함량을 더 높이면 초두랄루민이 되는데, 여기에 Ni을 첨가하면 Y합금이 된다. 또한 두랄루민에서 구리 대신 아연이 들어가면 초초두랄루민이 되고 이 합금은 알루미늄 합금 중 가장 강력하다.

③ 알루미늄합금 열처리 순서 : 용체화 처리 → 담금질 → 인공시효처리 → 풀림

(4) 마그네슘(Mg)

① 비중이 1.74로 실용금속 중 가장 가벼우며 용융점은 650℃이다.
② 알칼리에 강하나 산류, 염류에 침식된다.
③ 절삭성이 좋다.
④ 250℃이하에서 소성가공이 나쁘다.
⑤ 항공기, 전자, 전기 제품 케이스로 많이 이용된다.
⑥ 산소와 반응하여 산화마그네슘을 형성한다.
⑦ 전기 화학적으로 전위가 높아서 내식성이 좋지 않다.
⑧ 산 및 바닷물에 침식되기 쉽다.
⑨ 조밀육방격자이며 고온에서 발화하기 쉽다.
⑩ 마그네슘 합금의 종류

종류	설명
일렉트론	$Mg-Al-Zn$ 합금이다.
다우메탈	$Mg-Al$ 합금이며 대표적인 마그네슘 합금이다.

(5) 니켈(Ni)

① 특수청동 중 열전대, 뜨임시효 경화성 합금으로 사용된다.
② 첨가시 내산성, 강인성, 내식성이 증가되고 저온취성을 방지할 수 있다.
③ 페라이트 조직을 안정화시킨다.
④ 주조상태 그대로나 열처리하여 각종 구조용 주물로 이용한다.

⑤ 니켈 합금의 종류

종류	설명
모넬메탈	Cu 30~35% + Ni65~70% 합금이며 내열성, 내식성, 내마멸성이 우수하다. 주조 및 단련이 쉬워, 고압 및 과열증기밸브, 펌프 임펠러, 터빈 날개, 열기관 부품, 화학기계부품 등의 재료로 사용된다.
콘스탄탄	Cu 50~60% + Ni40~50% 합금이며 전기저항이 크고 온도계수가 낮아 주로 전기저항선으로 사용된다.

(6) 베어링용 합금

① 베어링용 합금의 종류

종류	설명
배빗메탈 (=화이트메탈)	$Sn-Sb-Cu(Zn)$계 베어링용 합금이다. 화이트 메탈계 중에서는 베어링 성능이 가장 뛰어나다
오일리스 베어링 (Oilless Bearing)	Cu + Sn + 흑연분말을 혼합해 성형한 후 가열하고 소결한 베어링으로, 주유가 필요없어서 기름보급이 곤란한 곳에 사용한다. 고속, 중하중용에는 부적당하다.

② 베어링용 합금의 구비조건

㉠ 하중에 견딜 수 있도록 충분한 강도와 강성을 가져야 한다.
㉡ 열전도율이 높아야 한다.
㉢ 내식성과 피로강도가 커야 한다.
㉣ 마찰 마멸이 적어야 한다.

5-2 비금속 재료

(1) 합성수지

성형이 간단하고 가공성이 크며 착색이 용이하다. 전기절연성이 좋지만 내열성이 작으므로 높은 온도에서 사용할 수 없다.

① 합성수지의 종류

종류	설명
열경화성 수지	열을 가하여 모양을 만든 다음에는 다시 열을 가하여도 부드러워지지 않는다. 즉, 한번 성형을 시키면 다시 다른 형태로 변형시킬 수 없다.
열가소성 수지	열을 가하여 성형한 뒤에도 다시 열을 가하면 형태를 변형시킬 수 있는 수지로 압출성형과 사출성형에 의해 능률적으로 가공할 수 있다는 장점이있다. 그러나 내열성, 내용제성은 열경화성 수지에 비해 약한 편이다.

② 열경화성 수지와 열가소성 수지의 종류

비교	종류	
열경화성 수지	① 페놀수지 ② 요소수지 ③ 에폭시수지 ④ 멜라민수지	⑤ 규소수지 ⑥ 푸란수지 ⑦ 폴리에스테르수지 ⑧ 폴리우레탄수지 등
열가소성 수지	① 폴리에틸렌 ② 폴리프로필렌 ③ 폴리스티렌 ④ 폴리아미드	⑤ 폴리염화비닐(PVC) ⑥ 아크릴수지 ⑦ 플루오르수지 등

(2) 플라스틱 재료의 특징

① 강도, 강성, 밀도, 용융점, 전기전도도, 열전도도, 마찰계수가 낮다.
② 내산화성, 내부식성이 좋다.
③ 설계 및 가공이 용이하고 가격이 저렴하다.
④ 열팽창계수가 높고 사용온도범위가 낮다.

5-3 기타 소재

(1) 형상기억합금(Shape Memory Alloy)

다른 모양으로 소성변형시키더라도 가열에 의하여 다시 변형 전 원래의 모양으로 되돌아오는 성질을 가진 합금이다. 소재의 회복력을 이용하여 용접 또는 납땜이 불가능한 것을 연결하는 이음쇠로 사용이 가능하고, 우주선의 안테나, 치열 교정기, 안경 프레임, 급유관의 이음쇠 등에 사용된다.

(2) 초전도 재료(Super Conductive Material)

온도가 특정 임계 온도로 떨어지면 일부 재료의 저항이 완전히 사라지는 현상을 초전도라 하고 이러한 특성을 나타내는 재료를 초전도 재료라고 한다. 재료로 에너지 손실이 없어 고압 송전선이나 전자석용 선재에 활용된다.

(3) 피복초경합금(Coverd Cemented Carbide)

초경합금 모재 표면에 티타늄탄화물(TiC), 티타늄질화물(TiN), 알루미늄산화물(Al_2O_3) 등을 매우 얇게 피복한 것으로 일반적인 초경합금에 비하여 절삭성능 및 고온경도가 강화된 초경합금이다.

(4) 파인 세라믹(Fine Ceramic)
흙이나 모래 등의 무기질 재료를 높은 온도로 가열하여 만든 것으로 고온에 잘 견디고 내마멸성이 큰 소재이다. 특수 타일, 인공 뼈, 자동차 엔진 등에 사용한다.

(5) 압전 세라믹(Piezoelectric Ceramic)
전압을 가하면 이를 기계적 에너지(소리, 초음파 등)으로 변환할 수 있고 이를 다시 전기에너지로 변환시키기도 하는 소재이다. 음향 마이크, 스트레인 게이지, 수중 음파 탐지기, 스피커, 가속도 센서, 초음파 센서 등에 사용한다.

(6) 초소성합금(Superplastic Alloy)
재료가 파단에 이르기까지 수백 %이상의 큰 신장률을 보이며 복잡한 형상의 성형이 가능한 재료이다.

(7) 초탄성합금(Hyper Elastic Alloy)
특정 온도 이상에서 형상기억합금에 힘을 가하고 탄성한계를 넘겨 소선변형을 시켜도 힘을 제거하면 원래 형태로 돌아오는 특징을 가지고 있다.

(8) 비정질 합금(Amorphous Alloy)
용융 합금을 급속 냉각시켜 원자배열이 무질서하며 높은 투자율이나 매우 낮은 자기이력손실 등의 특성을 가진 합금이다.

핵심 예상문제

기계재료

05. 비철금속 재료, 비금속 재료, 신소재

01

구리의 특성에 대한 설명으로 가장 옳은 것은?

① 아연(Zn), 주석(Sn), 니켈(Ni) 등과 합금을 만들 수 없다.
② 유연하고 연성이 작아 가공이 어렵다.
③ 전성이 작고 귀금속적인 성질이 우수하다.
④ 전기 및 열의 전도성이 우수하다.

구리는 전기 및 열의 전도성이 좋지 않고, 내식성이 우수하다.

02

황동(brass)의 주요 성분으로 옳은 것은?

① 구리(Cu)+주석(Sn)
② 구리(Cu)+인(P)
③ 구리(Cu)+규소(Si)
④ 구리(Cu)+아연(Zn)

*황동의 주성분
구리(Cu)+아연(Zn)

03

대표적인 구리합금 중 황동(brass)의 주성분은?

① Cu, Pb　② Cu, Sn
③ Cu, Al　④ Cu, Zn

*황동의 주성분
구리(Cu)+아연(Zn)

04

상원사의 동종과 같이 고대부터 사용한 청동의 합금은?

① 철과 아연　② 철과 주석
③ 구리와 아연　④ 구리와 주석

*청동
구리(Cu)와 주석(Sn)의 합금

05

알루미늄에 대한 설명으로 옳지 않은 것은?

① 비중이 작은 경금속이다.
② 내부식성이 우수하다.
③ 연성이 높아 성형성이 우수하다.
④ 열전도도가 작다.

*알루미늄(Al)
비중 2.7인 경금속이고 용융점이 660℃이다. 내부식성이 우수하나 바닷물에는 쉽게 부식되고, 연성이 높아 성형성이 우수하고 열전도도 및 전기전도도가 큰 원소이다.

01.④ 02.④ 03.④ 04.④ 05.④

06

알루미늄 합금에 대한 설명으로 옳은 것은?

① 주물용 알루미늄 합금인 실루민(silumin)은 절삭성이 좋다.
② 내식용 알루미늄 합금은 Al에 Cu, Ni, Fe 등을 첨가하여 내식성을 높인 것이다.
③ Al에 Cu, Si 등을 첨가한 다이캐스팅용 합금으로는 알클래드(alclad)가 있다.
④ 초두랄루민(super duralumin)은 시효경화(age hardening)를 통해 강도를 높인 것이다.

① 실루민은 절삭성이 좋지 않다.
② 내식성 알루미늄 합금은 Al에 Mn, Mg, Si 등을 첨가하여 내식성을 높인 것이다.
③ Al에 Cu, Si 등을 첨가한 주조용 합금으로는 라우탈(Lautal)이 있다.

07

***Al*에 10~13% *Si*를 함유한 합금은?**

① 실루민 ② 라우탈
③ 두랄루민 ④ 하이드로 날륨

***실루민**
*Al–Si*계 합금. 알루미늄에 규소 첨가. *Si*로 주조성은 좋으나 절삭성은 좋지 않다.

08

***Al – Cu – Si*계 합금의 명칭은?**

① 실루민 ② 라우탈
③ Y합금 ④ 두랄루민

***라우탈**
Al–Cu–Si 계 합금. *Cu*는 절삭성을 향상시키고 *Si*는 주조성을 개선한다.

09

내열성이 좋으며 고온강도가 커서, 내연기관의 실린더나 피스톤 등에 많이 사용되는 것은?

① 인바 ② Y 합금
③ 6 : 4 황동 ④ 두랄루민

***Y합금**
Al–Cu–Ni–Mg 계 합금. 내열성이 좋으며 고온강도가 커서 주로, 내연기관, 피스톤, 실린더로 사용된다.

10

알루미늄 재료의 특징에 대한 설명으로 옳지 않은 것은?

① 열과 전기가 잘 통한다.
② 전연성이 좋은 성질을 가지고 있다.
③ 공기 중에서 산화가 계속 일어나는 성질을 가지고 있다.
④ 같은 부피이면 강보다 가볍다.

알루미늄은 공기 중에서 산화 반응에 의하여, 표면에 산화 피막을 형성하는데, 어느 정도 피막이 형성되면 더 이상 산화가 진행되지 않는다.

06.④ 07.① 08.② 09.② 10.③

11

알루미늄 합금인 두랄루민은 기계적 성질이 탄소강과 비슷하며 무게를 중시하고 강도가 큰 것을 요구하는 항공기, 자동차, 유람선 등에 사용되는데, 두랄루민의 주요 성분은?

① Al - Cu - Ni
② Al - Cu - Cr
③ Al - Cu - Mg - Mn
④ Al - Si - Ni

***두랄루민(Duralumin)**
Al-Cu-Mg-Mn계 합금(가공용 알루미늄 합금)으로 기계적 성질이 탄소강과 비슷하며, 비중이 연강의 약 1/3 정도로 경량재료에 해당되고, 고온에서 용체화 처리 후 급랭하여 상온에 방치하면 시효경화하며, 연강 정도의 인장강도를 보인다. 무게를 중시하고 강도가 큰 것을 요구하는 항공기, 자동차, 유람선 등에 사용된다.

12

다음의 비철금속에 대한 설명 중 옳지 않은 것은?

① 구리는 열 및 전기 전도율이 좋으나, 기계적인 강도는 낮다.
② 티타늄은 알루미늄보다 가벼워 항공재료로 사용된다.
③ 알루미늄은 가벼운 것이 특징이며, 가공이 용이하다.
④ 니켈은 산화피막에 의해서 내부식성이 우수하다.
⑤ 알루미나는 내부식성을 증가시킨다.

티타늄(Ti, 비중 4.5)보다 알루미늄(Al, 비중 2.7)이 가볍고, 항공 재료로 많이 사용되는 것은 고강도 알루미늄 합금인 두랄루민, 초두랄루민, 초초두랄루민 등이다.

13

알루미늄 합금인 두랄루민에 대한 설명으로 옳지 않은 것은?

① Cu, Mg, Mn을 성분으로 가진다.
② 비중이 연강의 약 1/3 정도로 경량재료에 해당된다.
③ 주물용 알루미늄 합금이다.
④ 고온에서 용체화 처리 후 급랭하여 상온에 방치하면 시효경화 한다.

***두랄루민(Duralumin)**
Al-Cu-Mg-Mn계 합금(가공용 알루미늄 합금)으로 기계적 성질이 탄소강과 비슷하며, 비중이 연강의 약 1/3 정도로 경량재료에 해당되고, 고온에서 용체화 처리 후 급랭하여 상온에 방치하면 시효경화하며, 연강 정도의 인장강도를 보인다. 무게를 중시하고 강도가 큰 것을 요구하는 항공기, 자동차, 유람선 등에 사용된다.

14

마그네슘의 특징이 아닌 것은?

① 비중이 알루미늄보다 크다.
② 조밀육방격자이며 고온에서 발화하기 쉽다.
③ 대기 중에서 내식성이 양호하나 산 및 바닷물에 침식되기 쉽다.
④ 알칼리성에 거의 부식되지 않는다.

***마그네슘(Mg) 특징**
① 비중이 1.74로 실용금속 중 가장 가벼우며 용융점은 650℃이다.
② 알칼리에 강하나 산류, 염류에 침식된다.
③ 절삭성이 좋다.
④ 250℃이하에서 소성가공이 나쁘다.
⑤ 항공기, 전자, 전기 제품 케이스로 많이 이용된다.
⑥ 산소와 반응하여 산화마그네슘을 형성한다.
⑦ 전기 화학적으로 전위가 높아서 내식성이 좋다.
⑧ 산 및 바닷물에 침식되기 쉽다.
⑨ 조밀육방격자이며 고온에서 발화하기 쉽다.

여기서, 알루미늄의 비중은 약 2.7이다.

11.③ 12.② 13.③ 14.①

15

마그네슘(Mg)에 대한 설명으로 옳은 것은?

① 산소와 반응하지 않는다.
② 비중이 1.85로 공업용 금속 중 가장 가볍다.
③ 전기 화학적으로 전위가 높아서 내식성이 좋다.
④ 열전도율은 구리(Cu)보다 낮다.

***마그네슘(Mg) 특징**
① 비중이 1.74로 실용금속 중 가장 가벼우며 용융점은 650℃이다.
② 알칼리에 강하나 산류, 염류에 침식된다.
③ 절삭성이 좋다.
④ 250℃이하에서 소성가공이 나쁘다.
⑤ 항공기, 전자, 전기 제품 케이스로 많이 이용된다.
⑥ 산소와 반응하여 산화마그네슘을 형성한다.
⑦ 전기 화학적으로 전위가 높아서 내식성이 좋다.
⑧ 산 및 바닷물에 침식되기 쉽다.
⑨ 조밀육방격자이며 고온에서 발화하기 쉽다.

***금속의 열전도율, 전기전도율 순서**
Ag > Cu > Au > Al > Mg > Zn > Ni > Fe > Pb > Sb

16

합금과 특성의 관계가 옳은 것은?

① 규소강 : 초내열성
② 스텔라이드(stellite) : 자성
③ 모넬금속(monel metal) : 내식용
④ 엘린바(Fe - Ni - Cr) : 내화학성

***모넬메탈**
$Cu-Ni$ 65~70%을 함유한 합금이며, 내열성,내식성,내마멸성이 우수하다. 주조 및 단련이 쉬워, 고압 및 과열증기밸브, 펌프 임펠러, 터빈 날개, 열기관 부품, 화학기계부품 등의 재료로 사용된다.

17

배빗메탈 이라고도 하는 베어링용 합금인 화이트 메탈의 주요성분으로 옳은 것은?

① Pb−W−Sn ② Fe−Sn−Cu
③ Sn−Sb−Cu ④ Zn−Sn−Cr

***배빗메탈(화이트메탈)**
$Sn-Sb-Cu(Zn)$ 계 베어링용 합금이다.
화이트 메탈계 중에서는 베어링 성능이 가장 뛰어나다.

18

오일리스 베어링과 관계가 없는 것은?

① 구리와 납의 합금이다.
② 기름보급이 곤란한 곳에 적당하다.
③ 너무 큰 하중이나 고속회전부에는 부적당하다.
④ 구리, 주석, 흑연의 분말을 혼합 성형한 것이다.

***오일리스 베어링(oilless bearing)**
① $Cu+Sn+$ 흑연분말을 혼합해 성형한 후 가열하고 소결한 베어링이다.
② 주유가 필요 없어 기름보급이 곤란한 곳에 사용한다.
③ 고속 • 중하중용에는 부적당하다.

15.④ 16.③ 17.④ 18.①

19

합성 수지에 대한 설명으로 옳지 않은 것은?

① 합성 수지는 전기 절연성이 좋고 착색이 자유롭다.
② 열경화성 수지는 성형 후 재가열하면 다시 재생할 수 없으며 에폭시 수지, 요소 수지 등이 있다.
③ 열가소성 수지는 성형 후 재가열하면 용융되며 페놀 수지, 멜라민 수지 등이 있다.
④ 아크릴 수지는 투명도가 좋아 투명 부품, 조명 기구에 사용된다.

20

열경화성 수지에 해당하는 것은?

① 스티렌 수지 ② 페놀 수지
③ 아크릴 수지 ④ 폴리에틸렌 수지

***합성수지**
성형이 간단하고 가공성이 크며 착색이 용이하다. 전기절연성이 좋지만 내열성이 작으므로 높은온도에서 사용할 수 없다.

-종류
(1) 열경화성 수지
열을 가하여 모양을 만든 다음에는 다시 열을 가하여도 부드러워지지 않는다. 즉, 한번 성형을 시키면 다시 다른 형태로 변형시킬 수 없다. 종류로는 페놀수지, 요소수지 ,에폭시수지, 멜라민수지, 규소수지, 푸란수지, 폴리에스테르수지, 폴리우레탄수지 등이 있다.

(2) 열가소성 수지
열을 가하여 성형한 뒤에도 다시 열을 가하면 형태를 변형시킬 수 있는 수지로 압출성형과 사출성형에 의해 능률적으로 가공할 수 있다는 장점이있다. 그러나 내열성, 내용제성은 열경화성 수지에 비해 약한 편이다. 종류로는 폴리에틸렌, 폴리프로필렌, 폴리스티렌, 폴리아미드, 폴리염화비닐(PVC), 아크릴수지, 플루오르수지 등이 있다.

21

기계재료에 대한 설명으로 옳지 않은 것은?

① 비정질합금은 용융상태에서 급랭시켜 얻어진 무질서한 원자 배열을 갖는다.
② 초고장력합금은 로켓, 미사일 등의 구조재료로 개발된 것으로 우수한 인장강도와 인성을 갖는다.
③ 형상기억합금은 소성변형을 하였더라도 재료의 온도를 올리면 원래의 형상으로 되돌아가는 성질을 가진다.
④ 초탄성합금은 재료가 파단에 이르기까지 수백 % 이상의 큰 신장률을 보이며 복잡한 형상의 성형이 가능하다.

***초소성합금(Superplastic Alloy)**
재료가 파단에 이르기까지 수백 % 이상의 큰 신장률을 보이며 복잡한 형상의 성형이 가능하다.

***초탄성합금(Hyper Elastic Alloy)**
특정 온도 이상에서 형상기억합금에 힘을 가하고 탄성한계를 넘겨 소선변형을 시켜도 힘을 제거하면 원래 형태로 돌아오는 특징을 가지고 있다.

22

다음 중 상온에서 소성변형을 일으킨 후에 열을 가하면 원래의 모양으로 돌아가는 성질을 가진 재료는?

① 비정질합금 ② 내열금속
③ 초소성재료 ④ 형상기억합금

***형상기억합금(Shape Memory Alloy)**
다른 모양으로 소성변형시키더라도 가열에 의하여 다시 변형 전 원래의 모양으로 되돌아오는 성질을 가진 합금으로 소재의 회복력을 이용하여 용접 또는 납땜이 불가능한 것을 연결하는 이음쇠로도 사용이 가능하고, 주로 우주선의 안테나, 치열 교정기, 안경 프레임, 급유관의 이음쇠 등에 사용된다.

19.③ 20.② 21.④ 22.④

23

다음 설명에 가장 적합한 소재는?

ㅇ 우주선의 안테나, 치열 교정기, 안경 프레임, 급유관의 이음쇠 등에 사용한다. ㅇ 소재의 회복력을 이용하여 용접 또는 납땜이 불가능한 것을 연결하는 이음쇠로도 사용 가능하다.

① 압전재료 ② 수소저장합금
③ 파인세라믹 ④ 형상기억합금

***형상기억합금(Shape Memory Alloy)**
다른 모양으로 소성변형시키더라도 가열에 의하여 다시 변형 전 원래의 모양으로 되돌아오는 성질을 가진 합금으로 소재의 회복력을 이용하여 용접 또는 납땜이 불가능한 것을 연결하는 이음쇠로도 사용이 가능하고, 주로 우주선의 안테나, 치열 교정기, 안경 프레임, 급유관의 이음쇠 등에 사용된다.

24

흙이나 모래 등의 무기질 재료를 높은 온도로 가열하여 만든 것으로 특수 타일, 인공 뼈, 자동차 엔진 등에 사용하며 고온에도 잘 견디고 내마멸성이 큰 소재는?

① 파인 세라믹 ② 형상기억합금
③ 두랄루민 ④ 초전도합금

***파인 세라믹(Fine Ceramic)**
흙이나 모래 등의 무기질 재료를 높은 온도로 가열하여 만든 것으로 특수 타일, 인공 뼈, 자동차 엔진 등에 사용하며 고온에도 잘 견디고 내마멸성이 큰 소재

25

형상기억합금에 대한 설명으로 옳지 않은 것은?

① 인공위성 안테나, 치열 교정기 등에 사용된다.
② 대표적인 합금으로는 $Ni-Ti$ 합금이나 $Cu-Zn-Al$ 합금 등이 있다.
③ 에너지 손실이 없어 고압 송전선이나 전자석용 선재에 활용된다.
④ 변형이 가해지더라도 특정 온도에서 원래 모양으로 회복되는 합금이다.

***초전도 재료(Super Conductive Material)**
온도가 특정 임계 온도로 떨어지면 일부 재료의 저항이 완전히 사라지는 현상을 초전도라 하고 이 현상을 가진 재료를 초전도 재료라고 한다. 재료로 에너지 손실이 없어 고압 송전선이나 전자석용 선재에 활용된다.

23.④ 24.① 25.③

Chapter 6

기계재료의 시험

6-1 파괴시험

(1) 인장시험

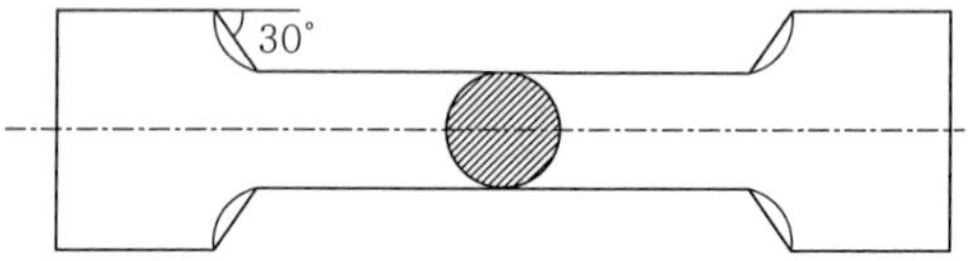

▌인장시험

시험편을 축방향으로 잡아당겨서 파괴될 때 까지의 하중과 변형량의 관계를 조사하는 시험으로 재료의 비례한도, 탄성한도, 항복강도, 인장강도, 내력, 연신율, 단면수축율, 푸아송비 등을 측정할 수 있다.

(2) 경도시험

종류	설명
쇼어경도 시험법	다이아몬드 해머(압입자)를 시험면(물체의 표면) 위의 일정한 높이에서 낙하시켜 해머가 반발하여 올라간 높이를 측정하여 계산한다. 시편에는 경미한 압입자국이 생기며 반발 높이가 높을수록 시편의 경도가 높다.
브리넬 경도 시험법	강구 압입자를 사용하여 압입자국의 표면적을 측정하고 하중을 표면적으로 나누어 계산한다.
모스 경도 시험법	물체를 표준 시편으로 긁어서 어느 쪽에 긁힌 흔적이 발생하는지를 관찰하는 시험이다.
로크웰 경도 시험법	일정 하중으로 시료면에 압입을 가해 압자의 선단이 들어간 깊이로 재료의 경도를 측정하는 시험이다.
비커스 경도 시험법	꼭지각 136°인 피라미드형 다이아몬드 압자를 재료면에 살짝 눌러 피트를 만들고, 하중을 제거한 후 남은 영구 피트의 표면적을 하중에 나눈 값으로 나타내는 경도시험이다. 작은 하중을 사용하기 때문에 관측이 힘들고, 오차가 경도값에 큰 영향을 주므로 측정자의 숙련이 요구된다. 질화강과 침탄강과 같은 표면층 측정에 사용한다. 비커스경도(HV) $= \dfrac{1.854P}{d^2}$ 여기서, P : 하중[kg] d : 피트의 대각선 길이[mm]

(3) 충격시험

재료의 연성 또는 인성의 판정을 위한 것으로 재료에 충격저항이 작용할 때 에너지법을 이용하여 충격저항을 측정한다. 노치부의 형상에 따른 충격저항의 변화를 구하는 시험으로 샤르피 충격시험, 아이조드 충격시험이 있다.

① 샤르피 충격시험 : 양단이 단순 지지된 시편을 회전하는 해머로 노치를 파단시켜 시험이다.

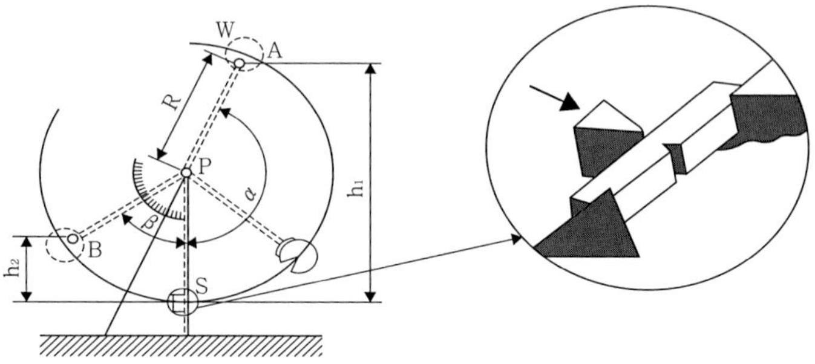

▎샤르피 충격시험

② 아이조드 충격시험 : 시편의 한쪽만 고정시키고 회전하는 해머로 노치를 파단시켜 시험한다.

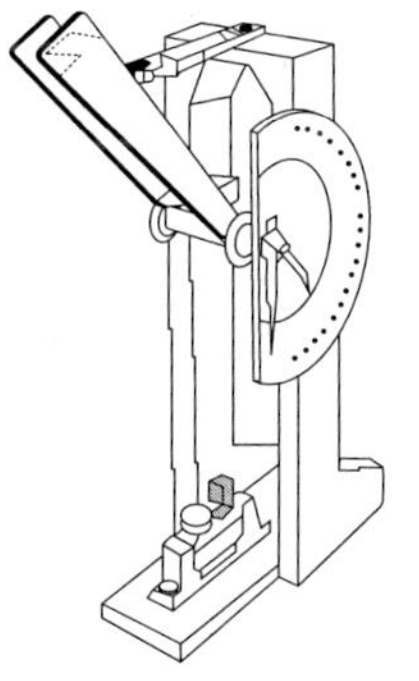

▎아이조드 충격시험

(4) 피로시험

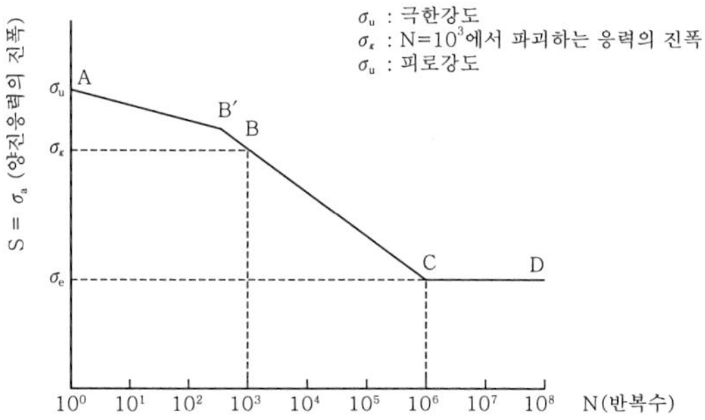

▎S-N 곡선

피로 파괴가 일어나지 않는 최대 하중인 피로 한도를 구하는 시험이다. 피로 한도를 구하기 위해 가해지는 하중(S)과 반복 횟수(N)의 관계의 그래프인 S-N곡선을 이용한다.

(5) 압축시험

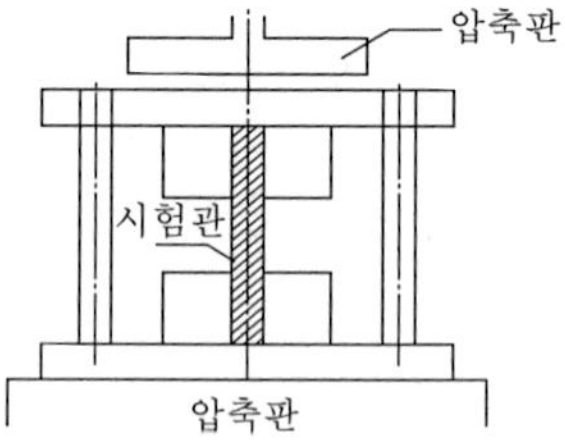

▌압축시험

재료 표면에 압축력을 가할 때 변형저항이나 파괴강도를 구하기 위한 시험으로 압축강도, 항복점, 탄성계수, 비례한도 등을 구할 수 있다. 주로 주철과 베어링 및 합금 또는 건축재료 석재, 시멘트와 같은 재료에서 시행된다.

(6) 굽힘시험

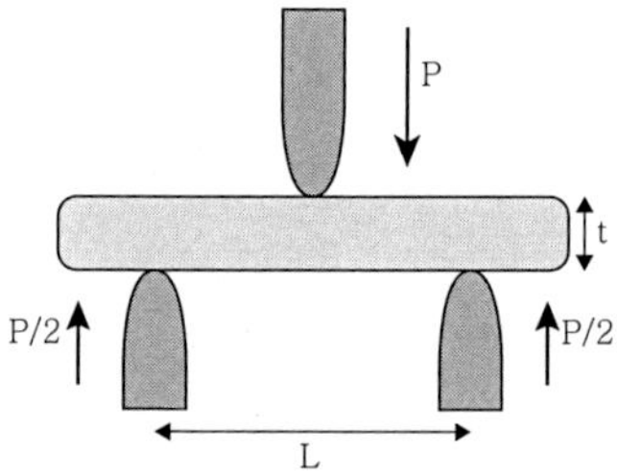

▌굽힘시험

재료에 굽힘 하중을 가하여 용접부의 변형, 소성 가공성 등을 측정하는 시험이다.

(7) 크리프시험

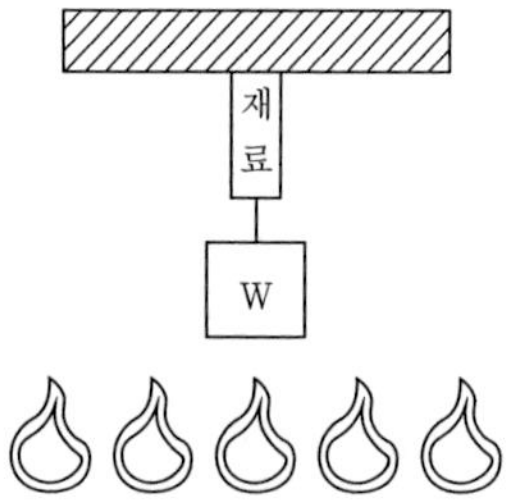

▌크리프시험

재료의 허용응력보다 작은 하중이라도 고온에서 장시간 작용하면 시간이 지나면서 변형이 일어나는 현상인 크리프를 구하는 시험이다. 고온에서 오랜 시간에 걸쳐 일정한 하중을 가하여 크리프 곡선과 크리프 강도를 구하여 금속재료의 기계적 성질을 측정한다.

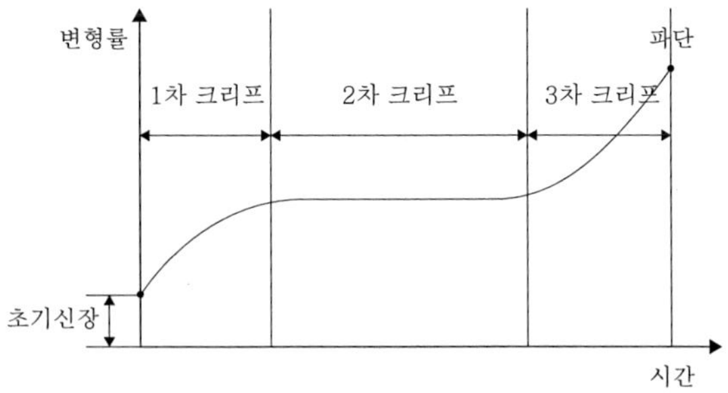

▌크리프 선도

크리프 변형	설명
1기 크리프 (천이 크리프)	재료가 변형함에 따라 가공경화 되고 강도가 증가하여 크리프 속도가 감소한다. 이 때 열에 의한 강도저하(=풀림효과)는 낮은 편이다.
2기 크리프 (정상 크리프)	가공경화로 인한 강도증가와 열에 인한 강도저하(=풀림효과)가 조화를 이루어 크리프 속도가 일정하다.
3기 크리프 (가속 크리프)	열에 인한 풀림효과(=강도저하)가 커져 파괴 전까지 크리프 속도가 증가한다.

(8) 비틀림 시험(Torsion Test)

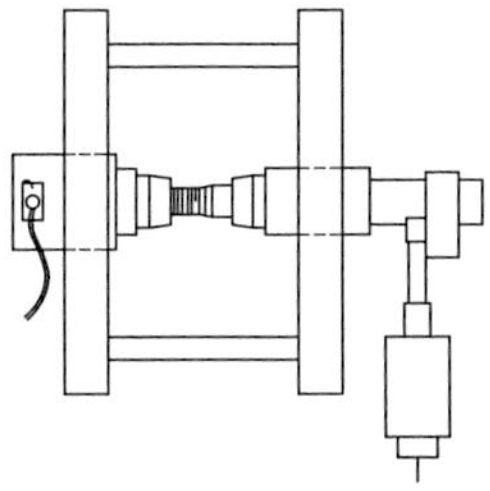

▌비틀림 시험

재료에 비틀림 모멘트를 가하여 전단응력 등을 측정하는 시험이다.

6-2 비파괴시험

(1) 방사선 투과시험(RT)

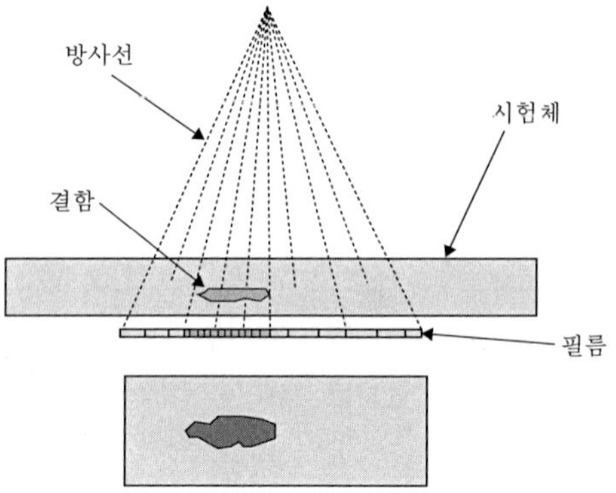

▌방사선 투과시험(RT)

투과성 방사선을 시험체에 조사하였을 때 투과 방사선의 강도의 변화를 측정하는 시험이다. 주로 용접부, 주조품 등의 대부분 재료의 내외부 결함을 검출한다.

(2) 초음파 탐상시험(UT)

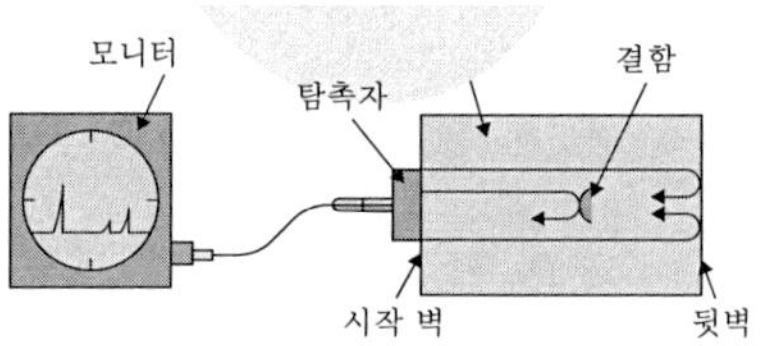

▌초음파 탐상시험(RT)

초음파의 음향임피던스가 다른 경계면에서 반사, 굴절하는 현상을 이용하여 대상의 내부에 존재하는 불연속을 탐지하는 시험이다. 주로 용접부, 주조품, 압연품, 단조품 등의 내부 결함 검출 및 두께측정에 사용한다.

(3) 자분 탐상시험(자기 탐상시험, MT)

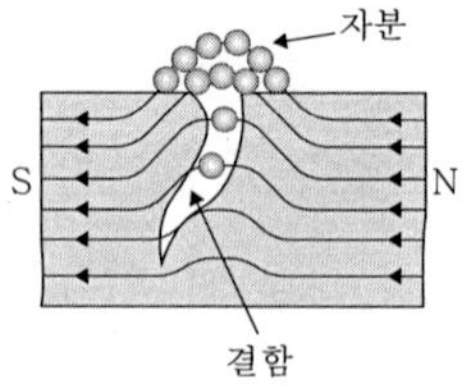

▌자분 탐상시험(MT)

철강재료와 같은 강자성체로 만든 물체에 있는 결함을 자기력선속의 변화를 이용해서 측정하는 시험이다.

(4) 침투 탐상시험(PT)

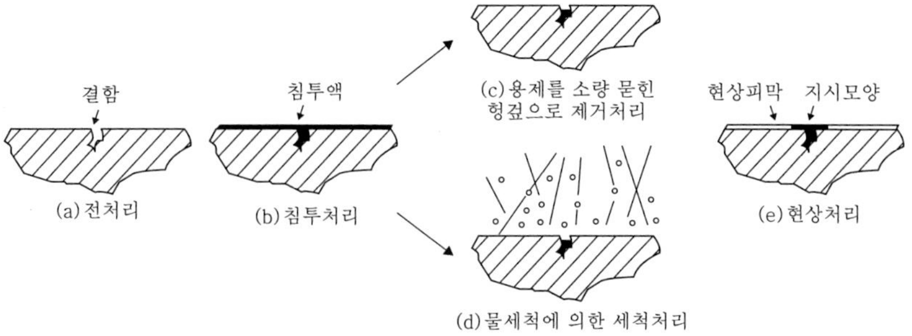

▌침투 탐상시험(PT)

표면으로 열린 결함을 탐지하는 기법으로 침투액이 모세관현상에 의하여 침투하게 한 후 현상액을 투입하여 육안으로 식별하는 시험이다. 주로 용접부, 단조품 등의 비기공성 재료에 대한 표면 개구결함을 검출한다.

(5) 와전류 탐상시험(ET)

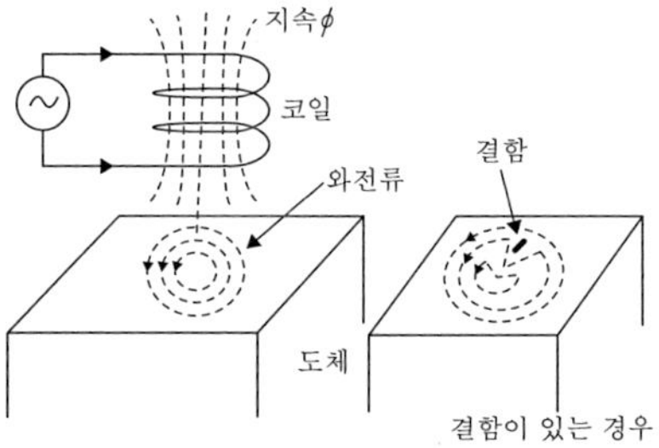

▌와전류 탐상시험(ET)

제품의 결함부가 와전류의 흐름을 방해하여 이로 인한 전자기장의 변화로부터 결함을 탐지하는 시험이다.

(6) 누설시험(LT)

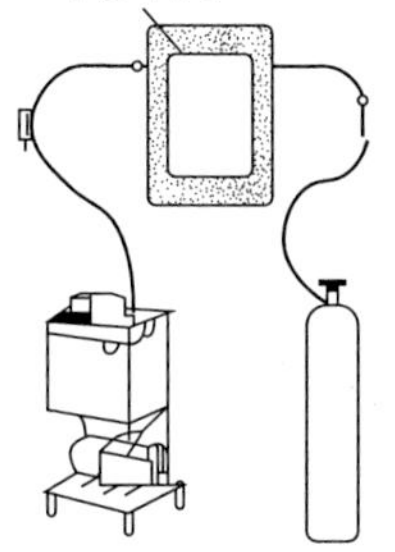

▌누설시험(LT)

암모니아, 할로겐, 헬륨 등의 기체 또는 물을 이용하여 누설을 확인한다. 대상의 기밀성을 평가하는 시험으로, 주로 압력용기, 저장탱크, 파이프라인 등의 누설을 탐지한다.

(7) 육안시험(VT)

인간의 육안을 이용하여 대상의 표면에 존재하는 결함이나 이상유무를 판단하는 가장 기본적인 비파괴시험이며 경우에 따라서 광학기기를 이용할 수 있다. 주로 모든 비파괴시험 대상체의 이상(결함의 유무, 형상의 변화, 광택의 이상이나 변질, 표면거칠기 등) 유무를 식별하며 취약부의 선정에도 활용된다.

(8) 음향 방출시험(AE)

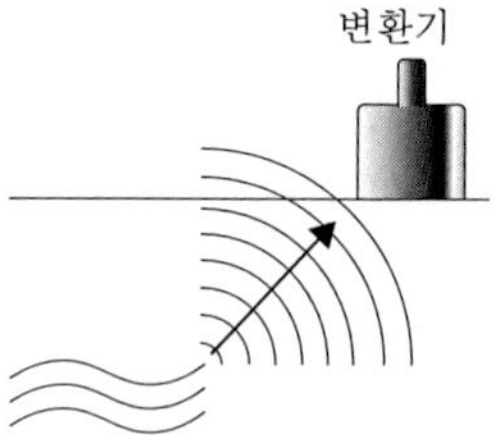

▌음향 방출시험(AE)

하중을 받고 있는 재료의 결함부에서 발출되는 응력파를 수신하여 분석함으로써 결함의 위치 판정, 손상의 진전감시 등 동적거동을 판단하는 시험이다. 주로 모든 재료에 적용하며 소성변형, 균열의 생성, 재료의 특성평가에 이용한다.

(9) 중성자 투과시험(NRT)

중성자가 직접적으로 필름을 감광시키지 않지만 변환자에 조사되어 방출되는 2차 방사선에 의하여 방사선투과사진을 얻는 시험이다. 높은 원자번호를 갖는 두꺼운 재료의 검사에 이용하며 핵연료봉과 같이 높은 방사성 물질의 결함검사에 이용한다.

(10) 적외선 탐상시험(IRT)

시험체 표층부에 존재하는 결함이나 접합이 불완전한 부분에서 방사된 적외선을 감지하고 적외선 에너지의 강도 변화량을 전기신호로 변환하여 결함부와 건전부의 온도정보를 열화상으로 표시하여 결함을 탐지하는 시험이다. 주로 각종 재료표면 결함의 고감도 검출, 철근콘크리트의 열화 진단, 강도측정, CFRP 등 복합재료의 내부결함 검출, 열탄성효과에 의한 응력측정을 한다.

Memo

핵심 예상문제

기계재료

06. 기계재료의 시험

01

연강의 인장시험에서 알 수 있는 재료의 물성치가 아닌 것은?

① 경도(hardness)
② 연신율(elongation)
③ 탄성계수(modulus of elasticity)
④ 인장강도(tensile strength)

***인장시험에서 알 수 있는 재료의 물성치**
① 인장강도
② 항복강도
③ 연신율
④ 탄성계수
⑤ 푸아송비
⑥ 비례한도
⑦ 내력
⑧ 단면수축율 등

02

경도 시험 방법 중에서 압입자를 낙하시켰을 때 반발되어 튀어 올라오는 높이로 경도를 나타내는 방법은?

① 쇼어 경도(shore hardness)
② 비커스 경도(vickers hardness)
③ 로크웰 경도(rockwell hardness)
④ 브리넬 경도(brinell hardness)

***쇼어(Shore) 경도 시험법**
다이아몬드 해머(압입자)를 시험면(물체의 표면) 위에 일정한 높이에서 낙하시켜 해머가 반발하여 올라간 높이를 측정하여 계산한다. 시편에는 경미한 압입자국이 생기며, 반발 높이가 높을수록 시편의 경도가 높다.

03

다음 설명에 해당하는 경도시험법은?

ㅇ 끝에 다이아몬드가 부착된 해머를 시편의 표면에 낙하시켜 반발 높이를 측정한다.
ㅇ 경도값은 해머의 낙하 높이와 반발 높이로 구해진다.
ㅇ 시편에는 경미한 압입자국이 생기며, 반발 높이가 높을수록 시편의 경도가 높다.

① 누우프 시험(Knoop test)
② 쇼어 시험(Shore test)
③ 비커스 시험(Vickers test)
④ 로크웰 시험(Rockwell test)

***쇼어(Shore) 경도 시험법**
다이아몬드 해머(압입자)를 시험면(물체의 표면) 위에 일정한 높이에서 낙하시켜 해머가 반발하여 올라간 높이를 측정하여 계산한다. 시편에는 경미한 압입자국이 생기며, 반발 높이가 높을수록 시편의 경도가 높다.

01.① 02.① 03.②

04

비커스 경도(HV) 시험에 대한 설명으로 옳지 않은 것은?

① 꼭지각이 136°인 다이아몬드 사각추를 압입한다.
② 경도는 작용한 하중을 압입 자국의 깊이로 나눈 값이다.
③ 질화강과 침탄강의 경도 시험에 적합하다.
④ 압입자국의 대각선 길이는 현미경으로 측정한다.

***비커스 경도시험(Vicker's Hardness Tester)**
꼭지각 136°인 피라미드형 다이아몬드 압자를 재료면에 살짝 대어 눌러 피트를 만들고, 하중을 제거한 후 남은 영구 피트의 표면적으로 하중을 나눈 값으로 나타내는 경도시험으로, 작은 하중을 사용하기 때문에 압흔은 현미경의 도움 없이는 육안으로 관측이 힘들고, 질화강과 침탄강과 같은 표면층 측정에 사용하고, 측정자의 조그만 오차가 경도값에 큰 영향을 주므로 측정자의 숙련이 요구된다.

비커스경도(HV) $= \dfrac{1.854P}{d^2}$

여기서,
P : 하중[kg]
d : 피트의 대각선 길이[mm]

이므로 작용한 하중을 자국의 압입자에 의한 자국의 표면적으로 나누어 계산한다.

05

압입자의 꼭지각이 136°인 피라미드형 다이아몬드를 사용하며 시험편을 눌러 시험편에 생긴 오목부의 표면적으로 단단한 정도를 측정하는 시험방법은?

① 비커스 경도 ② 로크웰 경도
③ 브리넬 경도 ④ 쇼어 경도

***비커스 경도시험(Vicker's Hardness Tester)**
꼭지각 136°인 피라미드형 다이아몬드 압자를 재료면에 살짝 대어 눌러 피트를 만들고, 하중을 제거한 후 남은 영구 피트의 표면적으로 하중을 나눈 값으로 나타내는 경도시험으로, 작은 하중을 사용하기 때문에 압흔은 현미경의 도움 없이는 육안으로 관측이 힘들고, 질화강과 침탄강과 같은 표면층 측정에 사용하고, 측정자의 조그만 오차가 경도값에 큰 영향을 주므로 측정자의 숙련이 요구된다.

비커스경도(HV) $= \dfrac{1.854P}{d^2}$

여기서,
P : 하중[kg]
d : 피트의 대각선 길이[mm]

06

재료의 경도 측정에 사용되는 시험법과 그 시험에서 사용하는 압입자 및 측정하는 값을 나타낸 것 중 옳지 않은 것은?

① Brinell 경도 : 강구(steel ball), 압입자국의 깊이
② Vickers 경도 : 다이아몬드 피라미드, 압입자국의 대각선길이
③ Shore 경도 : 다이아몬드 추, 반발되는 높이
④ Rockwell C 경도 : 다이아몬드 콘(cone), 압입자국의 깊이

***브리넬(Brinell) 경도 시험법**
강구 압입자를 사용하여 압입자국의 표면적을 측정하고 하중을 표면적으로 나누어 계산한다.

04.② 05.① 06.①

07

경도측정에 사용되는 원리가 아닌 것은?

① 물체의 표면에 압입자를 충돌시킨 후 압입자가 반동되는 높이 측정
② 일정한 각도로 들어 올린 진자를 자유낙하시켜 물체와 충돌시킨 뒤 충돌전후 진자의 위치에너지 차이 측정
③ 일정한 하중으로 물체의 표면을 압입한 후 발생된 압입자국의 크기 측정
④ 물체를 표준 시편으로 긁어서 어느 쪽에 긁힌 흔적이 발생하는지를 관찰

***쇼어(Shore) 경도 시험법**
다이아몬드 해머(압입자)를 시험면(물체의 표면) 위에 일정한 높이에서 낙하시켜 해머가 반발하여 올라간 높이를 측정하여 계산한다. 시편에는 경미한 압입자국이 생기며, 반발 높이가 높을수록 시편의 경도가 높다. – ①

***브리넬(Brinell) 경도 시험법**
강구 압입자를 사용하여 압입자국의 표면적을 측정하고 하중을 표면적으로 나누어 계산한다. – ③

***모스(Mohs) 경도 시험법**
물체를 표준 시편으로 긁어서 어느 쪽에 긁힌 흔적이 발생하는지를 관찰 – ④

08

제품의 시험검사에 대한 설명으로 옳지 않은 것은?

① 인장시험으로 항복점, 연신율, 단면감소율, 변형률을 알아낼 수 있다.
② 브리넬시험은 강구를 일정 하중으로 시험편의 표면에 압입시킨다. 경도 값은 압입자국의 표면적과 하중의 비로 표현한다.
③ 비파괴 검사에는 초음파 검사, 자분탐상 검사, 액체침투 검사 등이 있다.
④ 아이조드 충격시험은 양단이 단순 지지된 시편을 회전하는 해머로 노치를 파단시킨다.

***샤르피 충격시험**
양단이 단순 지지된 시편을 회전하는 해머로 노치를 파단시켜 시험한다.

***아이조드 충격시험**
외팔보처럼 시편의 한쪽만 고정시키고 회전하는 해머로 노치를 파단시켜 시험한다.

09

금속재료의 기계적 성질을 측정하기 위해 시편에 일정한 하중을 가하는 시험은?

① 피로시험 ② 인장시험
③ 비틀림시험 ④ 크리프시험

10

재료시험 항목과 시험 방법의 관계로 옳지 않은 것은?

① 충격시험 : 샤르피(charpy)시험
② 크리프(creep)시험 : 표면거칠기 시험
③ 경도시험 : 로크웰(Rockwell)경도시험
④ 피로시험 : 시편에 반복응력(cyclic stresses) 시험

***크리프(Creep) 시험**
금속재료의 기계적 성질을 측정하기 위해 시편에 일정한 하중을 가하는 시험으로 크리프한도를 구하는 시험이다.

07.② 08.④ 09.④ 10.②

11

다음 재료시험 방법 중에서 전단응력을 측정하기 위한 시험법은?

① 인장시험(tensile test)
② 굽힘시험(bending test)
③ 충격시험(impact test)
④ 비틀림시험(torsion test)

***비틀림 시험(Torsion Test)**
재료에 비틀림 모멘트를 가하여 전단응력 등을 측정하는 시험

12

재료의 비파괴시험에 해당하는 것은?

① 인장시험 ② 피로시험
③ 방사선 탐상법 ④ 샤르피 충격시험

13

비파괴검사에 일반적으로 이용되는 것과 가장 거리가 먼 것은?

① 초음파 ② 자성
③ 방사선 ④ 광탄성

***비파괴검사의 종류**
① 방사선 투과검사
② 초음파 탐상검사
③ 자분 탐상검사
④ 침투 탐상검사
⑤ 와전류 탐상검사
⑥ 누설검사
⑦ 육안검사
⑧ 음향 방출검사
⑨ 중성자 투과검사
⑩ 적외선 탐상검사

***광탄성(Photoelasticity)**
투명한 탄성체가 외력에 의해 변형하여 복굴절을 일으키는 현상으로 재료 내부의 응력 분포를 측정하는데 쓰이는 성질로, 비파괴검사와 무관하다.

14

비파괴시험법과 원리에 대한 설명으로 적절하지 않은 것은?

① 초음파검사법은 초음파가 결함부에서 반사되는 성질을 이용하여 주로 내부결함을 탐지하는 방법이다.
② 액체침투법은 표면결함의 열린 틈으로 액체가 침투하는 현상을 이용하여 표면에 노출된 결함을 탐지하는 방법이다.
③ 음향방사법은 제품에 소성변형이나 파괴가 진행되는 경우 발생하는 응력파를 검출하여 결함을 감지하는 방법이다.
④ 자기탐상법은 제품의 결함부가 와전류의 흐름을 방해하여 이로 인한 전자기장의 변화로부터 결함을 탐지하는 방법이다.

***와전류 탐상법(ET)**
제품의 결함부가 와전류의 흐름을 방해하여 이로 인한 전자기장의 변화로부터 결함을 탐지하는 방법

***자기 탐상법(MT)**
철강재료와 같은 강자성체로 만든 물체에 있는 결함을 자기력선속의 변화를 이용해서 발견하는 방법

11.④ 12.③ 13.④ 14.④

02

기계공작법

Chapter 1

주조

1-1 주물

용해된 금속을 주형 속에 넣고 응고시켜서 원하는 모양의 금속 제품으로 만드는 일 또는 그 제품을 의미한다. 뜨거운 쇳물을 견딜 수 있게 만든 주형에 중력, 압력, 원심력 등을 이용해 금속을 주입시켜 만든다.

(1) **주조** : 주물을 만들기 위하여 실시되는 작업으로 주물의 설계, 주조 방안의 작성, 모형의 작성, 용해 및 주입, 제품으로의 끝손질의 순서로 진행된다.

(2) **주물사** : 주형을 만들기 위하여 사용하는 모래

(3) 주물사의 구비조건

① 성형성이 있을 것
② 통기성이 있을 것
③ 수축성이 있을 것
④ 내화성, 내열성이 있을 것
⑤ 열전도도가 낮을 것
⑥ 반복사용이 가능할 것
⑦ 용해성이 나쁠 것
⑧ 모양 유지를 위하여 적당한 결합력이 있을 것

(4) 주물사의 종류

종류	설명
강철용 주물사	규사 (SiO_2) : 내열성이 증가된다.
주철용 주물사	신사 : 산이나 바다의 모래
	건조사 : 신사와 톱밥, 코크스, 흑연, 하천모래 등을 섞은 것 - 통기성이 증가한다.
	주강용 주물사 : 규사와 점토를 섞은 것 – 내화성, 통기성이 좋다.
비철합금용 주물사	일반주물은 주물사와 소금을 섞은 것을 사용하고 대형주물은 신사와 점토를 섞은 것을 사용한다. – 성형성이 증가된다.
표면사	주물 표면을 정리하는 주물사
분리사	주형상자 사이에 뿌리는 새 주물사

(5) 주형

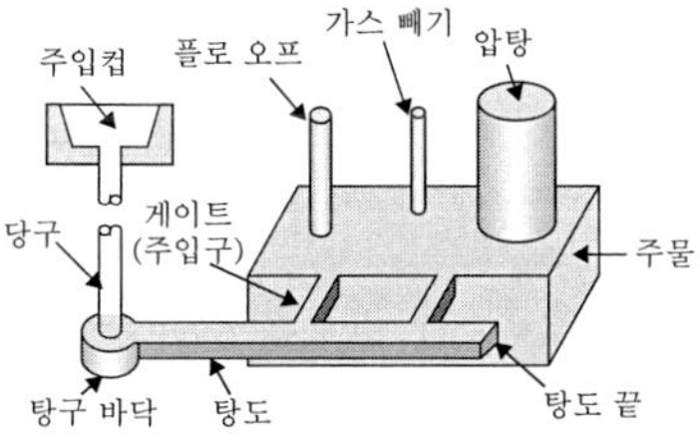

▌각부 명칭

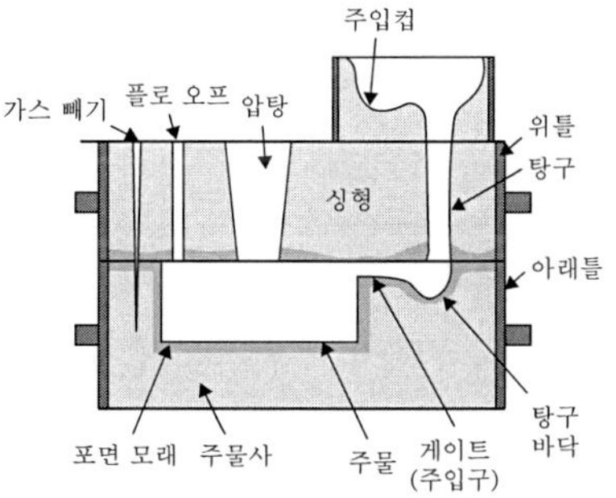

▌주형의 구성

용해된 금속을 주입하여 주물을 만드는 데 사용하는 틀로서 주입하는 용융 금속의 온도에 따라 적정한 내열재료로 만든다.

용어	설명
탕구계	쇳물받이, 탕구, 탕도, 주입구로 구성되어있다. ① 탕구비 : (S : R : G) = $\dfrac{탕구봉단면적(A_S)}{탕도단면적(A_R)}$ ② 주입시간 : $t = S\sqrt{W}$ 여기서, W: 주물의 중량, S: 주물 두께 계수 ③ 응고시간 : $t = K\left(\dfrac{V}{S}\right)^2$ 여기서, S: 주물의 표면적, V: 주물의 체적
압탕(=덧쇳물, Riser)	사형 주조에서 주입된 쇳물이 주형 속에서 냉각될 때 응고수축에 따른 부피 감소를 막기 위해 쇳물을 계속 보급하는 기능을 하는 장치이다.
압탕구(Feeder)	응고수축에 의한 주물제품의 불량을 방지하기 위한 목적으로 주형에 설치하는 탕구계 요소이다.
플로 오프	주형 내의 쇳물을 관찰하는 구멍으로 가스를 빼는 역할을 한다.
중추	주물의 압력으로 윗상자가 뜨는 것을 방지하는 추이다.
압상력	주형에 쇳물을 주입하면 쇳물의 부력으로 윗 주형틀이 들리는 힘이다.

(6) 주물의 결함

결함의 종류	설명
수축공(Shrinkage Cavity)	쇳물의 부족으로 인해 공간이 생기는 결함이며, 방지법으로는 쇳물 아궁이를 크게 하고 덧쇳물을 붓는다.
기공(Blaw Hole)	가스배출 불량으로 생기는 결함이다. 통기성을 양호하게, 아궁이를 크게, 쇳물 주입온도를 적당하게, 주형의 수분을 제거하여 방지한다.
편석(Segregation)	주물의 각 부분에서 불순물이 집중되거나, 성분의 비중 차이로 성분간의 경계가 발생하거나, 응고 속도의 차이로 결정 간의 경계가 발생하여 일어나는 현상이다. 주물을 서냉시켜 방지할 수 있다.
균열(Crack)	온도차와 두께차로 불균일한 수축이 발생하고 그로 인한 응력이 발생하여 균열이 생긴다. 방지법으로는 각부의 온도차를 줄이고 주물을 서냉하며 주물 두께차를 줄이고 라운딩을 준다.

1-2 목형

(1) 목재의 장단점

장점	단점
① 가볍고 인성이 크다. ② 가공이 용이하다. ③ 보수가 용이하다. ④ 열의 불량도체이다. ⑤ 팽창계수가 작다.	① 기계적강도와 치수정밀도가 떨어진다. ② 가공면이 거칠다. ③ 영구적으로 사용할 수 없다. ④ 조직이 불균일하다. ⑤ 수분 함유 시 변형되기 쉽다.

(2) 목형의 종류

① 현형(Solid Pattern) : 모형의 일종으로 제품과 거의 유사한 모양으로 가장 널리 사용된다.

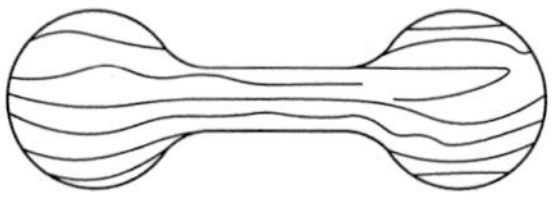

▌단체 모형

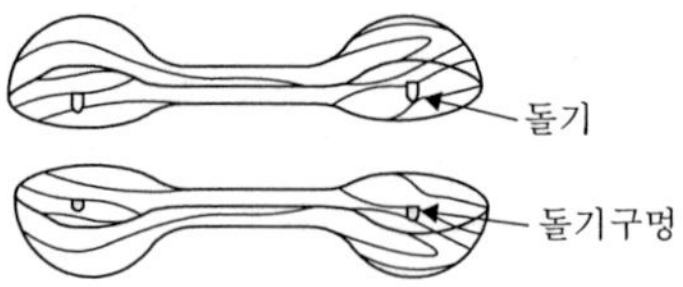

▌분할 모형

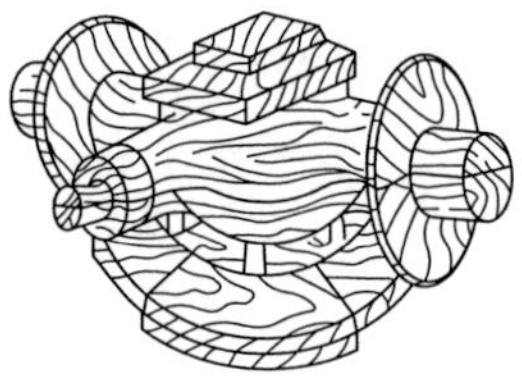

▌조립 모형

② 부분목형(=부분형) : 주형이 대형이거나 대칭인 경우 사용한다. 주로 프로펠러, 톱니바퀴를 제작할 때 사용한다.

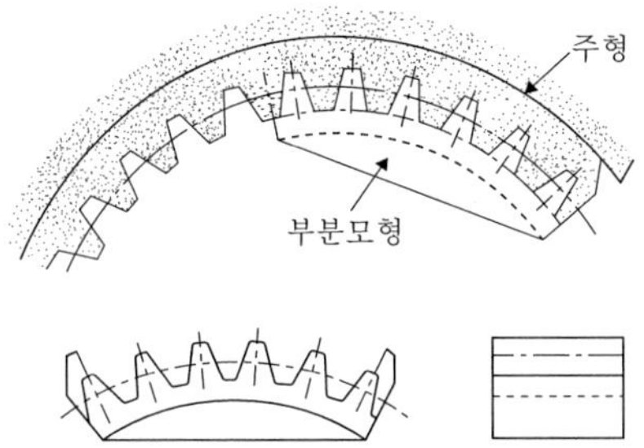

▌부분목형(=부분형)

③ 회전목형(Sweeping Board) : 회전체로 된 물체를 제작할 때 사용한다.

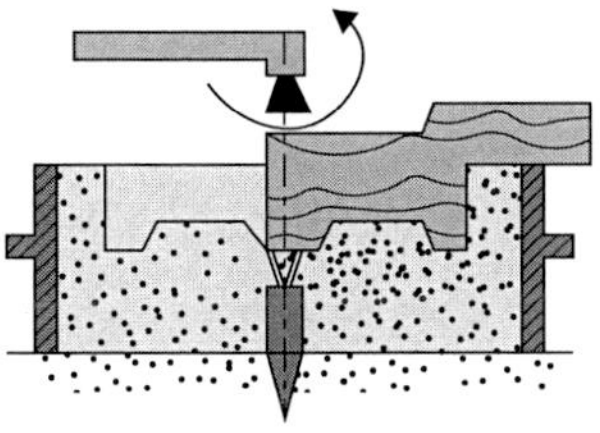

▌회전목형

④ 고르개목형(=긁기형) : 가늘고 긴 굽은 파이프 제작시 사용한다.

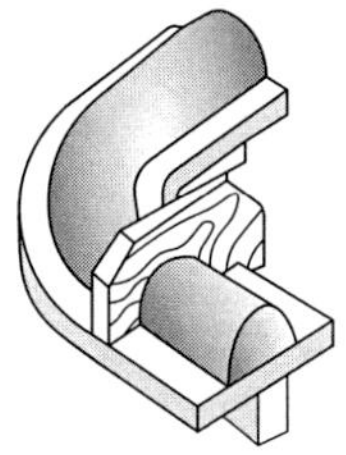

▌고르개목형(=긁기형)

⑤ 골격목형(=골격형) : 대형의 주조품을 제작할 때 주요 부분의 골격만 제작하고 나머지 부분은 점토 및 석고를 채워 넣어 주형을 만드는 방식으로 제작비를 절감시킬 수 있다.

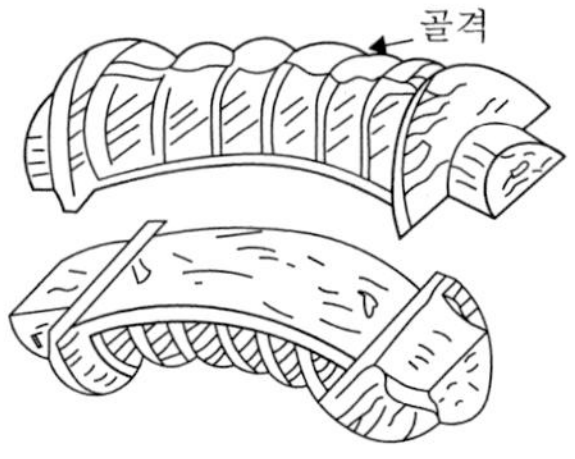

▌골격목형(=골격형)

⑥ 코어목형(=코어형) : 구멍같은 주물의 내부형상을 만들기 위해 주형에 삽입하는 모래형상이다.

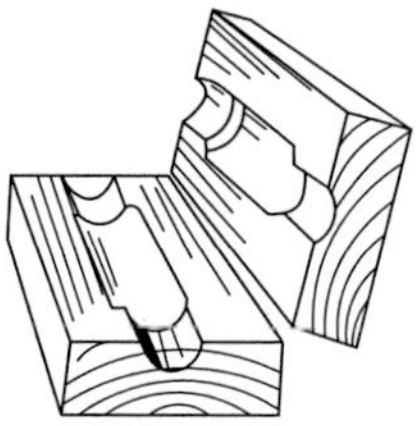

▌코어목형(=코어형)

⑦ 매치 플레이트 : 소형주물을 대량 생산하고자 할 때 사용된다.

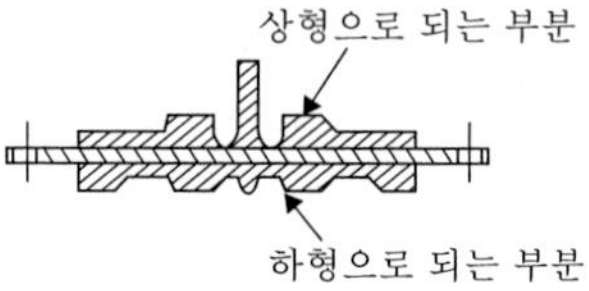

▌매치 플레이트

(3) 목형 제작 시 주의사항

① 수축여유(Shrinkage Allowance) : 수축을 고려하여 둔 여유량을 말한다. 냉각시 수축량을 고려하여 목형을 제작할 때 수축량만큼 크게 제작한다.

② 가공여유(=다듬질여유, Allowance for Machining) : 다듬질할 여유분(절삭량)을 고려하여 미리 크게 제작한다.

③ 목형구배(=기울기 여유, Taper) : 목형을 주형에서 뽑을 때 주형이 파손되는 것을 방지하기 위해 목형의 측면을 경사지게 제작한다.

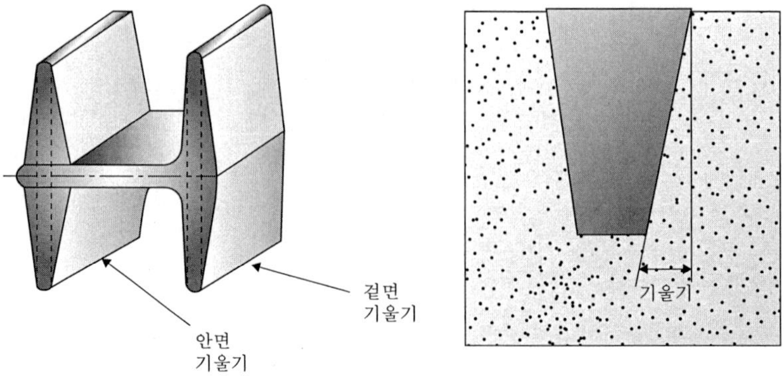

▌목형구배(=기울기 여유)

④ 코어프린트(Core Print) : 코어를 주형 속에서 지지하기 위해 마련된 돌출부로 실제로는 주물이 되지 않는 부분이다.

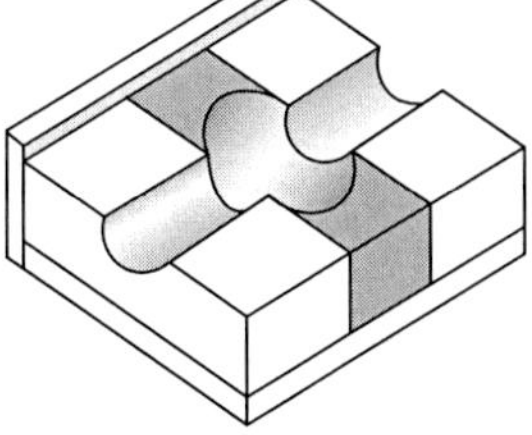
▌굴출 코어형

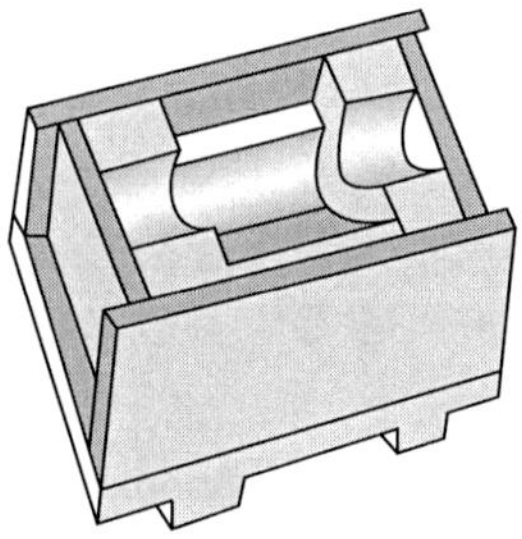
▌상자 코어형

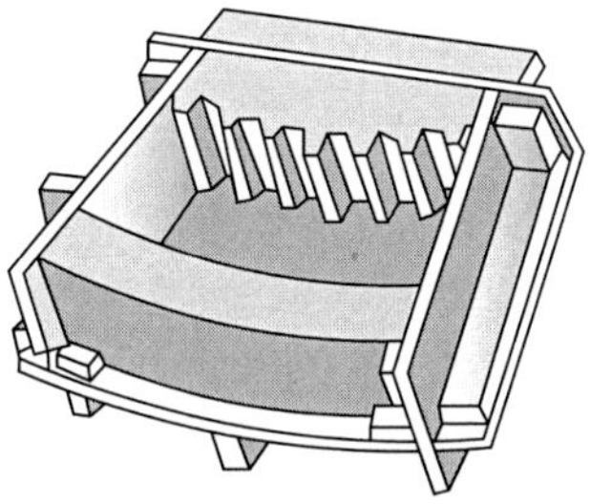
▌부분 코어형

⑤ 라운딩(=모깎기, fillet) : 쇳물이 응고할 때 주형의 직각방향에 수상정이 발달하므로 응력 집중을 방지하기 위하여 모서리 부분을 둥글게 제작한다.

▌라운딩(=모깎기)

⑥ 덧붙임(Stop Off) : 주물의 두께가 일정하지 않으면 냉각 속도의 차이에 따라 생긴 응력으로 변형이나 균열이 일어난다. 이를 방지하기 위하여 주물과는 상관없는 나무를 두께가 일정하지 않은 목형 부분에 붙여 주조 후 제거하는 방법이다.

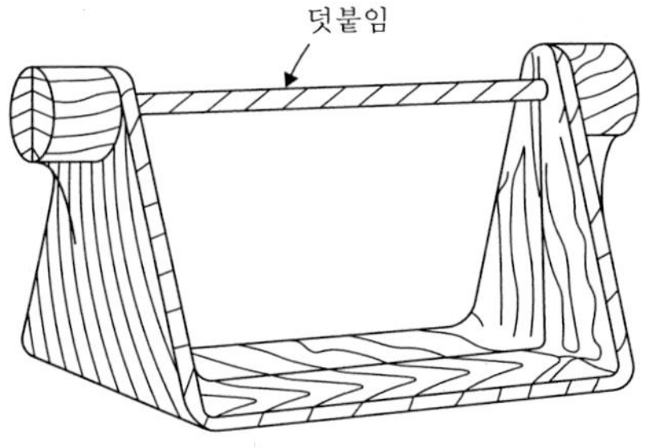

▌덧붙임

1-3 특수주조법

보통의 사형 주조법과 달리 압력을 가하거나 정밀 주형을 만들어 정밀도가 높은 주물을 얻을 수 있는 주조법이다.

(1) 원심주조법

속이 빈 주형을 중심선의 축으로 회전시키면서 용탕을 주입하는 주조법이다. 이 때, 작용하는 원심력으로 치밀하고 결함이 없는 주물을 대량생산 해낼 수 있다. 주로 수도용 주철관, 피스톤링, 실린더라이더를 제작할 때 사용한다.

(2) 셀몰드주조법 : 규소모래와 열경화성 수지를 이용하는 주조법이다.

① 주물 표면이 깨끗해진다.
② 정밀도가 높다.
③ 기계가공이 필요없다.
④ 대량생산을 빠르게 할 수 있다.
⑤ 소형 주조에 적합하여 대형 주조에는 부적합하다.

(3) 인베스트먼트 주조법

로스트 왁스 주조법이라고도 하며, 제품과 같은 모양의 모형을 양초(파라핀)나 합성수지로 만든 후 내화 재료로 도포하여 가열경화시키는 주조 방법이다. 주물의 표면이 깨끗하며, 치수 정밀도가 높고, 복잡한 형상의 주조에 적합하며, 주형 제작비 및 인건비가 많이 든다. 주로 기계가공이 곤란한 경질합금, 밀링커터 및 가스터빈 블레이드 등을 제작할 때 사용된다.

(4) 다이캐스팅

주로 비철금속 주조에 사용하며, 영구적인 복잡하고 정밀한 주형에 용융된 마그네슘 또는 알루미늄 등의 비철금속 합금을 가압 주입하여 용융금속이 응고될 때 까지 압력을 가하는 정밀 주조법으로 고온챔버식과 저온챔버식으로 나뉜다.

① 주물조직이 치밀하며 강도가 크다.
② 일반 주물에 비해 치수가 정밀하지만, 장치비용이 비싼 편이다.
③ 대량생산에 적합하다.
④ 기계용량의 표시는 가압유지 체결력과 관계가 있다.
⑤ 정밀도가 높은 표면을 얻을 수 있어 후가공 작업이 줄어든다.
⑥ 주형재료보다 용융점이 낮은 금속재료에 한정되어 적용할 수 있다.
⑦ 제품의 형상에 따라 금형의 크기와 구조에 한계가 있다
⑧ 인서트 성형이 가능하다.
⑨ 분리선 주위로 소량의 플래시가 형성될 수 있다.

(5) 칠드주조법

주철이 급냉하면 표면은 단단한 탄화철이 되는 현상을 이용한 주조법이다. 표면은 단단한 탄화철(백주철, 시멘타이트 조직)로 칠드층을 이루며 경도가 높고 내마모성이 우수하다. 반대로 내부는 서서히 냉각되어 연한 주물(회주철)이 되고 내부는 경도가 낮고 인성이 크다.

(6) 폴 몰드법(=소실모형주조, 폴리스티렌주조)

발포 폴리스티렌으로 모형을 만들고 이 모형상에 사형을 형성하여 사형 중에 매몰한 그대로 용탕을 주입하면 그 열에 의하여 모형은 증발, 분해 또는 연소되고 그 자리를 용탕으로 채워 주물을 만드는 방법이다.

(7) 슬러시 주조법

주형 표면에서 응고가 시작된 후에 주형을 뒤집어 주형 공동 중앙의 용탕을 배출함으로써 속이 빈 주물을 만드는 주조방법이다.

핵심 예상문제

기계공작법

01. 주조

01

양쪽 끝에 플랜지(Flange)가 있는 대형 곡관을 주조할 때 사용하는 모형은?

① 회전 모형 ② 분할 모형
③ 단체 모형 ④ 골격 모형

*골격 모형(Skeleton Patten)
대형의 주조품을 제작할 때 주요 부분의 골격만 제작하고, 나머지 부분은 점토 및 석고를 채워 넣어 주형을 만드는 방식으로 제작비를 절감시킬 수 있다.

02

제작 개수가 적고, 큰 주물품을 만들 때 재료와 제작비를 절약하기 위해 골격만 목재로 만들고 골격 사이를 점토로 메워 만든 모형은?

① 현형 ② 골격형
③ 긁기형 ④ 코어형

*골격목형
대형의 주조품을 제작할 때 주요 부분의 골격만 제작하고, 나머지 부분은 점토 및 석고를 채워 넣어 주형을 만드는 방식으로 제작비를 절감시킬 수 있다.

03

주조작업에서 원형 제작시 고려해야 할 사항이 아닌 것은?

① 수축 여유
② 가공 여유
③ 구배량(draft)
④ 스프링 백(spring back)

*목형 제작 시 주의사항
① 수축여유
② 가공여유
③ 목형구배(구배여유, 기울기여유)
④ 코어프린트
⑤ 라운딩
⑥ 덧붙임

04

얇은 판재로 된 목형은 변형되기 쉽고 주물의 두께가 균일하지 않으면 용융금속이 냉각 응고시에 내부 응력에 의해 변형 및 균열이 발생 할 수 있으므로, 이를 방지하기 위한 목적으로 쓰고 사용한 후에 제거하는 것은?

① 구배 ② 덧붙임
③ 수축 여유 ④ 코어 프린트

*덧붙임(stop off)
냉각 시에 내부응력에 의해 변형/파손을 방지하기 위해 휨 방지 보강대 설치하는 것. 덧붙임은 냉각 후에 잘라낸다.

01.④ 02.② 03.④ 04.②

05

사형주조에서 사용되는 주물사의 조건이 아닌 것은?

① 성형성이 있어야 한다.
② 통기성이 있어야 한다.
③ 수축성이 없어야 한다.
④ 열전도도가 낮아야 한다.

***주물사가 갖추어야 하는 조건**
① 성형성이 있을 것
② 통기성이 있을 것
③ 수축성이 있을 것
④ 내화성, 내열성이 있을 것
⑤ 열전도도가 낮을 것
⑥ 반복사용이 가능할 것
⑦ 용해성이 나쁠 것
⑧ 모양 유지를 위하여 적당한 결합력이 있을 것

06

사형주조법에서 주형을 구성하는 요소로 옳지 않은 것은?

① 라이저(riser) ② 탕구(sprue)
③ 플래시(flash) ④ 코어(core)

***주형의 구성요소**
① 라이저
② 탕구
③ 코어
④ 용탕받이
⑤ 탕도 등

***플래시(Flash) 현상**
금형의 파팅 라인(Parting Line)이나 이젝터 핀(Ejector Pin) 등의 틈에서 흘러 나와 고화 또는 경화된 얇은 조각 모양의 수지가 생기는 현상으로 이를 방지하기 위해서는 금형 자체의 밀착성을 좋게 하도록 체결력을 높여야 한다.

07

주조에서 주물의 중심부까지의 응고시간(t), 주물의 체적(V), 표면적(S)과의 관계로 옳은 것은? (단, K는 주형상수이다)

① $t=K\frac{V}{S}$ ② $t=K(\frac{V}{S})^2$
③ $t=K\sqrt{\frac{V}{S}}$ ④ $t=K(\frac{V}{S})^3$

***응고시간**
$$t=K\left(\frac{V}{S}\right)^2$$

08

주조에서 주입된 쇳물이 주형 속에서 냉각될 때 응고 수축에 따른 부피 감소를 막기 위해 쇳물을 계속 보급하는 기능을 하는 장치는 어느 것인가?

① 압탕 ② 탕구
③ 주물 ④ 조형기

***압탕(덧쇳물, Riser)**
사형 주조에서 주입된 쇳물이 주형 속에서 냉각될 때 응고 수축에 따른 부피 감소를 막기 위해 쇳물을 계속 보급하는 기능을 하는 장치

09

사형 주조에서 응고 중에 수축으로 인한 용탕의 부족분을 보충하는 곳은?

① 게이트 ② 라이저
③ 탕구 ④ 탕도

***압탕(덧쇳물, Riser)**
사형 주조에서 주입된 쇳물이 주형 속에서 냉각될 때 응고 수축에 따른 부피 감소를 막기 위해 쇳물을 계속 보급하는 기능을 하는 장치

05.③ 06.③ 07.② 08.① 09.②

10

응고수축에 의한 주물제품의 불량을 방지하기 위한 목적으로 주형에 설치하는 탕구계 요소는?

① 탕구(sprue)
② 압탕구(feeder)
③ 탕도(runner)
④ 주입구(pouring basin)

*압탕구(Feeder)
응고수축에 의한 주물제품의 불량을 방지하기 위한 목적으로 주형에 설치하는 탕구계 요소

11

피스톤링, 실린더 라이너 등의 주물을 주조하는데 쓰이는 적합한 주조법은?

① 셀 주조법
② 탄산가스 주조법
③ 원심 주조법
④ 인베스트먼트 주조법

*원심주조법
속이 빈 주형을 중심선을 축으로 회전시키면서 용탕을 주입한다. 이 때, 작용하는 원심력으로 치밀하고 결합이 없는 주물을 대량생산해 낼 수 있다. 수도용 주철관, 피스톤 링, 실린더라이더 로 사용

12

주형틀에 있는 왁스 원형 모델을 유출시켜 만든 주형을 이용한 주조 방법으로, 기계가공이 곤란한 경질합금, 밀링커터 및 가스터빈 블레이드 등을 제작할 때 사용하는 주조법은?

① 다이 캐스팅(die-casting)
② CO_2법(CO_2 process)
③ 셸 몰드법(shell molding)
④ 인베스트먼트법(investment process)

13

인베스트먼트 주조(investment casting)에 대한 설명 중 옳지 않은 것은?

① 제작공정이 단순하여 비교적 저비용의 주조법이다.
② 패턴을 내열재로 코팅한다.
③ 패턴은 왁스, 파라핀 등과 같이 열을 가하면 녹는 재료로 만든다.
④ 복잡하고 세밀한 제품을 주조할 수 있다.

14

인베스트먼트 주조에 대한 설명으로 옳지 않은 것은?

① 왁스로 만들어진 모형 패턴은 주형을 만들기 위해 내열재로 코팅된다.
② 용융금속이 주입되어 왁스와 접촉하는 순간 왁스 모형 패턴은 녹아 없어진다.
③ 로스트왁스공정이라고도 하며 소모성주형 주조공정이다.
④ 정밀하고 세밀한 주물을 만들 수 있는 정밀 주조공정이다.

②의 내용은 소실모형주조에 대한 설명이다.

10.② 11.③ 12.④ 13.① 14.②

15

제품과 같은 모양의 모형을 양초나 합성수지로 만든 후 내화 재료로 도포하여 가열경화시키는 주조 방법은?

① 셸몰드법　② 다이캐스팅
③ 원심주조법　④ 인베스트먼트 주조법

16

주조법의 특성에 대한 비교 설명으로 옳지 않은 것은?

① 일반적으로 석고주형 주조법은 다이캐스팅에 비해 생산 속도가 느리다.
② 일반적으로 인베스트먼트 주조법은 사형 주조법에 비해 인건비가 저렴하다.
③ 대량생산인 경우에는 사형 주조법보다 다이캐스팅 방법을 사용하는 것이 바람직하다.
④ 일반적으로 석고주형 주조법은 사형 주조법에 비해 치수정밀도와 표면정도가 우수하다.

17

인베스트먼트 주조법의 설명으로 옳지 않은 것은?

① 모형을 왁스로 만들어 로스트 왁스 주조법이라고도 한다.
② 생산성이 높은 경제적인 주조법이다.
③ 주물의 표면이 깨끗하고 치수 정밀도가 높다.
④ 복잡한 형상의 주조에 적합하다.

18

주조법의 종류와 그 특징에 대한 설명으로 옳지 않은 것은?

① 다이캐스팅(die casting)은 용탕을 고압으로 주형 공동에 사출하는 영구주형 주조방식이다.
② 원심 주조(centrifugal casting)는 주형을 빠른 속도로 회전시켜 발생하는 원심력을 이용한 주조방식이다.
③ 셸 주조(shell molding)는 모래와 열경화성수지 결합제로 만들어진 얇은 셸 주형을 이용한 주조방식이다.
④ 인베스트먼트 주조(investment casting)는 주형 표면에서 응고가 시작된 후에 주형을 뒤집어 주형 공동 중앙의 용탕을 배출함으로써 속이 빈 주물을 만드는 주조방식이다.

***슬러시 주조(Slush Casting)**
주형 표면에서 응고가 시작된 후에 주형을 뒤집어 주형 공동 중앙의 용탕을 배출함으로써 속이 빈 주물을 만드는 주조방법

***인베스트먼트 주조법(Investment Casting)**
로스트 왁스 주조법이라고도 하며, 제품과 같은 모양의 모형을 양초(파라핀)나 합성수지로 만든 후 내화 재료로 도포하여 가열경화시키는 주조 방법으로 주물의 표면이 깨끗하고 치수 정밀도가 높고, 복잡한 형상의 주조에 적합하며, 주형 제작비 및 인건비가 많이 든다. 소모성주형 + 정밀주조 공정이다. 주로 기계가공이 곤란한 경질합금, 밀링커터 및 가스터빈 블레이드 등을 제작할 때 사용된다.

19

용융금속을 금형에 사출하여 압입하는 영구주형 주조방법으로 주물 치수가 정밀하고 마무리 공정이나 기계가공을 크게 절감시킬 수 있는 공정은?

① 사형 주조　② 인베스트먼트 주조
③ 다이캐스팅　④ 연속 주조

15.④ 16.② 17.② 18.④ 19.③

20

다음은 어떤 주조법의 특징을 설명한 것인가?

> ◦ 영구주형을 사용한다.
> ◦ 비철금속의 주조에 적용한다.
> ◦ 고온챔버식과 저온챔버식으로 나뉜다.
> ◦ 용융금속이 응고될 때까지 압력을 가한다.

① 스퀴즈 캐스팅(squeeze casting)
② 원심 주조법(centrifugal casting)
③ 다이 캐스팅(die casting)
④ 인베스트먼트 주조법(investment casting)

21

복잡하고 정밀한 모양의 금형에 용융된 마그네슘 또는 알루미늄 등의 합금을 가압 주입하여 주물을 만드는 주조방법에 해당하는 것은?

① 셸 모울드 주조법
② 진원심 주조법
③ 다이 캐스팅 주조법
④ 인베스트먼트 주조법

22

원심주조와 다이캐스트법에 대한 설명으로 옳지 않은 것은?

① 원심주조법은 고속회전하는 사형 또는 금형주형에 쇳물을 주입하여 주물을 만든다.
② 원심주조법은 주로 주철관, 주강관, 실린더 라이너, 포신 등을만든다.
③ 다이캐스트법은 용융금속을 강한 압력으로 금형에 주입하고 가압하여 주물을 얻는다.
④ 다이캐스트법은 주로 철금속 주조에 사용된다.

23

다이캐스팅에 대한 설명으로 옳지 않은 것은?

① 분리선 주위로 소량의 플래시(flash)가 형성될 수 있다.
② 사형주조보다 주물의 표면정도가 우수하다.
③ 고온챔버 공정과 저온챔버 공정으로 구분된다.
④ 축, 나사 등을 이용한 인서트 성형이 불가능하다.

24

다이캐스팅에 대한 설명으로 옳지 않은 것은?

① 주물조직이 치밀하며 강도가 크다.
② 일반 주물에 비해 치수가 정밀하지만, 장치비용이 비싼 편이다.
③ 소량생산에 적합하다.
④ 기계용량의 표시는 가압유지 체결력과 관계가 있다.

25

다이캐스팅에 대한 설명으로 옳지 않은 것은?

① 정밀도가 높은 표면을 얻을 수 있어 후가공 작업이 줄어든다.
② 주형재료보다 용융점이 높은 금속재료에도 적용할 수 있다.
③ 가압되므로 기공이 적고 치밀한 조직을 얻을 수 있다.
④ 제품의 형상에 따라 금형의 크기와 구조에 한계가 있다.

20.③ 21.③ 22.④ 23.④ 24.③ 25.②

∗다이 캐스팅(Die Casting)
주로 비철금속 주조에 사용하며, 영구적인 복잡하고 정밀한 주형에 용융된 마그네슘 또는 알루미늄 등의 비철금속 합금을 가압 주입하여 용융금속이 응고될 때 까지 압력을 가하는 정밀 주조법으로 고온챔버식과 저온챔버식으로 나뉜다.

① 주물조직이 치밀하며 강도가 크다.
② 일반 주물에 비해 치수가 정밀하지만, 장치비용이 비싼 편이다.
③ 대량생산에 적합하다.
④ 기계용량의 표시는 가압유지 체결력과 관계가 있다.
⑤ 정밀도가 높은 표면을 얻을 수 있어 후가공 작업이 줄어든다.
⑥ 주형재료보다 용융점이 낮은 금속재료에 한정되어 적용할 수 있다.
⑦ 제품의 형상에 따라 금형의 크기와 구조에 한계가 있다
⑧ 인서트 성형이 가능하다.
⑨ 분리선 주위로 소량의 플래시가 형성될 수 있다.

26

사형(砂型)과 금속형(金屬型)을 사용하여 내마모성이 큰 주물을 제작할 때 표면은 백주철이 되고 내부는 회주철이 되는 주조 방법은 무엇인가?

① 다이캐스팅 ② 원심주조법
③ 칠드주조법 ④ 셀주조법

∗칠드주조법(chilled casting process)
사형과 금형을 사용하며 용융금속을 급냉하며 표면을 시멘타이트 조직으로 만든 것.
표면 : 경도높은 백주철
내부 : 경도낮은 회주철

27

주조 공정중에 용탕이 주입될 때 증발되는 모형(pattern)을 사용하는 주조법은?

① 셸 몰드법(shell molding)
② 인베스트먼트법(investment process)
③ 풀 몰드법(full molding)
④ 슬러시 주조(slush casting)

∗풀 몰드법(소실모형주조, 폴리스티렌주조)
모형으로 소모성인 발포 폴리스티렌으로 모형을 만들고, 이 모형상에 사형을 형성하여 모형을 사형에서 빼내지 않고 사형 중에 매몰한 그대로 용탕을 주입하면 그 열에 의하여 모형은 증발, 분해 또는 연소되고 그 자리를 용탕으로 채워 주물을 만드는 방법

26.③ 27.③

Chapter 2

소성가공과 수기가공

2-1 소성가공

소성을 가진 재료에 소성 변형을 일으켜 원하는 모양의 제품을 만드는 가공법이다.

① 절삭가공에 비하여 생산율이 높아 대량 생산이 가능하다.
② 절삭가공 제품에 비하여 강도가 크다.
③ 취성재료는 소성가공에 적합하지 않다.
④ 절삭가공과 비교하여 칩이 생성되지 않으므로 가공면이 깨끗하여 재료의 이용률이 높다.

(1) **재결정온도** : 냉간가공과 열간가공을 구별하는 온도이다.

가공 종류	냉간가공	열간가공
정의	재결정온도 이하에서의 가공	재결정온도 이상에서의 가공
특징	- 제품의 치수를 정확히 할 수 있다. - 가공면이 곱고 미려하고 아름답다. - 기계적 성질을 개선시킬 수 있다. - 가공방향으로 섬유조직이 되어 방향에 따라 강도가 달라진다. - 가공경화로 강도 및 경도가 증가하고 연신율이 감소한다. - 표면 거칠기가 향상된다. - 공구에 가해지는 압력이 크다. - 산화가 발생하지 않는다.	- 작은 동력으로 커다란 변형을 줄 수 있다. - 재질의 균일화가 이루어진다. - 가공도가 크므로 거친 가공에 적합하다. - 강괴 중의 기공이 압착된다. - 가열 때문에 산화되기 쉬워 표면산화물의 발생이 많기 때문에 정밀가공이 곤란하다. - 소재의 변형저항이 적어 소성가공이 유리하다. - 가공 표면이 거칠다. - 가공이 용이하다. - 균일성이 적다.

(2) **가공경화** : 재결정온도 이하에서 냉간가공을 할수록 단단해지며 결정 결함수의 밀도 증가로 인해 일어난다. 강도, 경도, 변형저항은 증가하고 연신율, 인성, 연성, 단면수축율은 감소한다.

(3) 소성가공의 종류

① 단조(Forging)
② 압연(Rolling)
③ 압출(Extruding)
④ 인발(Drawing)
⑤ 제관(Pipe Making)
⑥ 전조(Form Rolling)
⑦ 프레스가공(Press Work)

02

(4) **단조(Forging)** : 해머로 두들겨 성형시키는 가공법. 단조 온도가 낮으면 조직이 미세해지고 내부응력이 발생된다.

① 자유단조(Free Forging) : 평 해머와 앤빌로 성형하는 단련 작업이다.

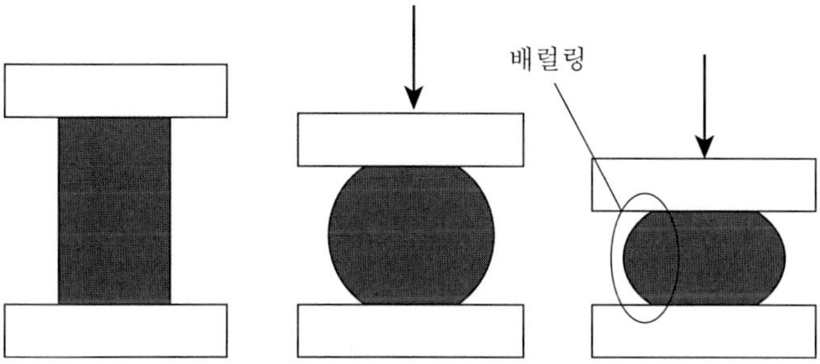

▌자유단조

㉠ 배럴링(Barrelling) 현상

금형과 접촉하는 소재의 양쪽 면의 변형이 마찰에 의해 구속되기 때문에 변형된 소재의 옆구리(소재의 변형이 금형과 접촉되지 않은 부분)가 볼록하게 나타나는 현상으로 주원인은 금형과 소재가 접촉하는 면에서 발생하는 마찰이나 금형의 온도차에 의해 발생할 수 있다.

㉡ 배럴링(Barrelling) 방지법

- 금형에 초음파 진동
- 접촉면에 윤활제
- 금형에 가열

ⓒ 자유단조의 기본작업

기본작업	그림	설명
업세팅 (축박기, 눌러붙이기)	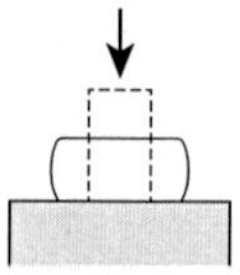	금속 소재를 2개의 평판 다이 사이에서 압축하여 높이를 감소시키는 작업
늘리기	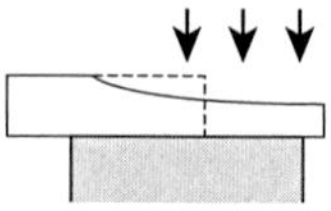	단면적을 감소시키고 길이 방향으로 늘리는 작업으로 업세팅과 반대되는 작업
단짓기	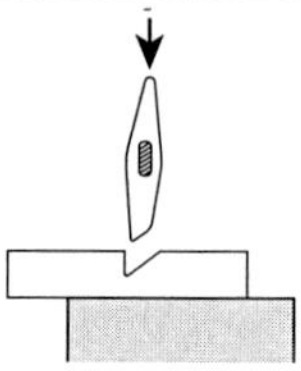	단면적을 변화시켜 단을 만드는 작업
굽히기	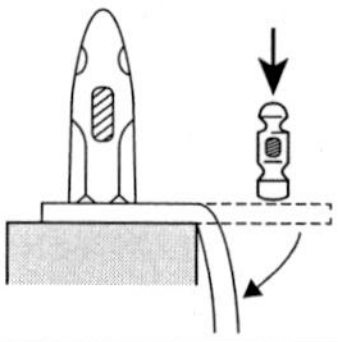	굽혀지는 소재의 안쪽에는 압축력, 바깥쪽에는 연신력을 작용하여 굽히는 작업
구멍뚫기 (펀칭)	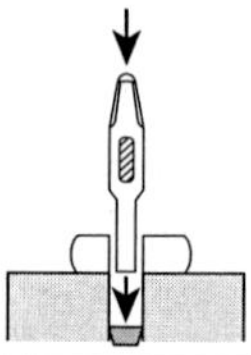	소재에 펀치를 가압하여 구멍을 뚫거나 작업 은구멍을 확대하는 방법
절단 (자르기)	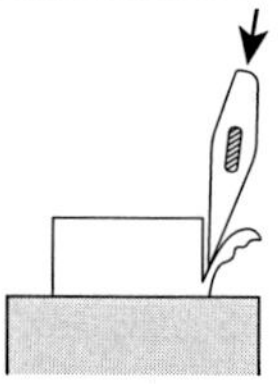	자르려고 하는 소재의 직경이 크지 않을 때, 정을 이용하여 절단하는 방법
비틀기	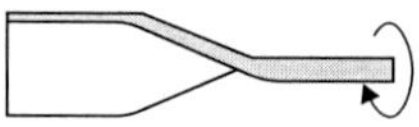	소재를 비트는 작업
단접	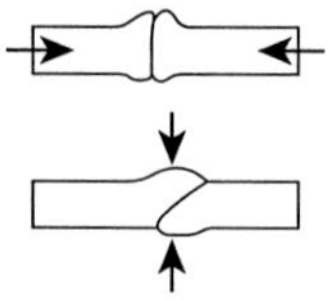	두 소재를 접촉시키고 급격한 압력으로 가압 접합시키는 작업

② 형단조(Die Forging) : 형을 사용하여 판상의 금속 재료를 굽혀 원하는 형상으로 변형시키는 가공법이다.

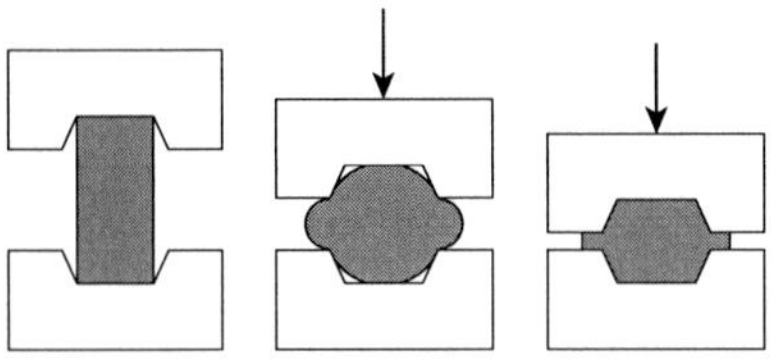

▌형단조

<형단조에서 예비성형을 하는 목적>

㉠ 금형 마모를 줄이기 위하여
㉡ 제품의 품질을 향상시키는 단류선을 얻기 위하여
㉢ 플래시로 인한 재료 손실을 최소화하기 위하여
㉣ 금형 마모감소 및 수명증가를 위하여
㉤ 변형률속도를 낮추고 유동응력을 줄이기 위하여

③ 열간단조 : 소재의 소성을 크게 하면 단조는 일반적으로 쉬워지므로 가열하여 영구 변형을 일으키게 하는 작업이다. 종류로는 해머단조, 프레스단조, 업셋단조, 압연단조가 있다.

④ 냉간단조 : 금형을 사용하여 소재의 성질을 개선하면서 상온에서 형 만들기를 하는 작업이다. 종류로는 콜드 헤딩, 코이닝, 스웨이징이 있다.

(5) **압연(Rolling)** : 2개의 롤러 사이를 통과시키는 가공법이다. 두께를 감소시키고 길이와 폭을 증가시킨다.

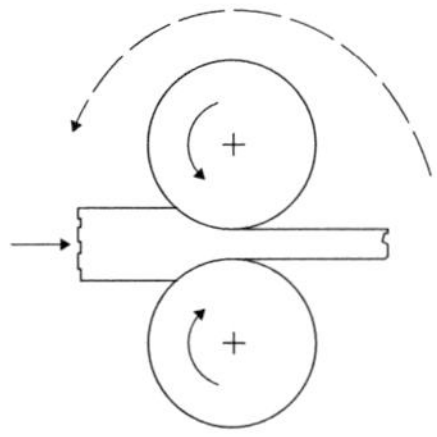

▌압연

① 열간압연과 냉간압연

열간압연	냉간압연
큰 변형량이 필요한 금속재료를 재결정온도 이상의 온도에서 압연할 때 사용된다. 주로 자동차, 건설, 조선, 파이프, 산업기계 등 산업 전 분야에 사용된다.	금속재료를 재결정온도 이하에서 작업하면 인성은 줄어들고 경도와 인장강도가 증가하여 강한 제품을 얻을 수 있다. 또한 치수가 정확하고 표면이 깨끗한 제품을 얻을 수 있어 열연공정을 마친 열간압연판을 화학 처리하여 표면의 녹을 제거하고 상온에서 다시 한 번 냉간압연하는 과정을 거친다. 냉간압연판에서는 이방성이 나타나므로 2차 가공시 주의해야 한다.

② 압하량 $= H_0 - H_1$ (H_0 : 롤러통과전두께, H_1 : 롤러통과후두께)

③ 압하율 $= \dfrac{H_0 - H_1}{H_0} \times 100(\%)$ (압하율과 최대 롤압력은 비례한다.)

④ 압하율, 압하력 감소 방법

㉠ 지름이 작은 롤을 사용한다.
㉡ 압연판의 전방과 후방에 장력을 가한다.
㉢ 롤과 압연판 사이의 마찰을 줄인다.
㉣ 압연판을 고온으로 유지한다.

(6) **압출(Extruding)** : 소재를 용기에 넣고 높은 압력을 가하여 다이 구멍으로 통과시켜 형상을 만드는 가공법이다.

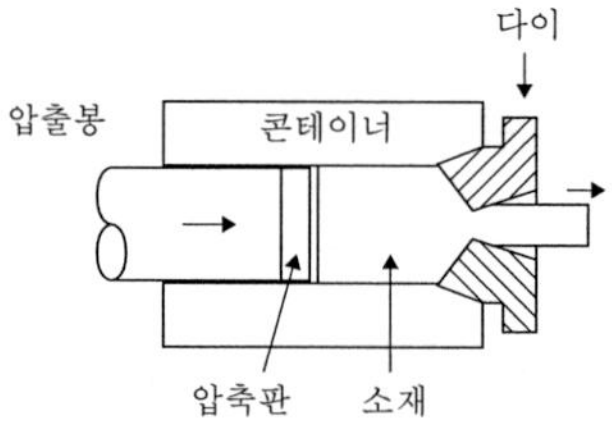

▌압출

① 직접압출 : 램의 진행방향과 압출재 진행방향이 같다.

② 간접압출 : 램의 진행방향과 압출재 진행방향이 다르다.

③ 충격압출 : 압출 펀치에 충격을 주어 성형시킨 압출이다. 상온 가공으로 작업하며 단기간에 압출을 완료한다. Zn, Sn, Pb, Al, Cu등의 순금속과 일부 합금에 사용하는 압출 가공법이며 치약튜브, 화장품 케이스, 건전지 케이스 제작에 이용된다.

④ 세브론 균열(Shevron Cracking) : 압출가공시 중심부 인장응력에 의하여 발생하는 균열이다.

(7) **인발(Drawing)** : 봉이나 관을 다이에 다이 사이로 잡아당겨서 외경을 줄이고 길이를 증가시키는 가공법으로 인발가공에서 발생하는 결함 중 솔기결함(Seam)은 길이 방향으로 흠집과 접힘이 발생하는 결함이다.

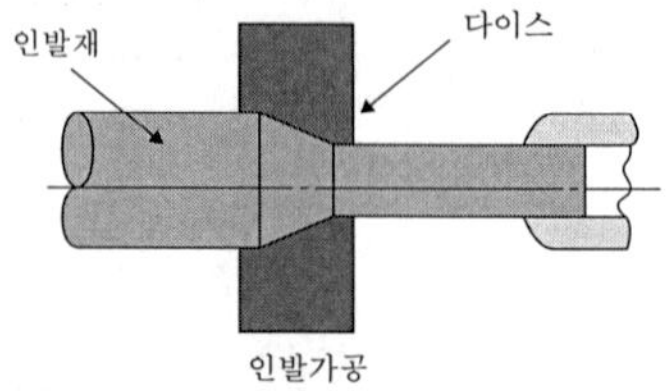

▌인발

(8) **딥드로잉 가공(Deep Drawing Work)** : 금속판재로 원통형, 각통형, 반구형 등과 같이 이음매 없는 용기 형상을 만드는 프레스가공법이다.

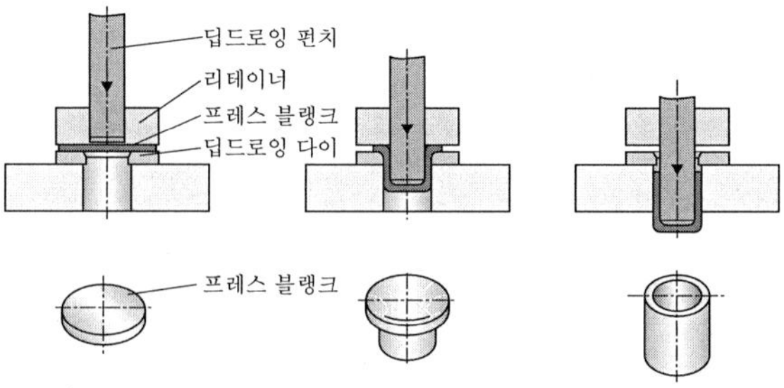

▌딥드로잉 가공

① 드로잉률 $= \dfrac{\text{제품의 지름}(d_1)}{\text{소재의 지름}(d_0)} \times 100$

② 재드로잉률 $= \dfrac{\text{용기의 지름}}{\text{제품의 지름}(d_1)}$

③ 아이어닝(Ironing) : 딥드로잉 가공 시 다이공동부로 빨려 들어가는 측벽 두께를 얇게 하면서 제품의 높이를 높게 하는 가공으로 측벽이 균일하고 매끄럽다.

④ 귀생김(Earing) : 판재의 평면 이방성으로 인하여 드로잉된 컵 형상의 벽면 끝에 파도 모양이 생기는 현상이다.

(9) **전조(Component Roling)**

축 대칭형 소재를 2개 이상의 공구 사이에 굴림으로써 그 외형 또는 내면의 모양을 성형하는 가공법으로 나사 및 기어의 제작이 가능하다. 절삭가공에 비해 생산 속도가 높으며 매끄러운 표면을 얻을 수 있고 재료의 손실이 적으며, 소재 표면에 압축잔류응력을 남기므로 피로수명을 늘릴 수 있다.

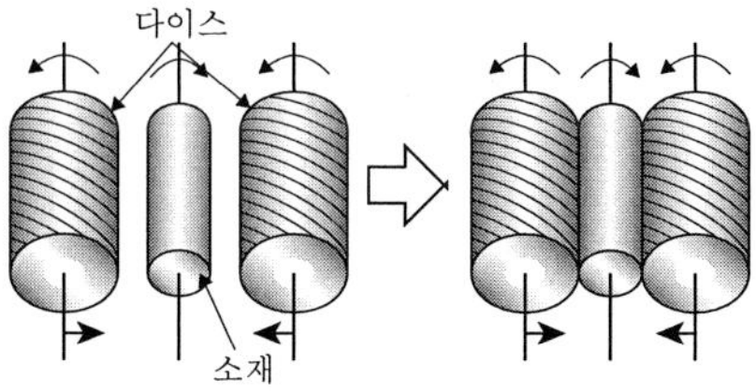

▌전조

(10) 프레스가공(Press Working)

금속 재료를 프레스로 절단하거나 여러 가지 모양으로 성형하는 가공법이다.

① 전단가공 : 블랭킹, 펀칭, 전단, 트리밍, 셰이빙, 노층, 분단

㉠ 블랭킹 : 펀치와 다이를 이용하여 판금재료로부터 제품의 외형을 따내는 작업으로 떨어진 쪽이 제품이고 남은 쪽이 폐품이다.

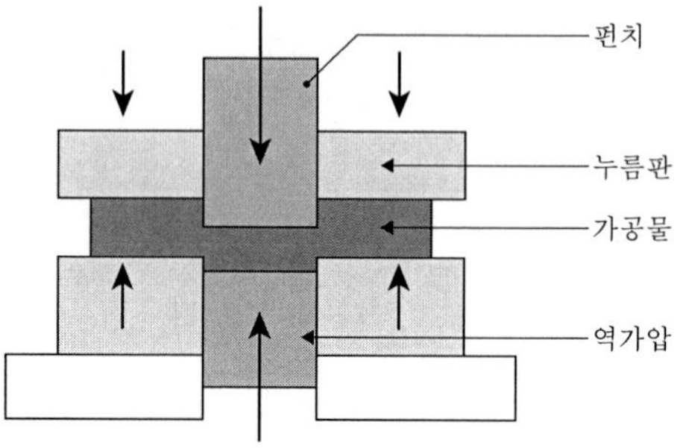

▌블랭킹

i) 테일러 블랭킹 : 판재가공에서 모양과 크기가 다른 판재 조각을 레이저 용접한 후, 그 판재를 성형하여 최종형상으로 만드는 방법이다.

ii) 정밀 블랭킹(=파인 블랭킹)

브이(V)자 모양 돌기로 가공할 소재에 홈을 찍어 압력을 발생시킨 후 펀치 작업한다. 금속 판재의 가공 공정 중 가장 매끈하고 정확한 전단면을 얻을 수 있는 방법이다.

㉡ 펀칭 : 강괴 또는 강편에 펀치로 쳐서 구멍을 뚫는 가공이다.

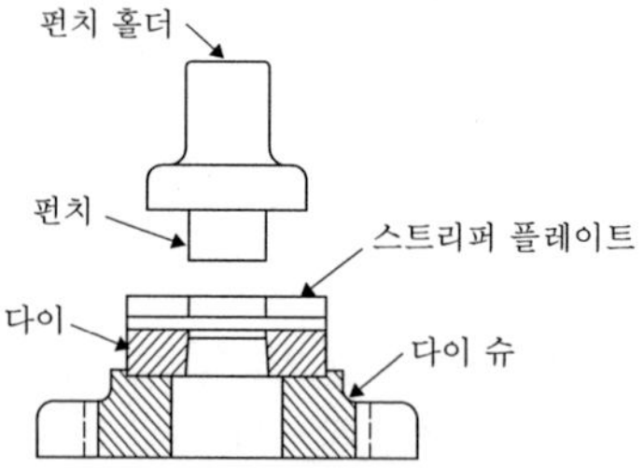

▌펀칭

㉢ 전단 : 물체를 필요한 형상으로 절단하는 작업이다.

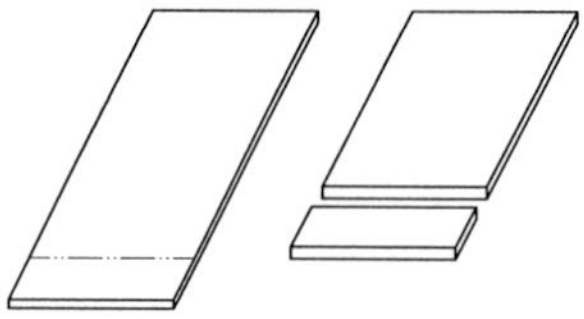

▌전단

㉣ 트리밍 : 둥글게 자르는 작업이다.

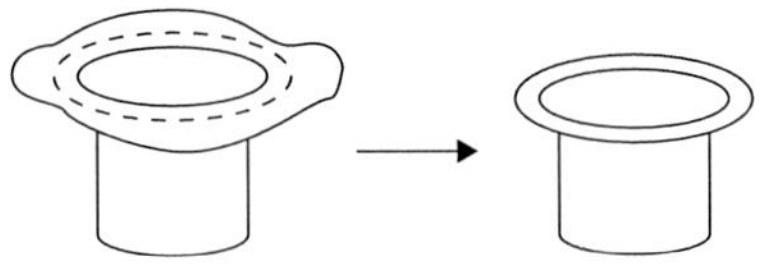

▌트리밍

㉤ 셰이빙 : 펀칭이나 구멍 뚫기를 한 제품을 절단면을 깎아내어 깨끗하게 다듬질하는 작업이다.

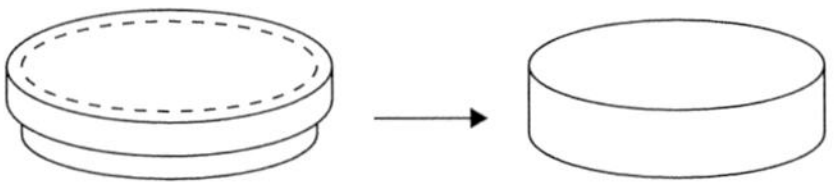

▌셰이빙

㉥ 노칭 : 재료의 일부를 여러 모양으로 따내는 작업이다.

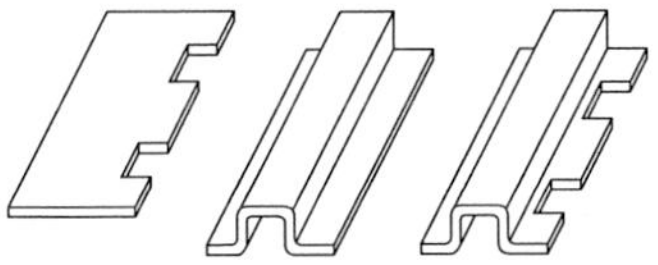

▌노칭

㉦ 분단 : 제품을 나누는 작업이다.

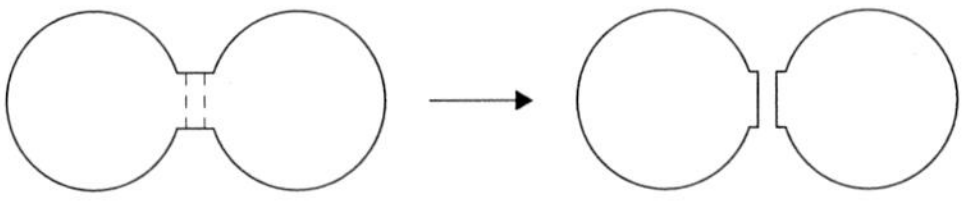

▌분단

② 성형가공 : 스피닝, 시밍, 컬링, 벌징, 비딩, 마폼법, 하이드로폼법, 드로잉, 굽힘

㉠ 스피닝 : 맨드릴을 회전하여 원형의 소재를 봉 또는 롤러 공구로 밀어 붙여 맨드릴의 형상으로 가공하는 성형법으로 이음매 없이 축대칭 모양으로 가공이 가능하여 국그릇 모양의 몸체를 만들 수 있다.

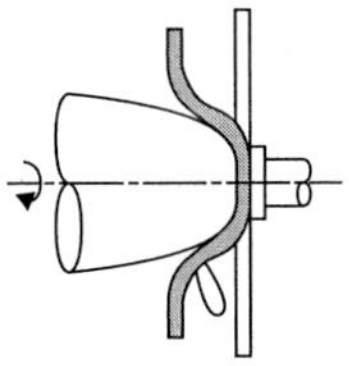

▌스피닝

㉡ 시밍 : 여러겹으로 구부려 두장의 판을 연결시키는 가공이다.

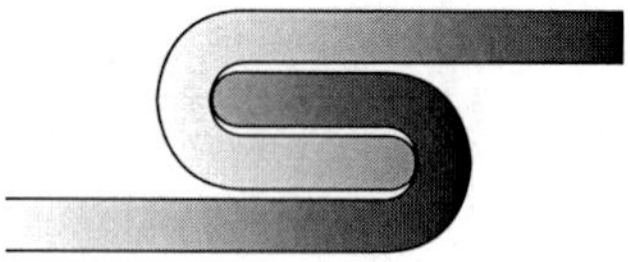

▌시밍

㉢ 컬링 : 원통용기의 끝부분을 말아서 테두리를 둥글게 만드는 가공이다.

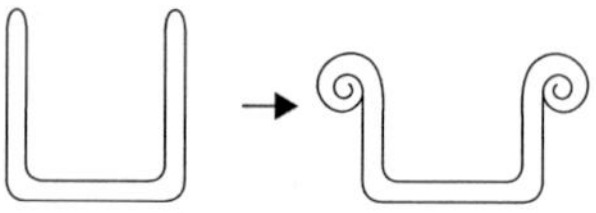

▌컬링

㉣ 벌징 : 튜브형의 소재를 분할다이에 넣고 폴리우레탄 플러그 등의 충전재를 이용하여 확장시키는 성형법이다. 주로 주전자 등과 같이 배부른 형상의 성형에 적용된다.

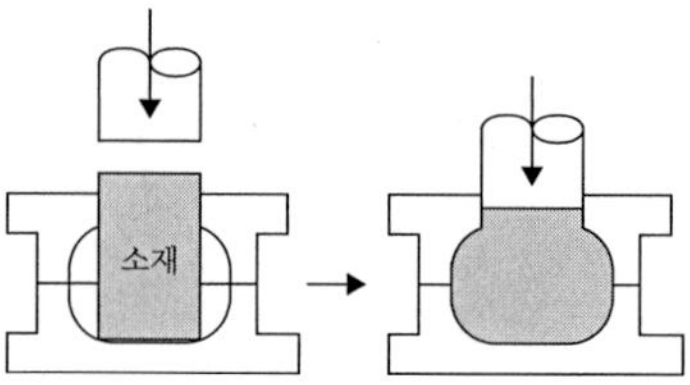

▌벌징

㉤ 비딩 : 평평한 판금 또는 성형된 판금에 줄 모양의 돌기를 넣은 가공이다.

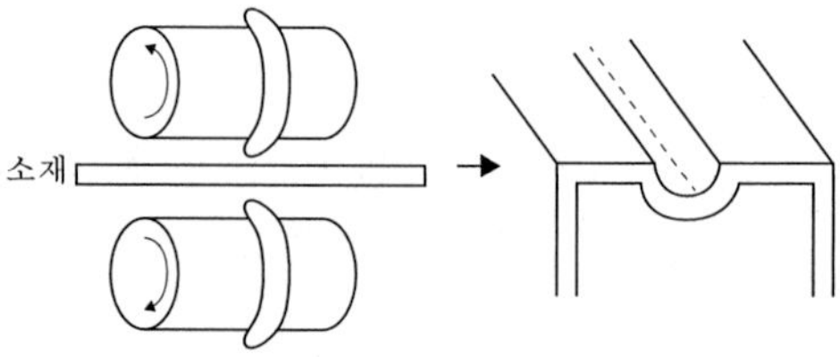

▌비딩

ⓑ 마폼법 : 판금가공의 특수한 것으로 다이스에 고무를 사용함으로써 고무에 의한 드로잉의 대표적인 가공법이다.

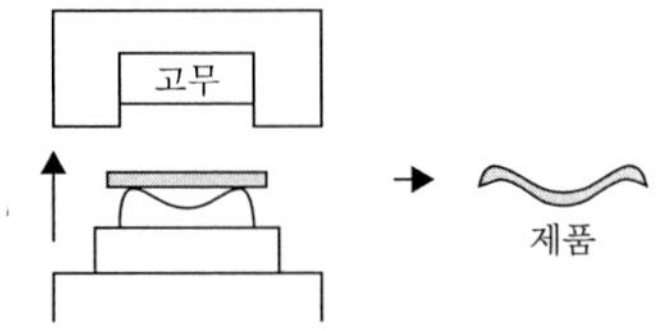

▌마폼법

ⓢ 하이드로폼법 : 마폼법의 고무 다이 대신에 액체를 이용하여 액압에 의하여 드로잉가공을 하는 방법이다.

ⓞ 스프링 백(Spring Back) : 소성 재료를 굽힌 후 압력을 제거하면 원상복귀 하려는 탄력 작용으로 굽힘량이 감소되는 현상이다.

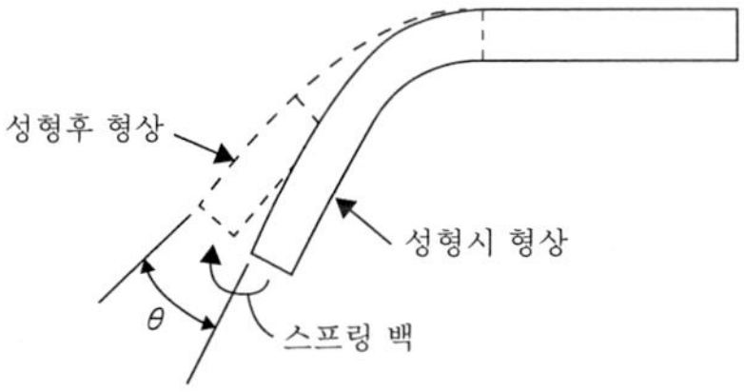

▌스프링 백

i) 경도가 클수록 스프링 백의 변화도 커진다.
ii) 스프링 백의 양은 가공조건에 의해 영향을 받는다.
iii) 같은 두께의 판재에서 굽힘 반지름이 작을수록 스프링 백의 양은 작아진다.
iv) 같은 두께의 판재에서 굽힘 각도가 작을수록 스프링 백의 양은 커진다.

③ 압축가공 : 코이닝, 엠보싱, 스웨이징, 버니싱

㉠ 코이닝(=압인가공) : 표면이 서로 다른 모양으로 조각된 1쌍의 다이로 압축하는 가공법이다. 메달, 주화, 장식품 등의 가공에 이용된다.

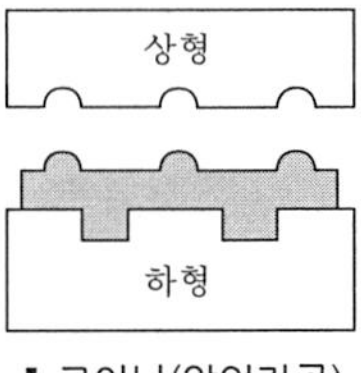

▌코이닝(압인가공)

㉡ 엠보싱 : 직물 표면에 열과 압력을 가하여 오목볼록한 모양을 나타내는 가공법이다.

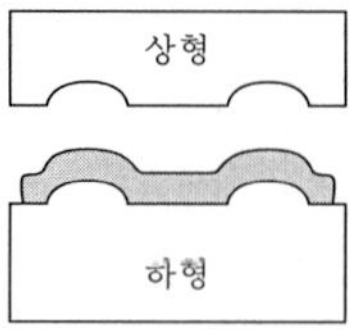

▌엠보싱

㉢ 스웨이징 : 주축과 함께 회전하며 반경 방향으로 왕복 운동하는 다수의 다이로 봉재나 관재를 타격하여 직경을 줄이는 가공법이다.

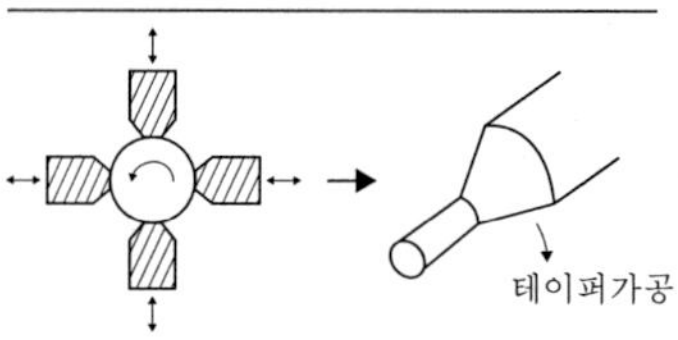

▌스웨이징

㉣ 버니싱 : 가공품 표면에 또는 구멍 내면을 롤러, 강구 등의 공구를 대고 문질러서 표면을 평활하게 다듬는 가공법이다.

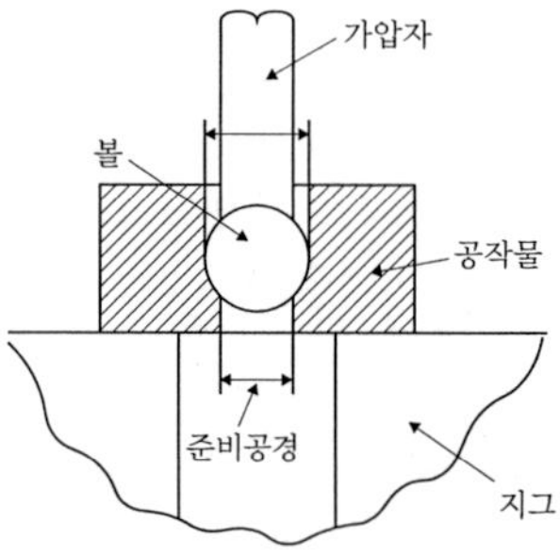

▌버니싱

2-2 수기가공

(1) **드릴링**(Drilling) : 드릴을 회전하여 구멍을 뚫는 가공법이다.

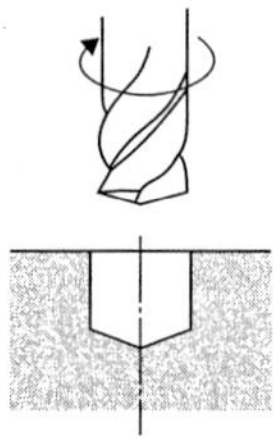

▌드릴링

(2) **태핑**(Tapping) : 구멍에 나사탭으로 나사산을 만드는 가공법이다.

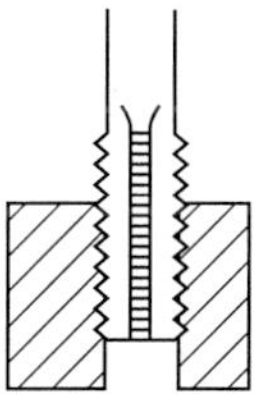

▌태핑

(3) **카운터 싱킹**(Countersinking) : 이미 가공되어 구멍에 드릴링머신으로 원뿔 또는 원추 형상의 홈을 만드는 가공법이다.

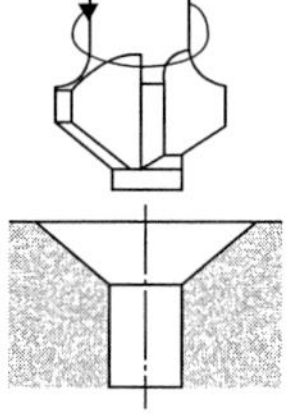

▌카운터 싱킹

(4) **리밍**(Reaming) : 드릴로 뚫은 구멍의 내면을 다듬어 치수정밀도를 향상시키는 가공법이다.

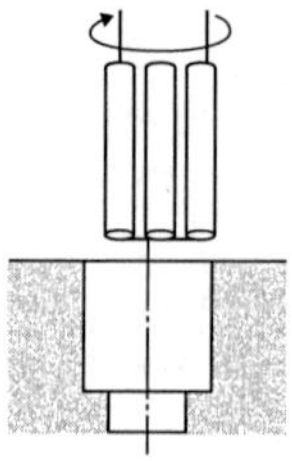

▌리밍

(5) **스폿 페이싱**(Spot Facing) : 이미 가공된 구멍에 나사를 고정할 때 접촉부가 안정되게 하기 위하여 구멍 주위를 평면으로 깎는 가공법이다.

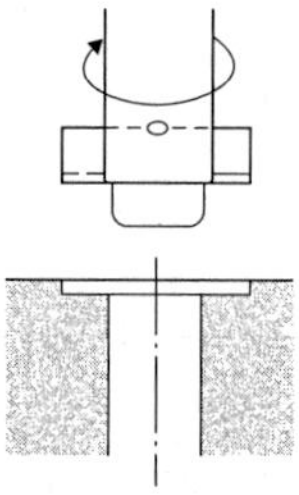

▌스폿 페이싱

(6) **보링**(Boring) : 이미 가공된 구멍의 크기를 확대하는 가공법이다.

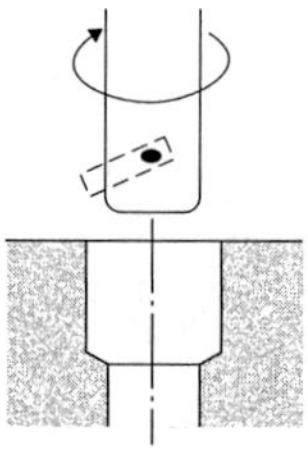

▌보링

Memo

02

핵심 예상문제

기계공작법

02. 소성가공과 수기가공

01

소성가공에 대한 설명으로 옳지 않은 것은?

① 절삭가공에 비하여 생산율이 낮다.
② 절삭가공 제품에 비하여 강도가 크다.
③ 취성인 재료는 소성가공에 적합하지 않다.
④ 절삭가공과 비교하여 칩(chip)이 생성되지 않으므로 재료의 이용률이 높다.

***소성가공 특징**
① 절삭가공에 비하여 생산율이 높다.(대량생산 O)
② 절삭가공 제품에 비하여 강도가 크다.
③ 취성재료는 소성가공에 적합하지 않다.
④ 절삭가공과 비교하여 칩이 생성되지 않으므로 재료의 이용률이 높다. (가공면이 깨끗함)

***소성가공의 종류**
① 단조
② 전조
③ 압연
④ 압출
⑤ 인발
⑥ 프레스 가공
⑦ 제관

02

재료의 재결정온도보다 높은 온도에서 가공하는 열간가공의 특징으로 가장 옳은 것은?

① 치수정밀도 저하
② 큰 변형응력 요구
③ 정밀한 치수
④ 가공경화로 인한 강도 상승

***냉간가공과 열간가공 특징**

냉간가공	열간가공
- 제품의 치수를 정확히 할 수 있다. - 가공면이 곱고 미려하고 아름답다. - 기계적 성질을 개선시킬 수 있다. - 가공방향으로 섬유조직이 되어 방향에 따라 강도가 달라진다. - 가공경화로 강도 및 경도가 증가하고 연신율이 감소한다. - 표면 거칠기가 향상된다. - 공구에 가해지는 압력이 크다. - 산화가 발생하지 않는다.	- 작은 동력으로 커다란 변형을 줄 수 있다. - 재질의 균일화가 이루어진다. - 가공도가 크므로 거친 가공에 적합하다. - 강괴 중의 기공이 압착된다. - 가열 때문에 산화되기 쉬워 표면산화물의 발생이 많기 때문에 정밀 가공이 곤란하다.(가공표면이 거칠다.) - 소재의 변형저항이 적어 소성가공이 유리하다. - 표면 거칠기가 감소된다. - 가공이 용이하다. - 균일성이 적다.

03

소성가공에 대한 설명으로 옳지 않은 것은?

① 열간가공은 냉간가공보다 치수 정밀도가 높고 표면상태가 우수한 가공법이다.
② 압연가공은 회전하는 롤 사이로 재료를 통과시켜 두께를 감소시키는 가공법이다.
③ 인발가공은 다이 구멍을 통해 재료를 잡아 당김으로써 단면적을 줄이는 가공법이다.
④ 전조가공은 소재 또는 소재와 공구를 회전시키면서 기어, 나사 등을 만드는 가공법이다.

***냉간가공(상온가공)**
재결정온도 이하에서의 가공

***열간가공(고온가공)**
재결정온도 이상에서의 가공

01.① 02.① 03.①

*냉간가공과 열간가공 특징

냉간가공	열간가공
- 제품의 치수를 정확히 할 수 있다. - 가공면이 곱고 미려하고 아름답다. - 기계적 성질을 개선시킬 수 있다. - 가공방향으로 섬유조직이 되어 방향에 따라 강도가 달라진다. - 가공경화로 강도 및 경도가 증가하고 연신율이 감소한다. - 표면 거칠기가 향상된다. - 공구에 가해지는 압력이 크다. - 산화가 발생하지 않는다.	- 작은 동력으로 커다란 변형을 줄 수 있다. - 재질의 균일화가 이루어진다. - 가공도가 크므로 거친 가공에 적합하다. - 강괴 중의 기공이 압착된다. - 가열 때문에 산화되기 쉬워 표면산화물의 발생이 많기 때문에 정밀가공이 곤란하다.(가공 표면이 거칠다.) - 소재의 변형저항이 적어 소성가공이 유리하다. - 표면 거칠기가 감소된다. - 가공이 용이하다. - 균일성이 적다.

04

다음 중 소성가공이 아닌 것은?

① 인발(drawing) ② 호닝(honing)
③ 압연(rolling) ④ 압출(extrusion)

*소성가공의 종류
① 단조
② 전조
③ 압연
④ 압출
⑤ 인발
⑥ 프레스 가공
⑦ 제관

호닝은 정밀입자 가공이다.

05

단조의 기본 작업 방법에 해당하지 않는 것은?

① 늘리기(drawing)
② 업세팅(up-setting)
③ 굽히기(bending)
④ 스피닝(spinning)

*자유단조
① 업셋팅
② 늘리기
③ 단짓기
④ 굽히기
⑤ 구멍뚫기
⑥ 절단

*스피닝(spinning)
비교적 얇은 판을 회전하는 틀인 금형에 밀어붙여 성형하는 가공법.

06

원기둥형상의 소재를 열간 업세팅(upsetting)할 때 발생하는 배부름(barrelling)현상에 대한 설명으로 옳지 않은 것은?

① 금형과 소재가 접촉하는 면에서 발생하는 마찰이 주원인이다.
② 소재의 변형이 금형과 접촉되는 부위에 집중되기 때문에 나타난다.
③ 금형에 초음파 진동을 주면서 작업을 진행하면, 이 현상을 줄일 수 있다.
④ 금형의 온도가 낮을 경우에도 발생될 수 있다.

*배럴링(Barrelling) 현상
금형과 접촉하는 소재의 양쪽 면의 변형이 마찰에 의해 구속되기 때문에 변형된 소재의 옆구리(소재의 변형이 금형과 접촉되지 않은 부분)가 볼록하게 나타나는 현상으로 주원인은 금형과 소재가 접촉하는 면에서 발생하는 마찰이나 금형의 온도차에 의해 발생할 수 있다.

04.② 05.④ 06.②

*배럴링(Barrelling) 방지법
① 금형에 초음파 진동
② 접촉면에 윤활제
③ 금형에 가열

07

소성가공법에 대한 설명으로 옳지 않은 것은?

① 압출 : 상온 또는 가열된 금속을 용기 내의 다이를 통해 밀어내어 봉이나 관 등을 만드는 가공법
② 인발 : 금속 봉이나 관 등을 다이를 통해 축 방향으로 잡아당겨 지름을 줄이는 가공법
③ 압연 : 열간 혹은 냉간에서 금속을 회전하는 두 개의 롤러 사이를 통과시켜 두께나 지름을 줄이는 가공법
④ 전조 : 형을 사용하여 판상의 금속 재료를 굽혀 원하는 형상으로 변형시키는 가공법

*형단조(Die Forginh)
형을 사용하여 판상의 금속 재료를 굽혀 원하는 형상으로 변형시키는 가공법

*전조(Component Rolling)
축 대칭형 소재를 2개 이상의 공구 사이에 굴림으로써 그 외형 또는 내면의 모양을 성형하는 가공법으로 나사 및 기어의 제작에 이용이 가능하고, 절삭가공에 비해 생산 속도가 높으며 매끄러운 표면을 얻을 수 있고 재료의 손실이 적으며, 소재 표면에 압축잔류응력을 남기므로 피로수명을 늘릴 수 있다.

08

열간압연과 냉간압연을 비교한 설명으로 옳지 않은 것은?

① 큰 변형량이 필요한 재료를 압연할 때는 열간압연을 많이사용한다.
② 냉간압연은 재결정온도 이하에서 작업하며 강한 제품을 얻을 수 있다.
③ 열간압연판에서는 이방성이 나타나므로 2차 가공에서 주의하여야 한다.
④ 냉간압연은 치수가 정확하고 표면이 깨끗한 제품을 얻을 수 있어 마무리 작업에 많이 사용된다.

*열간압연
금속재료를 재결정온도 이상의 온도에서의 압연으로 큰 변형량이 필요한 재료를 압연할 때 사용되며, 열간압연을 통해 만들어진 열간압연판은 자동차, 건설, 조선, 파이프, 산업기계 등 산업 전 분야에 쓰이는 소재이다.

*냉간압연
금속재료를 재결정온도 이하에서 작업하고, 인성은 줄어들고 경도와 인장강도가 증가하여 강한 제품을 얻을 수 있으며, 치수가 정확하고 표면이 깨끗한 제품을 얻을 수 있어 마무리 작업(열연공정을 마친 열간압연판을 화학 처리하여 표면의 녹을 제거하고 상온에서 다시 한 번 압연하는 과정)으로 사용된다. 냉간압연판에서는 이방성이 나타나므로 2차 가공에서 주의하여야 한다.

09

압연가공에 대한 설명으로 옳은 것은?

① 윤활유는 압연하중과 압연토크를 증가시킨다.
② 마찰계수는 냉간가공보다 열간가공에서 작아진다.
③ 압연롤러와 공작물 사이의 마찰력은 중립점을 경계로 반대 방향으로 작용한다.
④ 공작물이 자력으로 압입되기 위해서는 롤러의 마찰각이 접촉각보다 작아야 한다.

07.④ 08.③ 09.③

① 윤활유는 압연하중과 압연토크를 감소시킨다.
② 마찰계수는 열간가공보다 냉간가공에서 작아진다.
④ 공작물이 자력으로 압입되기 위해서는 롤러의 마찰각이 접촉각보다 커야 한다.

10

압연가공에서 압하율[%]을 구하는 식으로 가장 옳은 것은?
(단, H_0: 변형 전 두께, H_1: 변형 후 두께)

① $\dfrac{H_1 - H_0}{H_0} \times 100$　② $\dfrac{H_0 - H_1}{H_0} \times 100$
③ $\dfrac{H_1 - H_0}{H_1} \times 100$　④ $\dfrac{H_0 - H_1}{H_1} \times 100$

압연가공 압하율 $= \dfrac{H_0 - H_1}{H_0} \times 100$

11

$20mm$ 두께의 소재가 압연기의 롤러(roller)를 통과한 후 $16mm$로 되었다면, 이 압연기의 압하율[%]은?

① 20　② 40
③ 60　④ 8

압하율 $= \dfrac{H_0 - H_1}{H_0} \times 100 = \dfrac{20-16}{16} \times 100 = 20\%$

12

압연공정에서 압하력을 감소시키는 방법으로 옳지 않은 것은?

① 반지름이 큰 롤을 사용한다.
② 롤과 소재 사이의 마찰력을 감소시킨다.
③ 압하율을 작게 한다.
④ 소재에 후방장력을 가한다.

*압하율, 압하력 감소 방법
① 지름이 작은 롤 사용
② 패스당 압하율 감소
③ 전방과 후방에 장력 작용
④ 작은 마찰
⑤ 고온의 판재온도

13

평판 압연 공정에서 롤압력과 압하력에 대한 설명으로 옳지 않은 것은?

① 롤압력이 최대인 점은 마찰계수가 작을수록 입구점에 가까워진다.
② 압하율이 감소할수록 최대 롤압력은 작아진다.
③ 고온에서 압연함으로써 소재의 강도를 줄여 압하력을 감소시킬 수 있다.
④ 압연 중 판재에 길이 방향의 장력을 가하여 압하력을 줄일 수 있다.

*압하율, 압하력 감소 방법
① 지름이 작은 롤 사용
② 패스당 압하율 감소
③ 전방과 후방에 장력 작용
④ 작은 마찰
⑤ 고온의 판재온도

① 압연에서 마찰이 증가하면 롤압력 최대점(중립점)은 입구방향으로, 감소하면 출구방향으로 이동한다.
② 압하율과 최대 롤압력은 비례한다.

10.② 11.① 12.① 13.①

14

소성가공법 중 압연과 인발에 대한 설명으로 옳지 않은 것은?

① 압연 제품의 두께를 균일하게 하기 위하여 지름이 작은 작업 롤러(roller)의 위아래에 지름이 큰 받침롤러(roller)를 설치한다.
② 압하량이 일정할 때, 직경이 작은 작업롤러(roller)를 사용하면 압연 하중이 증가한다.
③ 연질 재료를 사용하여 인발할 경우에는 경질 재료를 사용할 때보다 다이(die) 각도를 크게 한다.
④ 직경이 $5mm$ 이하의 가는 선 제작 방법으로는 압연보다 인발이 적합하다.

***압하율, 압하력 감소 방법**
① 지름이 작은 롤 사용
② 패스당 압하율 감소
③ 전방과 후방에 장력 작용
④ 작은 마찰
⑤ 고온의 판재온도

15

소성가공의 종류 중 압출가공에 대한 설명으로 옳은 것은?

① 소재를 용기에 넣고 높은 압력을 가하여 다이 구멍으로 통과시켜 형상을 만드는 가공법
② 소재를 일정 온도 이상으로 가열하고 해머 등으로 타격하여 모양이나 크기를 만드는 가공법
③ 원뿔형 다이 구멍으로 통과시킨 소재의 선단을 끌어당기는 방법으로 형상을 만드는 가공법
④ 회전하는 한 쌍의 롤 사이로 소재를 통과시켜 두께와 단면적을 감소시키고 길이 방향으로 늘리는 가공법

***압출(Extrusion)**
소재를 용기에 넣고 높은 압력을 가하여 다이 구멍으로 통과시켜 형상을 만드는 가공법
② 열간단조(Hot Forging)에 대한 설명
③ 인발(Drawing)에 대한 설명
④ 압연(Rolling)에 대한 설명

16

다이에 아연, 납, 주석 등의 연질금속을 넣고 제품 형상의 펀치로 타격을 가하여 길이가 짧은 치약튜브, 약품튜브 등을 제작하는 압출방법은?

① 간접 압출 ② 열간 압출
③ 직접 압출 ④ 충격 압출

***충격압출**
압출 펀치에 충격을 주어 성형시킨 압출. 상온 가공으로 작업하며 단기간에 압출을 완료한다.
Zn, Sn, Pb, Al, Cu의 순금속과 일부 합금 사용한다.
치약튜브, 화장품 케이스, 건전지 케이스 제작에 이용된다.

17

연삭공정에서 온도 상승이 심할 때 공작물의 표면에 나타나는 현상으로 옳지 않은 것은?

① 온도변화나 온도구배에 의하여 잔류응력이 발생한다.
② 표면에 버닝(burning) 현상이 발생한다.
③ 열응력에 의하여 셰브론 균열(chevron cracking)이 발생한다.
④ 열처리된 강 부품의 경우 템퍼링(tempering)을 일으켜 표면이연화된다.

14.② 15.① 16.④ 17.③

*세브론 균열(Shevron Cracking)
압출가공 시 중심부에서 인장응력에 의하여 발생하는 균열

18

압출에서 발생하는 결함이 아닌 것은?

① 솔기결함(seam)
② 파이프결함(pipe defect)
③ 세브론균열(chevron cracking)
④ 표면균열(surface cracking)

*솔기결함(Seam)
인발가공에서 발생하는 결함으로 길이 방향으로 흠집과 접힘이 발생한다.

19

다음 ㉠, ㉡에 해당하는 것은?

> ㉠ 압력을 가하여 용탕금속을 금형공동부에 주입하는 주조법으로, 얇고 복잡한 형상의 비철금속 제품 제작에 적합한 주조법이다.
> ㉡ 금속판재에서 원통 및 각통 등과 같이 이음매 없이 바닥이 있는 용기를 만드는 프레스가공법이다.

	㉠	㉡
①	인베스트먼트주조	플랜징
②	다이캐스팅	플랜징
③	인베스트먼트주조	딥드로잉
④	다이캐스팅	딥드로잉

*다이 캐스팅(Die Casting)
주로 비철금속 주조에 사용하며, 영구적인 복잡하고 정밀한 주형에 용융된 마그네슘 또는 알루미늄 등의 비철금속 합금을 가압 주입하여 용융금속이 응고될 때 까지 압력을 가하는 정밀 주조법으로 고온챔버식과 저온챔버식으로 나뉜다.

① 주물조직이 치밀하며 강도가 크다.
② 일반 주물에 비해 치수가 정밀하지만, 장치비용이 비싼 편이다.
③ 대량생산에 적합하다.
④ 기계용량의 표시는 가압유지 체결력과 관계가 있다.
⑤ 정밀도가 높은 표면을 얻을 수 있어 후가공 작업이 줄어든다.
⑥ 주형재료보다 용융점이 낮은 금속재료에 한정되어 적용할 수 있다.
⑦ 제품의 형상에 따라 금형의 크기와 구조에 한계가 있다
⑧ 인서트 성형이 가능하다.
⑨ 분리선 주위로 소량의 플래시가 형성될 수 있다.

*딥 드로잉(Deep Drawing)
금속판재에서 원통 및 각통 등과 같이 이음매 없이 바닥에 있는 용기를 만드는 프레스가공법

20

다음 빈칸에 들어갈 숫자가 옳게 짝지어진 것은?

> 지름 100mm의 소재를 드로잉하여 지름 60mm의 원통을 가공할 때 드로잉률은 (A) 이다. 또한 이 60mm의 용기를 재드로잉률 0.8로 드로잉을 하면 용기의 지름은 (B)mm가 된다.

① A:0.36, B:48　② A:0.36, B:75
③ A:0.6, B:48　④ A:0.6, B:75

$$\text{드로잉률} = \frac{\text{제품의 지름}(d_1)}{\text{소재의 지름}(d_0)} \times 100$$

$$= \frac{60}{100} \times 100 = 60\% = 0.6$$

$$\text{재드로잉률} = \frac{\text{용기의 지름}}{\text{제품의 지름}(d_1)}$$

용기의 지름
= 재드로잉률×제품의 지름(d_1) = 0.8×60
= 48mm

21

딥드로잉된 컵의 두께를 더욱 균일하게 만들기 위한 후속 공정은?

① 아이어닝 ② 코이닝
③ 렌싱 ④ 허빙

22

금속 판재의 딥드로잉(deep drawing) 시 판재의 두께보다 펀치와 다이 간의 간극을 작게 하여 두께를 줄이거나 균일하게 하는 공정은?

① 이어링(earing) ② 아이어닝(ironing)
③ 벌징(bulging) ④ 헤밍(hemming)

23

드로잉된 컵의 벽 두께를 줄이고, 더욱 균일하게 만들기 위해 사용되는 금속성형공정은?

① 블랭킹(blanking)
② 엠보싱(embossing)
③ 아이어닝(ironing)
④ 랜싱(lancing)

*아이어닝(Ironing)
딥드로잉 가공 시 다이공동부로 빨려 들어가는 측벽 두께를 얇게 하면서 제품의 높이를 높게 하는 가공으로 측벽이 균일하고 매끄럽게 된다.

24

딥 드로잉 공정에서 나타나는 결함에 대한 설명으로 옳지 않은 것은?

① 플랜지가 컵 속으로 빨려 들어가면서 수직 벽에서 융기된 현상을 이어링(earing)이라고 한다.
② 플랜지부에 방사상으로 융기된 형상을 플랜지부 주름(wrinkling)이라고 한다.
③ 펀치와 다이 표면이 매끄럽지 못하거나 윤활이 불충분하면 제품 표면에 스크래치(scratch)가 발생한다.
④ 컵 바닥 부근의 인장력에 의해 수직 벽에 생기는 균열을 파열(tearing)이라고 한다.

*귀생김(Earing)
판재의 평면 이방성으로 인하여 드로잉된 컵 형상의 벽면 끝에 발생할 수 있는 파도 모양이 생기는 현상

25

전조가공에 대한 설명으로 옳지 않은 것은?

① 나사 및 기어의 제작에 이용될 수 있다.
② 절삭가공에 비해 생산 속도가 높다.
③ 매끄러운 표면을 얻을 수 있지만 재료의 손실이 많다.
④ 소재 표면에 압축잔류응력을 남기므로 피로수명을 늘릴 수 있다.

*전조(Component Rolling)
축 대칭형 소재를 2개 이상의 공구 사이에 굴림으로써 그 외형 또는 내면의 모양을 성형하는 가공법으로 나사 및 기어의 제작에 이용이 가능하고, 절삭가공에 비해 생산 속도가 높으며 매끄러운 표면을 얻을 수 있고 재료의 손실이 적으며, 소재 표면에 압축잔류응력을 남기므로 피로수명을 늘릴 수 있다.

21.① 22.② 23.③ 24.① 25.③

26

프레스 가공에 해당하지 않는 것은?

① 블랭킹(blanking)
② 전단(shearing)
③ 트리밍(trimming)
④ 리소그래피(lithography)

***프레스 가공의 종류**
① 전단 가공 : 전단, 펀칭, 트리밍, 블랭킹, 셰이빙 등
② 굽힘 가공
③ 압축 가공 : 압인, 엠보싱, 스웨이징, 코이닝 등
④ 성형 가공 : 벌징, 비딩, 시밍, 컬링, 스피닝 등
⑤ 딥 드로잉

27

펀치(punch)와 다이(die)를 이용하여 판금재료로부터 제품의 외형을 따내는 작업은?

① 블랭킹(blanking)
② 피어싱(piercing)
③ 트리밍(trimming)
④ 플랜징(flanging)

***블랭킹(Blanking)**
펀치와 다이를 이용하여 판금재료로부터 제품의 외형을 따내는 작업으로 떨어진 쪽이 제품이고 남은 쪽이 폐품이다.

28

다음 설명에 해당하는 것은?

판재가공에서 모양과 크기가 다른 판재 조각을 레이저 용접한 후, 그 판재를 성형하여 최종 형상으로 만드는 기술이다.

① 테일러 블랭킹 ② 전자기성형
③ 정밀 블랭킹 ④ 하이드로포밍

***테일러 블랭킹(Taylor Welded Blanking)**
판재가공에서 모양과 크기가 다른 판재 조각을 레이저 용접한 후, 그 판재를 성형하여 최종형상으로 만드는 기술

29

금속 판재의 가공 공정 중 가장 매끈하고 정확한 전단면을 얻을 수 있는 전단공정은?

① 슬리팅(slitting)
② 스피닝(spinning)
③ 파인블랭킹(fine blanking)
④ 신장성형(stretch forming)

***정밀 블랭킹(=파인 블랭킹, Fine Blanking)**
압판의 브이(V)자 모양 돌기로 가공할 소재에 홈을 찍어 압력을 발생시킨 후 펀치 작업하여, 금속 판재의 가공 공정 중 가장 매끈하고 정확한 전단면을 얻을 수 있는 전단공정

26.④ 27.① 28.① 29.③

30

탄소강 판재로 이음매가 없는 국그릇 모양의 몸체를 만드는 가공법은?

① 스피닝 ② 컬링
③ 비딩 ④ 플랜징

***스피닝(Spining)**
박판성형가공법의 하나로 맨드릴을 회전하여 원형의 소재를 봉 또는 롤러 공구로 밀어 붙여, 맨드릴의 형상으로 가공하는 성형법으로 이음매 없이 축대칭 모양으로 가공이 가능하여 국그릇 모양의 몸체를 만들 수 있다.

31

박판성형가공법의 하나로 선반의 주축에 다이를 고정하고, 심압대로 소재를 밀어서 소재를 다이와 함께 회전시키면서 외측에서 롤러로 소재를 성형하는 가공법은?

① 스피닝(spinning) ② 벌징(bulging)
③ 비딩(beading) ④ 컬링(curling)

***스피닝(Spining)**
박판성형가공법의 하나로 맨드릴을 회전하여 원형의 소재를 봉 또는 롤러 공구로 밀어 붙여, 맨드릴의 형상으로 가공하는 성형법으로 이음매 없이 축대칭 모양으로 가공이 가능하여 국그릇 모양의 몸체를 만들 수 있다.

32

주전자 등과 같이 배부른 형상의 성형에 주로 적용되는 공법으로 튜브형의 소재를 분할다이에 넣고 폴리우레탄 플러그 같은 충전재를 이용하여 확장시키는 성형법은?

① 벌징(bulging)
② 스피닝(spinning)
③ 엠보싱(embossing)
④ 딥드로잉(deep drawing)

***벌징(Bulging)**
주전자 등과 같이 배부른 형상의 성형에 주로 적용되는 공법으로 튜브형의 소재를 분할다이에 넣고 폴리우레탄 플러그 같은 충전재를 이용하여 확장시키는 성형법

33

강관이나 알루미늄 압출튜브를 소재로 사용하며, 내부에 액체를이용한 압력을 가함으로써 복잡한 형상을 제조할 수 있는 방법은?

① 롤포밍(roll forming)
② 인베스트먼트 주조(investment casting)
③ 플랜징(flanging)
④ 하이드로포밍(hydroforming)

***하이드로포밍(Hydroforming)**
강관이나 알루미늄 압출튜브를 소재로 사용하며, 내부에 액체를 이용한 압력을 가함으로써 복잡한 형상 제조법으로 자동차 산업 등에서 많이 사용되는 기술이다.

30.① 31.① 32.① 33.④

34

다음 설명에 해당하는 작업은?

튜브형상의 소재를 금형에 넣고 유체압력을 이용하여 소재를 변형시켜 가공하는 작업으로 자동차 산업 등에서 많이 활용하는 기술이다.

① 아이어닝 ② 하이드로 포밍
③ 엠보싱 ④ 스피닝

***하이드로포밍(Hydroforming)**
강관이나 알루미늄 압출튜브를 소재로 사용하며, 내부에 액체를 이용한 압력을 가함으로써 복잡한 형상 제조법으로 자동차 산업 등에서 많이 사용되는 기술이다.

35

항복 인장응력이 Y인 금속을 소성영역까지 인장시켰다가 하중을 제거하고 다시 압축을 하면 압축 항복응력이 인장 항복응력 Y보다 작아지는 현상이 있다. 이러한 현상과 관련이 없는 것은?

① 변형율 연화
② 스프링 백
③ 가공 연화
④ 바우싱어(Bauschinger) 효과

***스프링 백(Spring Back)**
소성 재료의 굽힘 가공에서 재료를 굽힌 다음 압력을 제거하면 원상으로 회복되려는 탄력 작용으로 굽힘량이 감소되는 현상이다.

이 스프링 백은 재료 탄성복원 현상과 연관이 있지 인장하였다가 압축할 때 항복응력이 감소하는 현상과 무관하다.

36

표면이 서로 다른 모양으로 조각된 1쌍의 다이를 이용하여 메달, 주화 등을 가공하는 방법은?

① 벌징(bulging)
② 코이닝(coining)
③ 스피닝(spinning)
④ 엠보싱(embossing)

***코이닝(coining)**
표면이 서로 다른 모양으로 조각된 1쌍의 다이를 이용하며 메달, 주화, 장식품 등의 가공에 이용된다.

37

드릴링 머신으로 할 수 있는 작업과 설명이 가장 옳지 않은 것은?

① 드릴링(drilling)−구멍을 뚫는 작업이다.
② 태핑(tapping)−구멍에 암나사를 가공하는 작업이다.
③ 보링(boring)− 주조된 구멍이나 이미 뚫어놓은 구멍을 필요한 크기나 정밀한 치수로 넓히는 작업이다.
④ 스폿 페이싱(spot facing)−접시 머리 나사의 머리부를 묻히게 하기 위해 원뿔 자리를 만드는 작업이다.

***카운터 싱킹(Counter Sinking)**
이미 가공되어 구멍이 있는 제품에 드릴링머신 가공으로 원뿔(원추) 형상의 홈을 만드는 작업

***스폿 페이싱(Spot Facing)**
이미 가공된 구멍에 나사를 고정할 때 접촉부가 안정되게 하기 위하여 구멍 주위를 평면으로 깎는 작업

34.② 35.② 36.② 37.④

38

드릴링 머신 작업에 대한 설명으로 옳지 않은 것은?

① 드릴 가공은 드릴링 머신의 주된 작업이다.
② 카운터 싱킹은 드릴로 뚫은 구멍의 내면을 디듬어 치수정밀도를 향상시키는 작업이다.
③ 스폿 페이싱은 볼트 머리나 너트 등이 닿는 부분을 평탄하게 가공하는 작업이다.
④ 카운터 보링은 작은 나사나 볼트의 머리가 공작물에 묻히도록 턱이 있는 구멍을 뚫는 작업이다.

*리밍(Reaming)
드릴로 뚫은 구멍의 내면을 다듬어 치수정밀도를 향상시키는 작업

*카운터 싱킹(Counter Sinking)
이미 가공되어 구멍이 있는 제품에 드릴링머신 가공으로 원뿔(원추) 형상의 홈을 만드는 작업

39

드릴링 머신으로 가공할 수 있는 작업을 모두 고른 것은?

ㄱ. 리밍	ㄴ. 브로칭	ㄷ. 보링
ㄹ. 스폿 페이싱	ㅁ. 카운터 싱킹	ㅂ. 슬로팅

① ㄱ, ㄴ, ㄷ, ㅁ
② ㄱ, ㄴ, ㄷ, ㄹ
③ ㄱ, ㄷ, ㄹ, ㅁ
④ ㄱ, ㄷ, ㅁ, ㅂ

*드릴링 가공의 종류
① 리밍
② 보링 및 카운터 보링
③ 카운터 싱킹
④ 스폿 페이싱
⑤ 드릴링
⑥ 태핑

40

드릴링머신 가공에서 접시머리나사의 머리가 들어갈 부분을 원추형으로 가공하는 작업으로 옳은 것은?

① 리밍(reaming)
② 카운터보링(counterboring)
③ 카운터싱킹(countersinking)
④ 스폿페이싱(spotfacing)

*카운터 싱킹(Counter Sinking)
이미 가공되어 구멍이 있는 제품에 드릴링머신 가공으로 원뿔(원추) 형상의 홈을 만드는 작업

38.② 39.③ 40.③

Memo

Chapter 3

측정기와 용접가공

3-1 측정기기

(1) 길이측정기기

① 버니어 캘리퍼스(Vernier Calipers) : 물체의 외경, 내경, 깊이 등을 측정할 수 있는 기구이다.

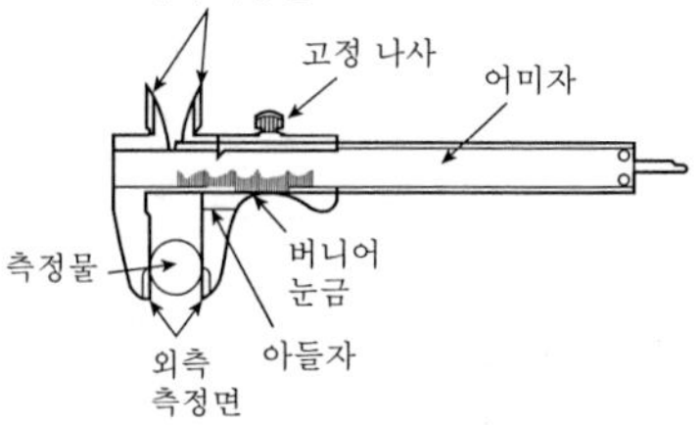

▌버니어 캘리퍼스

㉠ 최소측정값 구하는 2가지 방법

i) 최소측정값 : $C=\frac{A}{n}$ 여기서, A : 어미자의 1눈금(최소눈금) $[mm]$, n : 등분수

ii) 최소측정값 : 어미자의 눈금이 위치하는 곳 + 아들자의 눈금이 위치하는 곳

② 마이크로미터(Micrometer)

길이를 나사의 회전각에 따라 눈금을 붙여 미소의 길이변화를 읽도록한 측정기기이다. 버니어 캘리퍼스보다 측정정밀도가 높다. 최소측정값은 슬리브의 눈금 + 심볼의 눈금으로 계산한다.

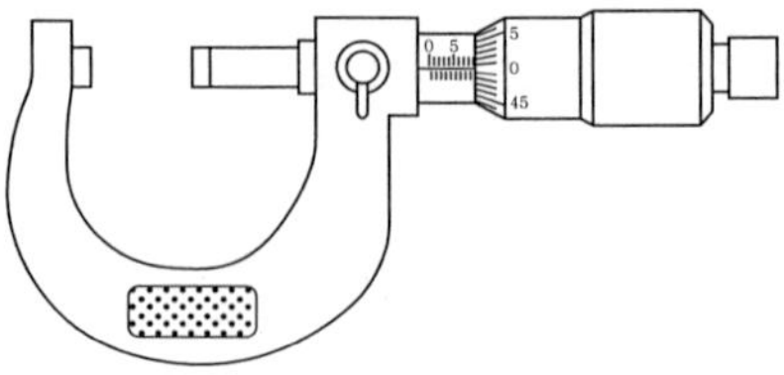

▌마이크로미터

③ 하이트게이지(Height Gauge)

부품을 정반 위에 올려놓고 높이를 측정하거나 스크라이버(Scriber) 끝으로 금긋기 작업을 하는데 사용하는 측정기기이다.

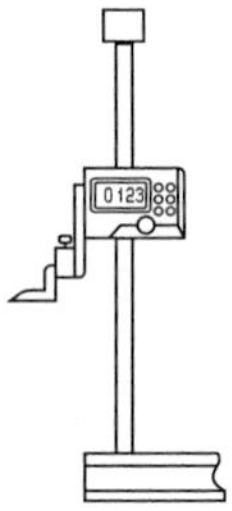

▌하이트게이지

(2) 비교측정기기

① 다이얼 게이지(Dial Gauge)

기어장치를 이용하여, 평면도, 진원도, 축의 흔들림 등의 측정에 사용되는 비교 측정기기이다.

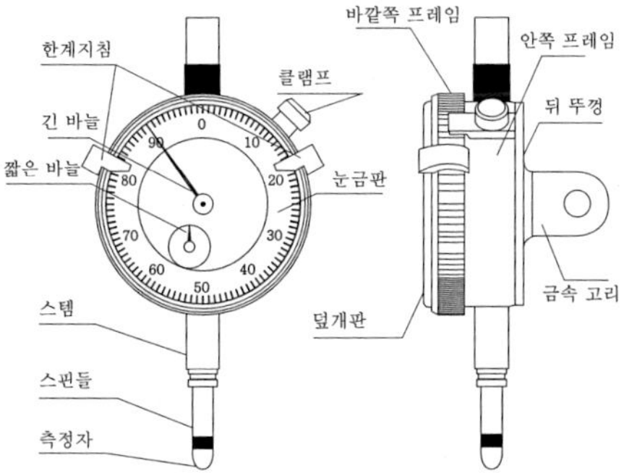

▌다이얼 게이지

② 옵티미터(Optimeter)

광학적 방법으로 측정물의 치수를 확대하여 길이를 측정하는 측정기기이다.

▌옵티미터

③ 미니미터(Minimeter) : 레버를 확대 기구로 이용하여 길이를 측정하는 측정기기이다.

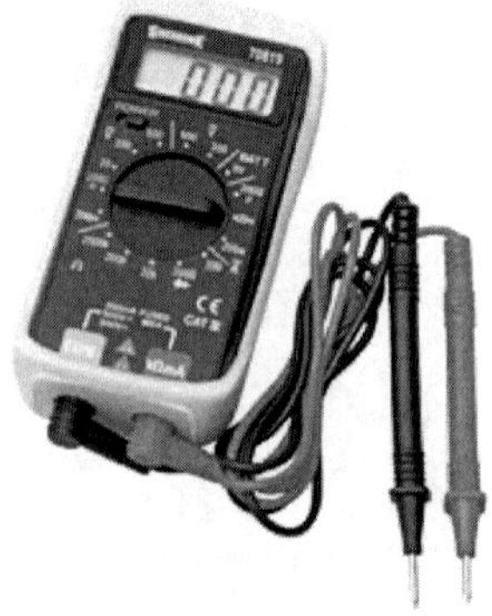

▌미니미터

④ 공기 마이크로미터(Air Micrometer) : 공기를 이용하여 미소한 길이를 측정하는 측정기기이다.

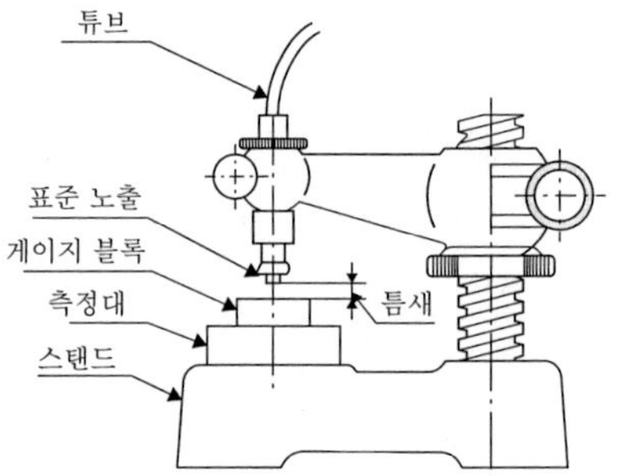

▌공기 마이크로미터

⑤ 전기 마이크로미터(Electric Micrometer)

전기적 원리를 이용하여 미소한 길이를 측정하는 측정기기이다.

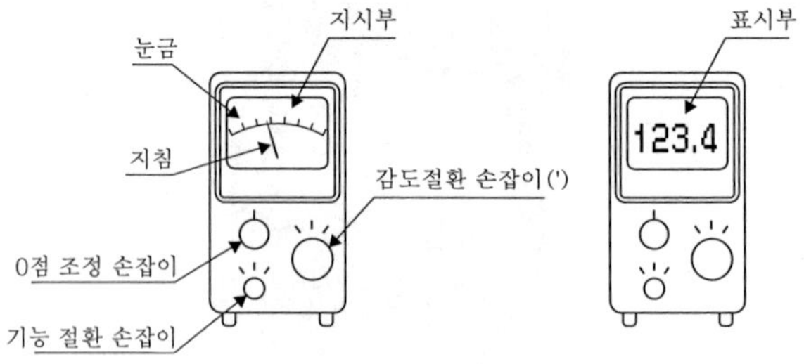

▌전기 마이크로미터

(3) 게이지측정기

① 블록 게이지(Block Gauge)

길이 측정의 표준이 되는 게이지로서 공장용 게이지로서도 가장 정확하다. 특수강을 정밀 가공한 장변형의 강편으로서 호칭 치수를 나타내는 2면은 서로 평행 평면으로 만들어져 있고 매우 평활하게 다듬질되어 있다. 호칭 치수가 다른 것끼리 한조가 되어 있으며 몇 장의 블록을 조합하여 필요한 치수를 만든다.

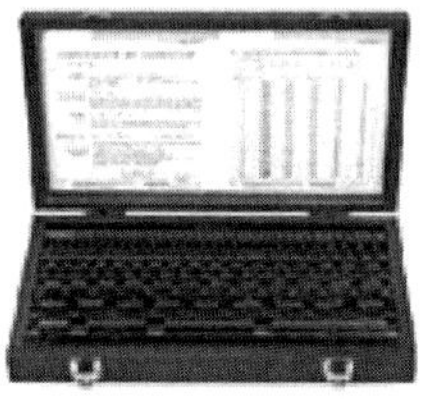

▌블록 게이지

② 한계 게이지(Limit Gauge)

허용할 수 있는 부품의 오차 정도를 결정한 후 각각 최대 및 최소 치수를 설정하여 부품의 치수가 그 범위 내에 드는지를 검사하는 게이지이다.

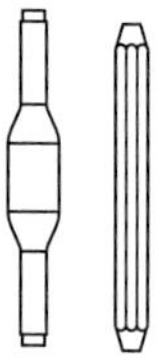

▌봉형 게이지

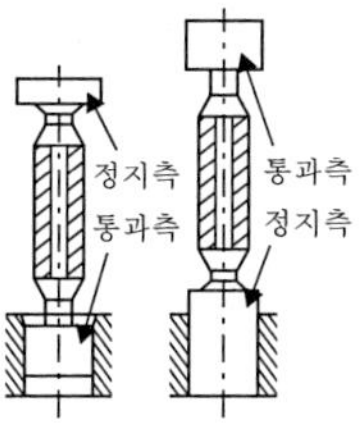

▌플러그 게이지

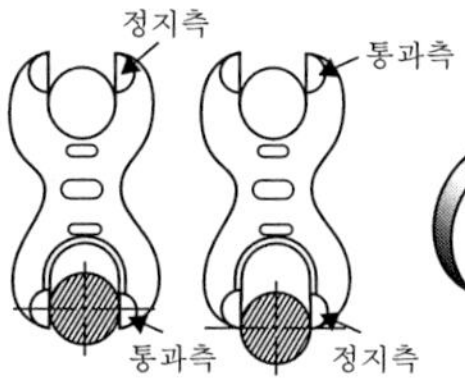

▌스냅 게이지

▌링 게이지

③ 센터 게이지(Center Gauge)

선반으로 나사를 절삭할 때 나사 절삭 바이트의 날 끝각을 조사하거나 바이트를 바르게 부착하는데 사용하는 게이지이다.

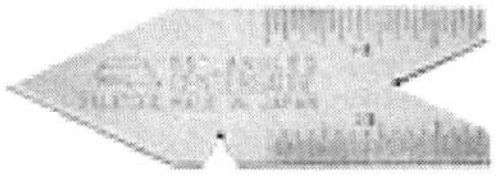

▌센터 게이지

④ 와이어 게이지(Wire Gauge)

각종 철강선의 굵기, 박강판의 두께를 측정하여 번호로 표시되는 게이지이다.

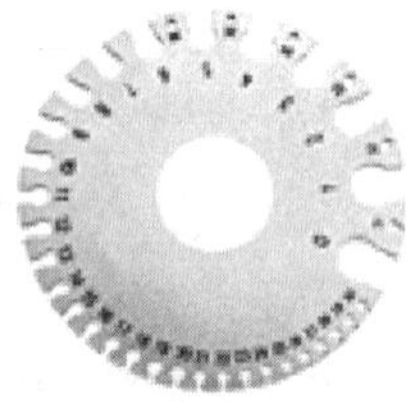

▌와이어 게이지

⑤ 틈새 게이지(Thickness Gauge)

여러 장의 강(steel) 박판을 겹쳐서 부채살 모양으로 모은 것이다. 부품 틈새에 삽입해 틈새를 측정하는 게이지이다.

▌틈새 게이지

⑥ 실린더 게이지(Cylinder Gauge) : 다이얼 게이지와 같은 원리를 이용한 안지름 측정기이다.

▌실린더 게이지

⑦ 반지름 게이지(Radius Gauge) : 둥근 형상의 측정에 사용하는 게이지이다.

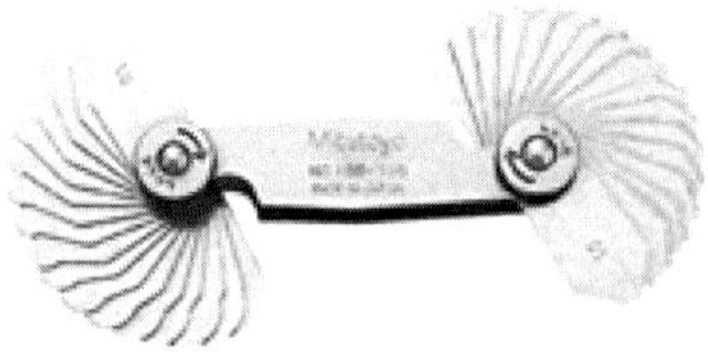

▌반지름 게이지

⑧ 피치 게이지(Pitch Gauge)

강판 가장자리에 규정된 피치 나사산의 형상을 한 홈을 만든 게이지이다.

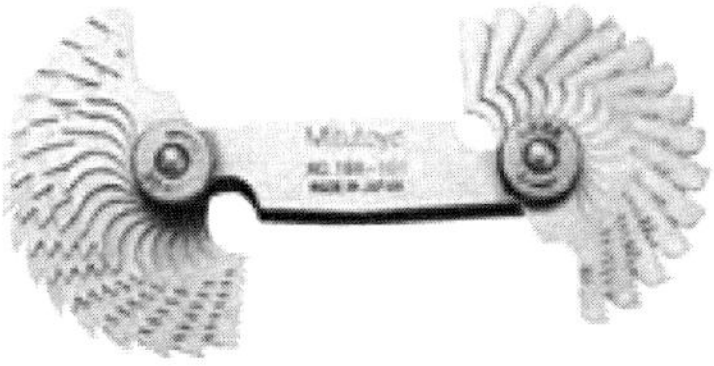

▌피치 게이지

⑨ 드릴 게이지(Drill Gauge) : 드릴 날의 직경을 측정하는데 사용하는 게이지이다.

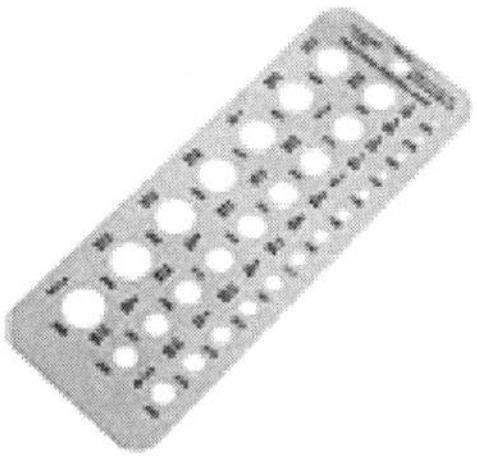

▌드릴 게이지

(4) 각도측정기기

① 사인바(Sinebar) : 각도의 측정에 삼각법을 이용하는 측정기기이다.

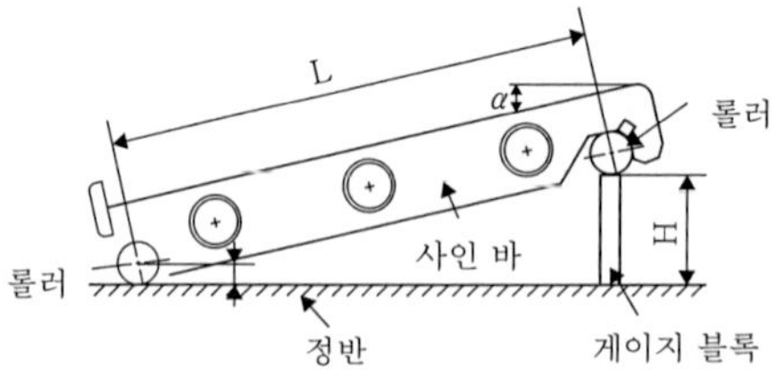

▌사인바

② 오토콜리메이터(Autocollimator)

미소 각도나 진동 등을 광학적으로 측정하는 측정기기이다. 오토콜리메이터 망원경 이라고도 하며 부속품으로 평면경 프리즘, 펜타 프리즘, 폴리곤 프리즘 등이 있다.

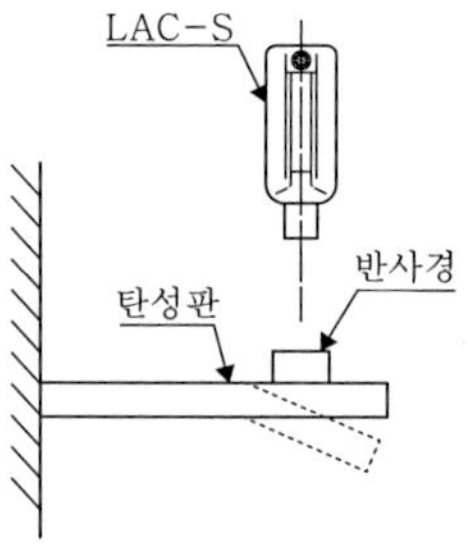

▌오토콜리메이터

③ 수준기(Level Instrument) : 수평을 확인하는 측정기기이다.

▌수준기

02

(5) 평면측정기기

① 옵티컬 플랫(=광선정반) : 비교적 작은 면의 평면도를 측정하는 측정기기이다.

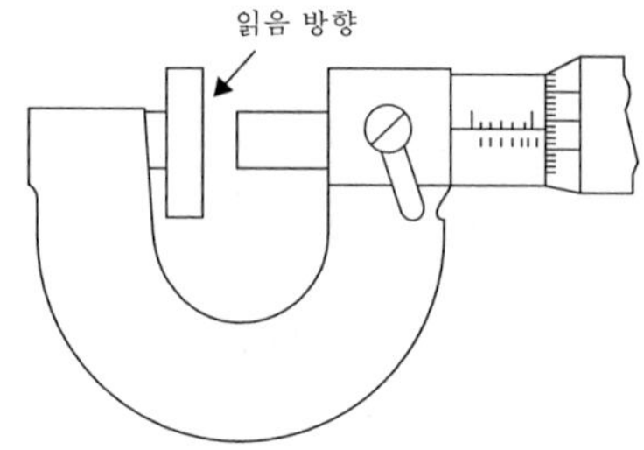

▌옵티컬 플랫(=광선정반)

② 스트레이트 엣지(Straight Edge)

금긋기 작업 또는 실린더 블록, 실린더 헤드의 변형도를 측정하는 측정기기이다.

▌스트레이트 엣지

(6) 나사측정기기

① 나사 마이크로미터(Thread Micrometer) : 나사의 유효지름을 측정하는 측정기기이다.

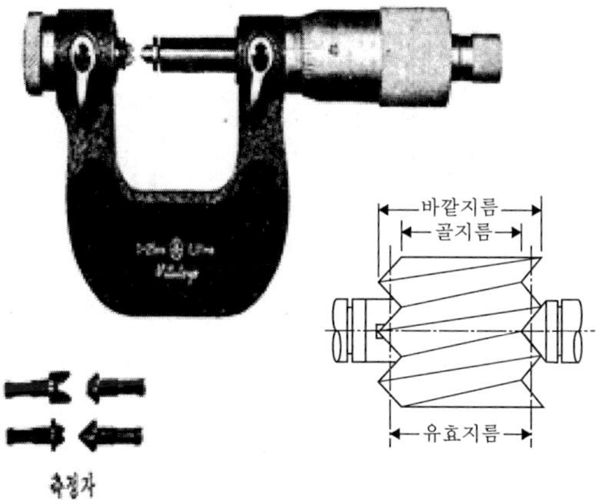

▌나사 마이크로미터

② 삼침법(Three Wire System)
지름이 같은 3개의 와이어로 나사의 유효지름을 측정하는 측정기기이다. 정밀도가 가장 높으며 치수를 계산하여 구하는 간접 측정법이다.

▌삼침법

㉠ 삼침법 유효지름 공식 : $d_2 = M - 3d + 0.866025p$

여기서, M : 마이크로미터의 읽음 값 [μm], d : 와이어의 지름 [μm], p : 나사의 피치 [μm]

③ 공구 현미경(Tool Maker's Microscope)
현미경의 시야로 관측하면서 형태와 치수를 측정하는 측정기기이다.

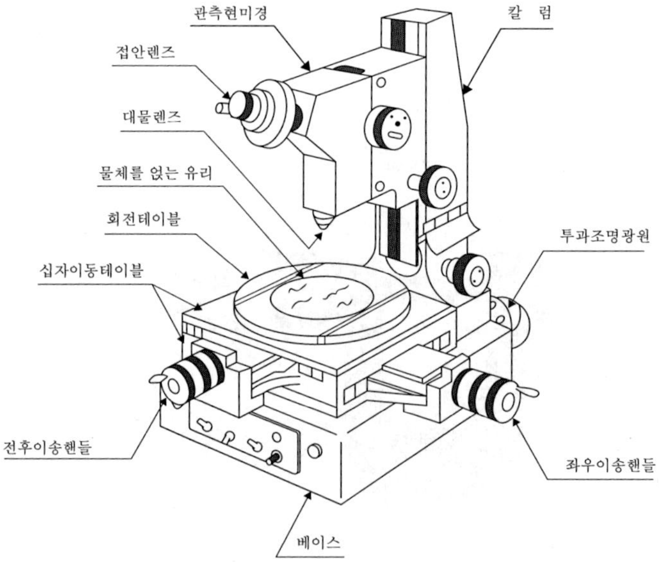

▌공구 현미경

(7) 기타 측정기기

① 3차원 측정기(3D Coordinate Measuring Machine)

측정 대상물을 지지대에 올린 후 촉침이 부착된 이동대를 이동하면서 촉침의 좌표를 기록함으로써 복잡한 형상을 가진 제품의 윤곽선을 측정하는 측정기기이다.

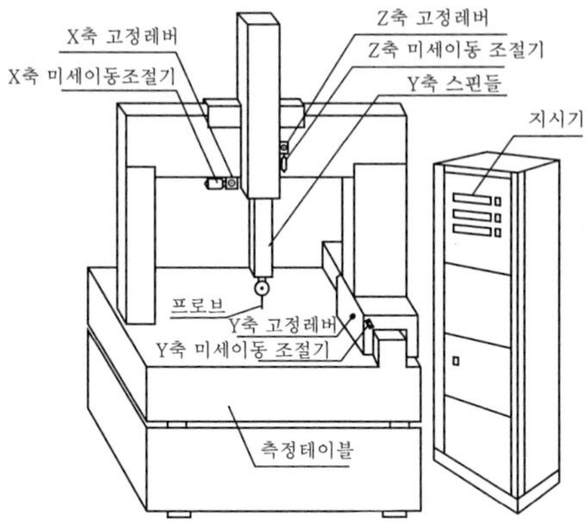

3차원 측정기

② 윤곽투영기(Optical Comparator)

피측정물의 실제 모양을 스크린에 확대 투영하여 길이나 윤곽 등을 검사하는 측정기기이다.

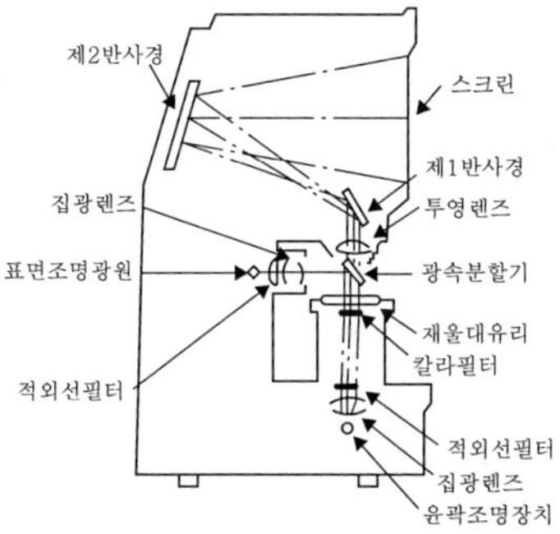

윤곽투영기

③ 오버핀법(Over Pin Measurement)

톱니바퀴의 이 홈과 그 반대쪽 이 홈에 핀 또는 구를 넣고, 바깥 톱니바퀴에서는 핀 또는 구의 바깥 치수를, 안쪽 톱니바퀴의 경우에는 안쪽 치수를 측정하여 이의 두께를 구하는 측정방법이다.

오버핀법

3-2 용접가공

(1) 용접의 분류

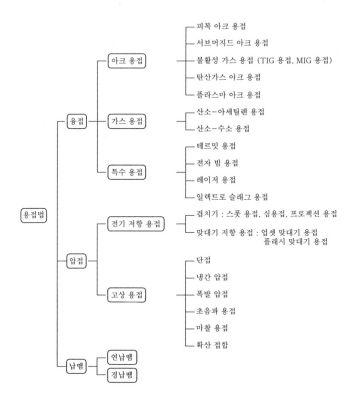

- 용접법
  - 용접
    - 아크 용접
      - 피복 아크 용접
      - 서브머지드 아크 용접
      - 불활성 가스 용접 (TIG 용접, MIG 용접)
      - 탄산가스 아크 용접
      - 플라스마 아크 용접
    - 가스 용접
      - 산소-아세틸렌 용접
      - 산소-수소 용접
    - 특수 용접
      - 테르밋 용접
      - 전자 빔 용접
      - 레이저 용접
      - 일렉트로 슬래그 용접
  - 압접
    - 전기 저항 용접
      - 겹치기 : 스폿 용접, 심용접, 프로젝션 용접
      - 맞대기 저항 용접 : 업셋 맞대기 용접, 플래시 맞대기 용접
    - 고상 용접
      - 단접
      - 냉간 압접
      - 폭발 압접
      - 초음파 용접
      - 마찰 용접
      - 확산 접합
  - 납땜
    - 연납땜
    - 경납땜

(2) 가스 용접

아세틸렌, 수소 등 가연성 가스와 산소를 혼합 연소시켜 발생하는 불꽃의 열로 모재를 용융시켜 접합하는 용접법으로 산소-아세틸렌 용접을 통해 스테인리스강을 용접할 때의 산소 : 아세틸렌 비율은 0.9 : 1 이다.

① 전기가 필요 없고 다른 용접에 비해 열을 받는 부위가 넓어 용접 후 변형이 크다.
② 가스의 제어가 용이하다.
③ 열원의 온도가 낮아 열에 약한 금속 또는 박판 용접에 적합하다.
④ 기화용제가 만든 가스 상태의 보호막은 용접할 때 산화작용을 방지한다.
⑤ 슬래그에 의한 용접부 보호가 가능하다.
⑥ 용접자세에 제한이 없고 용접부 관찰이 용이하다.
⑦ 접합강도가 아크용접에 비해 낮다.
⑧ 아크용접에 비해 용접부의 오염이 잘 발생한다.
⑨ 열의 집중도가 낮아 열변형이 크고 가열 범위 및 용접 시간이 증가한다.

(3) 용접봉의 기호 ex) E43★●

① E : 피복 아크 용접봉
② 43 : 용착금속의 최저인장강도[kg_f/mm^2]
③ ★ : 용접자세 (0,1 : 전자세, 2 : 하향 · 수평자세, 3 : 하향자세, 4 : 전자세 · 특정자세)
④ ● : 피복제의 종류

(4) 피복제의 역할

① 산소 및 질소의 침입을 방지하여 산화 및 질화를 방지하고 용융금속을 보호한다.
② 용융금속 중 산화물을 탈산하고 불순물을 제거한다.
③ 아크의 발생과 유지를 안정되게 한다.
④ 용착금속의 급랭을 방지한다.
⑤ 전기절연 효과가 있다.
⑥ 기계적 성질을 개선한다.
⑦ 슬래그를 제거한다.
⑧ 합금 원소를 보충해준다.

(5) 아크용접

① 서브머지드 아크용접(Submerged Arc Welding)

노즐을 통해 중력으로 용접부에 공급되는 과립 용제로 용접아크를 덮고, 소모성 용접봉을 사용하며, 용접건의 관을 통해 자동 공급한다. 용접부가 직선 형상일 때 주로 사용한다.

② 불활성가스 아크용접(Inert Gas Shielded Arc Welding)

고온에서도 금속과 반응하지 않는 불활성가스(아르곤 : Ar, 헬륨 : He)를 공급하여 금속전극(MIG) 또는 텅스텐(TIG)과 모재 사이에 아크를 발생시켜 용접하는 방법이다. 용제를 전혀 사용하지 않으므로 슬래그가 없다.

㉠ 금속 아크 용접(MIG 용접) : 소모성 금속전극과 모재 사이에 아크가 발생한다.

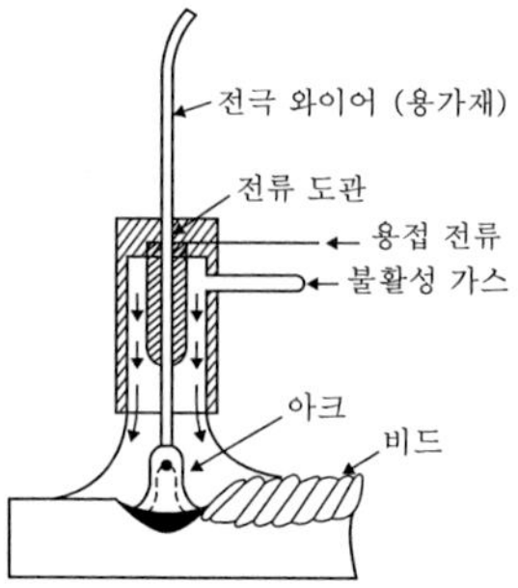

▌금속 아크 용접(MIG 용접)

㉡ 텅스텐 아크 용접(TIG 용접)

용접을 생성하기 위하여 비소모식 텅스텐 전극을 사용한 아크 용접이다. 불활성 가스인 아르곤 또는 헬륨이 대기로부터 보호하고, 용제를 사용하지 않으므로 후처리가 용이하다.

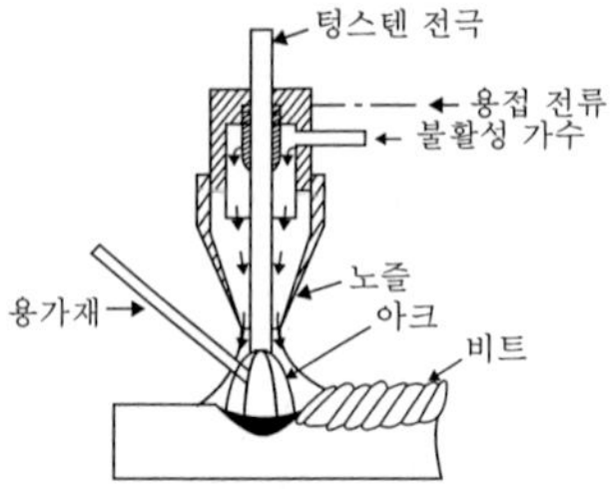

▌텅스텐 아크 용접(TIG 용접)

③ 탄산가스 아크용접(CO_2 Gas Shielded Arc Welding)

모재와 전극 와이어 사이에서 발생한 아크에 의해 생성되는 탄산가스가 용접부를 대기로부터 보호하며 진행되는 용접이다.

④ 직류 아크용접(Direct Current Arc Welding)

직류 전원을 사용하는 아크 용접법이고, 정극성과 역극성이 존재하며, 둘 중 한 극성을 선택하여 작업이 가능하다.

(6) 특수용접

① 테르밋 용접(Thermit Welding)

산화철 분말과 알루미늄 분말을 혼합하여 점화시키면 산화알루미늄(Al_2O_3)과 철(Fe)을 생성하면서 높은 열이 발생한다. 철도레일, 잉곳몰드와 같은 대형 강주조물이나 단조물의 균열 보수, 기계 프레임, 선박용 키의 접합 등에 적용된다. 설비가 간단하고 설치비가 저렴하며 용접변형이 적고 용접시간이 짧고, 용접 접합강도가 낮다.

② 고상용접(Solid−state Welding)

접합부를 액상으로 용해시키지 않고 접합 시키는 방법이다. 종류로는 냉간용접, 확산용접, 초음파용접, 마찰용접, 저항용접, 폭발용접이 있다.

③ 레이저 빔 용접(=레이저 용접, Lazer Beam Welding)

단일 파장의 고에너지 빛을 침투시켜 좁고 깊은 접합부를 용접하는 데 유리하고, 수축과 뒤틀림이 작으며 용접부의 품질이 뛰어나다. 반사도가 높은 용접 재료인 경우, 용접효율이 감소될 수 있으며 진공 또는 불활성가스 분위기에서 진행한다.

④ 전자 빔 용접(Electron Beam Welding)

진공상태에서 고속 전자빔에 의하여 발생되는 열을 이용하는 용접법으로 모재의 열변형이 매우 적다.

(7) 전기저항용접

전기가 금속을 흐를 때, 금속의 저항이나 접촉부의 저항에 의해 발생하는 열을 이용하여 금속끼리 접합하는 용접이다.

- 작업속도가 빠르기 때문에 대량생산이 가능하다.
- 전극과 모재 사이의 접촉저항을 작게한다.
  ($Q=I^2RT$에의하여 저항(R)이 작을수록 전류(I)가 많이 흐르기 때문에 용접이 용이하다.)
- 통전시간에 따라 용접량이 다르기 때문에 모재의 재질 및 두께 등에 맞추어 조절하여야 한다.
- 전기에너지가 열에너지로 변환되는 원리에 의해 금속의 전기저항 특성을 이용한다.

① 겹치기 용접

㉠ 점용접(=스폿용접, Spot Welding)

환봉모양의 구리합금 전극 사이에 모재를 겹쳐 놓고 전류를 통할 때 발생하는 저항열로 접합하는 용접이다. 자동차, 가전제품 등 얇은 판의 접합에 사용한다.

㉡ 프로젝션 용접(Projection welding)

모재의 한쪽 판에 돌기(projection)를 만들어 전류를 통할 때 발생하는 저항열로 접합하는 용접이다.

i) 돌기부는 서로 다른 금속일 때 열전도율이 큰 쪽 또는 두꺼운 판재에 만든다.
ii) 두께나 열용량이 서로 다른 판도 쉽게 용접할 수 있다.
iii) 용접속도가 빠르고 용접신뢰도가 높다.
iv) 점용접과 같은 원리이다.

㉢ 심용접(Seam Welding)

회전하는 휠 또는 롤러 형태의 전극으로 연속적으로 점용접 하는 용접이다. 기밀성을 요하는 관 및 용기 제작 등에 사용되고, 통전 방법으로는 단속 통전법이 많이 쓰인다.

② 맞대기 용접

㉠ 업셋용접(Upset Welding)

2개의 모재 단면을 맞대고 전류를 통하여 저항열을 이용해서 접합부의 온도를 높이고, 용접하기에 알맞은 온도가 되었을 때 강력하게 가압하여 접합하는 용접이다.

ⓛ 플래시용접(Flash Welding)

2개의 모재 단면을 맞대고 전류를 통한 후, 순간적으로 사이를 띄움으로써 발생하는 스파크(flash)전류로 접합하는 용접이다.

ⓒ 맞대기 심용접(Butt Seam Welding)

금속 부재의 끝면을 맞대고 전류를 통하여 저항열을 이용해서 접합부의 온도를 높이고, 부재를 가압하여 이음을 따라 연속적으로 접합하는 용접이다.

(8) 용접부의 결함

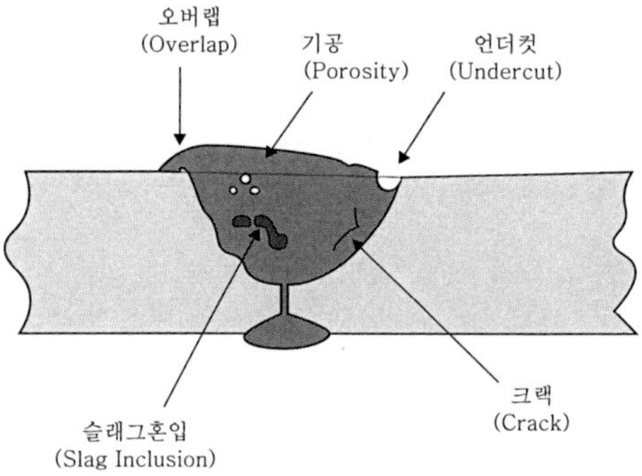

▌용접부의 결합의 형태

① 언더컷(Undercut)

모재의 용접홈에 용착금속이 채워지지 않고 빈 공간으로 남아있는 부분이다.

– 언더컷 발생원인

㉠ 아크 길이가 너무 길 때
㉡ 전압 및 전류가 너무 과할 때
㉢ 용접봉 선택이 부적당할 때
㉣ 용접 속도가 너무 빠를 때
㉤ 불규칙한 와이어를 송급할 때
㉥ 토치 각도가 부적절할 때

② 오버랩(Overlap)

용착금속이 모재에 융합되지 않고 겹친부분이다.

③ 기공(Porosity)

용접부에 작은 구멍이 산재되어 있는 형태로서 가장 취약한 상황으로 용접부를 완전히 제거한 후 재용접하여야 한다.

④ 슬래그혼입(Slag Inclustion)

슬래그가 완전히 부상하지 못하고 용착금속의 속에 섞여있는 상태로서 용접부를 취약하게 하며, 크랙을 일으키는 주원인이다.

⑤ 크랙(Crack)

용착금속이 냉각후 실 모양의 균열이 형성되어 있는 상태로서 열간 및 냉간균열이 있다.

⑥ 용접선(=웰드마크, Weld Line)

용융 플라스틱이 중력 내에서 분리되어 흐르다 서로 만나는 부분에서 생기는 사출결함으로 주조과정에서 나타나는 콜드셧과 유사하다.

기계공작법

03. 측정기와 용접가공

01

최소 측정 단위가 $0.05mm$인 버니어 캘리퍼스를 이용한 측정 결과가 그림과 같을 때 측정값$[mm]$은? (단, 아들자와 어미자 눈금이 일직선으로 만나는 화살표 부분의 아들자 눈금은 4이다)

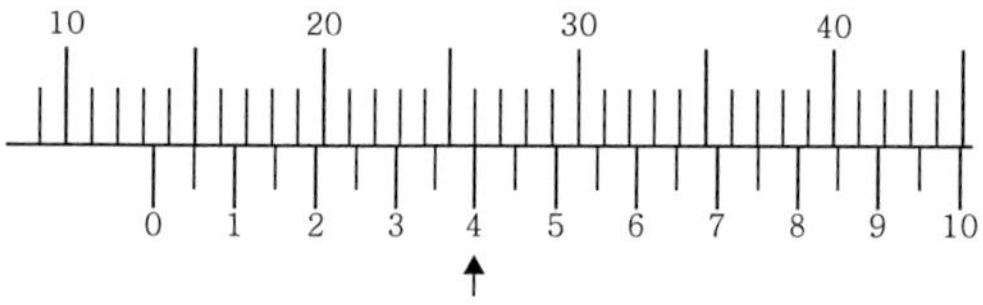

① 13.2 ② 13.4
③ 26.2 ④ 26.4

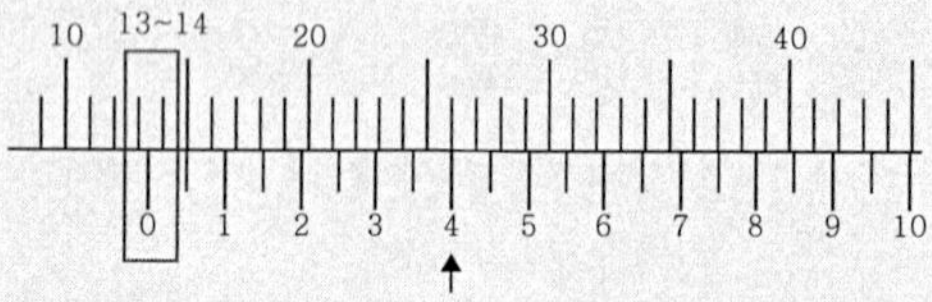

어미자의 눈금은 13~14에 위치하므로 $13mm$이고, 아들자와 어미자의 눈금이 일치하는 곳의 아들 자 눈금이 4이므로 $0.4mm$이다.

$\therefore 13+0.4 = 13.4mm$

02

버니어 캘리퍼스의 길이 측정이 그림과 같을 때 측정값$[mm]$은? (단, 아들자는 $39mm$를 20등분한 것이다)

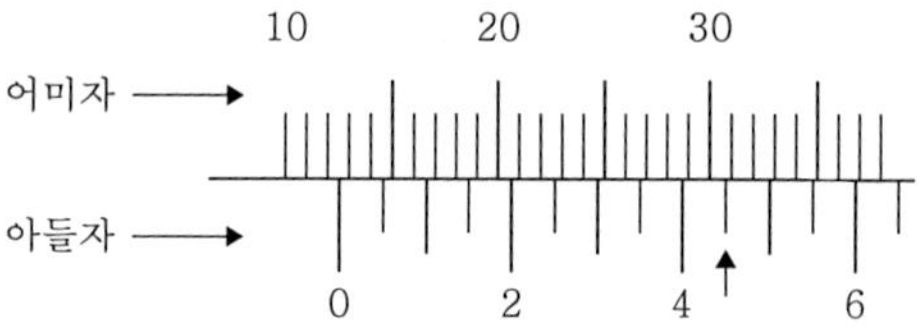

※ 아들자 9번째 눈금과 일치

① 12.20 ② 12.30
③ 12.45 ④ 12.90

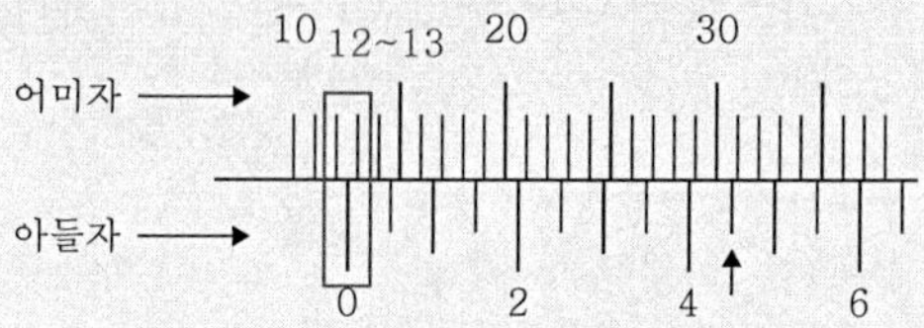

※ 아들자 9번째 눈금과 일치

어미자의 눈금은 12~13에 위치하므로 $12mm$이고, 아들자의 9번째 눈금과 일치하고 아들자의 눈금 하나는 20등분 이므로, $0.05mm$이기 때문에,

$0.05\times9=0.45mm$

∴측정값=어미자+아들자=12+0.45=12.45mm

03

길이의 변화를 나사의 회전각과 지름에 의해 확대하고 확대된 길이에 눈금을 붙여 미소의 길이변화를 읽도록 한 측정기기는?

① 버니어 캘리퍼스(vernier calipers)
② 마이크로미터(micrometer)
③ 하이트 게이지(height gauge)
④ 한계 게이지(limit gauge)

***마이크로미터(Micrometer)**
길이의 변화를 나사의 회전각과 지름에 의해 확대하고 확대된 길이는 눈금을 붙여 미소의 길이변화를 읽도록한 측정기기

01.② 02.③ 03.②

04

그림은 마이크로미터의 측정 눈금을 나타낸 것이다. 측정값은?

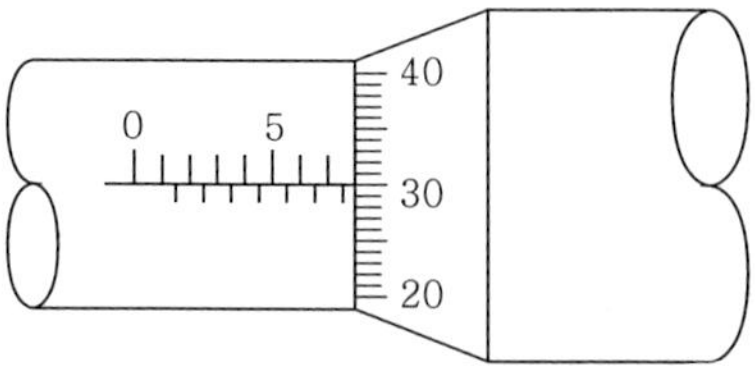

① 1.35mm ② 1.85mm
③ 7.35mm ④ 7.80mm

슬리브의 눈금 7.5mm
심볼의 눈금 : 0.30mm

∴측정값=슬리브의 눈금+심볼의 눈금=7.5+0.30 = 7.80mm

05

다음 그림의 마이크로미터 측정값에 가장 가까운 것은?

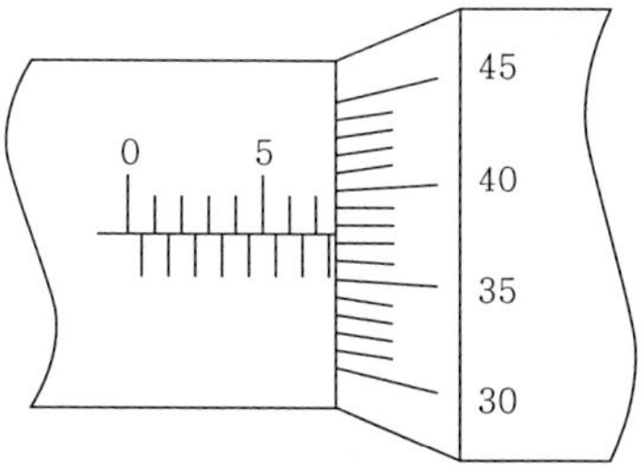

① 7.87 ② 7.97
③ 37.87 ④ 37.97

슬리브의 눈금 7.5mm
심볼의 눈금 : 0.37mm

∴측정값=슬리브의 눈금+심볼의 눈금=7.5+0.37 = 7.87mm

06

측정기에 대한 설명으로 옳은 것은?

① 버어니어 캘리퍼스가 마이크로미터보다 측정 정밀도가 높다.
② 사인 바(sine bar)는 공작물의 내경을 측정한다.
③ 다이얼 게이지(dial gage)는 각도 측정기이다.
④ 스트레이트 에지(straight edge)는 평면도의 측정에 사용된다.

① 버니어 캘리퍼스가 마이크로미터보다 측정정밀도가 낮다.
② 사인 바는 공작물의 각도를 측정한다.
③ 다이얼 게이지는 길이 측정기이다.

07

기계공작용 측정기에 대한 설명으로 가장 옳은 것은?

① 다이얼 게이지는 구멍의 안지름을 측정할 수 있다.
② 블록 게이지는 원기둥의 진원도를 측정할 수 있다.
③ 마이크로미터는 회전체의 흔들림을 측정할 수 있다.
④ 버니어 캘리퍼스는 원통의 바깥지름, 안지름, 깊이를 측정할 수 있다.

① 다이얼 게이지는 구멍의 안지름을 측정할 수 없다.
② 블록 게이지는 원기둥의 진원도를 측정할 수 없다.
③ 마이크로미터는 회전체의 흔들림을 측정할 수 없다.

08

원통의 진원도, 축의 흔들림 등의 측정에 사용되는 비교 측정기로 가장 옳은 것은?

① 다이얼 게이지(dial gauge)
② 마이크로미터(micrometer)
③ 버니어 캘리퍼스(vernier calipers)
④ 한계 게이지(limit gauge)

*다이얼 게이지(Dial Gauge)
기어장치를 이용하여, 평면도, 진원도, 축의 흔들림 등의 측정에 사용되는 비교 측정기

09

허용할 수 있는 부품의 오차 정도를 결정한 후 각각 최대 및 최소 치수를 설정하여 부품의 치수가 그 범위 내에 드는지를 검사하는 게이지는?

① 블록 게이지
② 한계 게이지
③ 간극 게이지
④ 다이얼 게이지

*한계 게이지(Limit Gauge)
허용할 수 있는 부품의 오차 정도를 결정한 후 각각 최대 및 최소 치수를 설정하여 부품의 치수가 그 범위 내에 드는지를 검사하는 게이지

10

봉재의 지름이나 판재의 두께를 측정하는 게이지는?

① 와이어 게이지(wire gauge)
② 틈새 게이지(thickness gauge)
③ 반지름 게이지(radius gauge)
④ 센터 게이지(center gauge)

*와이어게이지(wire gauge)
각종 철강선의 굵기, 박강판의 두께를 측정하여 번호로 표시되는 게이지.

11

두께가 다른 여러 장의 강재 박판(薄板)을 겹쳐서 부채살 모양으로 모은 것이며 물체 사이에 삽입하여 측정하는 기구는?

① 와이어 게이지　② 롤러 게이지
③ 틈새 게이지　④ 드릴 게이지

*틈새 게이지
여러 장의 강(steel) 박판을 겹쳐서 부채살 모양으로 모은 것. 부품 틈새에 삽입해 틈새를 측정한다.

12

오토콜리메이터의 부속품이 아닌 것은?

① 평면경　② 콜리 프리즘
③ 펜타 프리즘　④ 폴리곤 프리즘

*오토콜리메이터(autocolimator)
콜리메이터가 광학장치의 테스트 같은 데 사용하는 장치이다. 오토콜리메이터는 미소 각도나 진동 같은 거 광학적으로 측정하는 기구이다. 오토콜리메이터 망원경이라고도함. 부속품으로 평면경 프리즘, 펜타 프리즘, 폴리곤 프리즘 등이 있다.

08.① 09.② 10.① 11.③ 12.②

13

수정 또는 유리로 만들어진 것으로 광파 간섭 현상을 이용한 측정기는?

① 공구 현미경
② 실린더 게이지
③ 옵티컬 플랫
④ 요한슨식 각도게이지

*옵티컬 플렛(optical flat)
광파간섭현상을 이용해 평면도 측정. 주로 마이크로미터 측정면의 평면도 검사

14

버니어 캘리퍼스(vernier calipers)로 측정하는 것이 적절하지 않은 것은?

① 두께 15mm의 철판 두께
② $M10$ 나사의 유효 지름
③ 지름 18mm인 환봉의 외경
④ 지름 30mm인 파이프 내경

*나사 유효지름 측정법 종류
① 삼침법
② 나사마이크로미터
③ 공구현미경 등

15

다음 중 나사의 각도, 피치, 호칭지름의 측정이 가능한 측정기는?

① 사인바　　② 정밀수준기
③ 공구현미경　　④ 버니어캘리퍼스

*공구현미경(tool maker's microscope)
피측정물을 확대관측하여 나사의 안지름, 바깥지름, 골지름, 유효지름, 중심거리, 테이퍼, 나사의 피치, 나사산의 각도 등을 측정한다.

16

측정 대상물을 지지대에 올린 후 촉침이 부착된 이동대를 이동하면서 촉침(probe)의 좌표를 기록함으로써, 복잡한 형상을 가진 제품의 윤곽선을 측정하여 기록하는 측정기기는?

① 공구 현미경
② 윤곽 투영기
③ 삼차원 측정기
④ 마이크로미터

*3차원 측정기(3D Coordinate Measuring Machine)
측정 대상물을 지지대에 올린 후 촉침이 부착된 이동대를 이동하면서 촉침의 좌표를 기록함으로써, 복잡한 형상을 가진 제품의 윤곽선을 측정하여 기록하는 측정기기

13.③ 14.② 15.③ 16.③

17

윤곽투영기(optical comparator)에 대한 설명으로 옳은 것은?

① 빛의 간섭무늬를 이용해서 평면도를 측정하는데 사용한다.
② 측정침이 물체의 표면 위치를 3차원적으로 이동하면서 공간 좌표를 검출하는 장치이다.
③ 피측정물의 실제 모양을 스크린에 확대 투영하여 길이나 윤곽 등을 검사하거나 측정한다.
④ 랙과 피니언 기구를 이용해서 측정자의 직선운동을 회전운동으로 변환시켜 눈금판에 나타낸다.

***윤곽투영기(Optical Comparator)**
피측정물의 실제 모양을 스크린에 확대 투영하여 길이나 윤곽 등을 검사하거나 측정에 이용된다.

① 광선정반에 대한 설명
③ 3차원 측정기에 대한 설명
④ 다이얼게이지에 대한 설명

18

용접의 종류 중 융접에 해당하지 않는 것은?

① 저항용접 ② 가스용접
③ 아크용접 ④ 플라즈마용접

***융접의 종류**
① 가스 용접
② 아크 용접
③ 플라즈마 용접
④ TIG 용접
⑤ MIG 용접
⑥ 전자빔 용접
⑦ 레이저 용접
⑧ 테르밋 용접
⑨ 일렉트로 슬래그 용접

① 저항용접 -압접

19

다음 용접법 중에서 압접법(pressure welding)에 해당하는 것만을 올바르게 묶은 것은?

① 시임용접, 마찰용접, 아크용접
② 마찰용접, 전자빔용접, 점용접
③ 점용접, 레이저용접, 확산용섭
④ 마찰용접, 점용접, 시임용접

***압접법의 종류**
① 점용접
② 심용접
③ 프로젝션용접
④ 업셋용접
⑤ 플래시 용접
⑥ 충격용접
⑦ 마찰용접
⑧ 단접
⑨ 폭발압접
⑩ 초음파용접
⑪ 확산용접 등

20

다음 용접의 방법 중 고상용접이 아닌 것은?

① 확산용접(diffusion welding)
② 초음파용접(ultrasonic welding)
③ 일렉트로슬래그용접(electroslag welding)
④ 마찰용접(friction welding)

***고상용접**
접합부를 액상으로 용해시키지 않고 접합 시키는 방법

***고상용접 종류**
① 냉간용접
② 확산용접
③ 초음파용접
④ 마찰용접
⑤ 저항용접
⑥ 폭발용접

17.③ 18.① 19.④ 20.③

21

다음 중 산소-아세틸렌 용접을 통해 스테인리스강을 용접할 때, 적절한 산소와 아세틸렌의 비율(산소 : 아세틸렌)은?

① 2.0 : 1 ② 1.5 : 1
③ 1.1 : 1 ④ 0.9 : 1

산소-아세틸렌 용접을 통해 스테인리스강을 용접할 때의 산소 : 아세틸렌 비율은 0.9 :1이다.

22

산소 - 아세틸렌 용접법(OFW)의 설명으로 옳지 않은 것은?

① 화염크기를 쉽게 조절할 수 있다.
② 산화염, 환원염, 중성염 등의 다양한 종류의 화염을 얻을 수 있다.
③ 일반적으로 열원의 온도가 아크 용접에 비하여 높다.
④ 열원의 집중도가 낮아 열변형이 큰 편이다.

가스용접(산소-아세틸렌)은 아크용접에 비해 가스 제어가 용이하고 열원의 온도가 낮아 열에 약한 곳의 용접에 적합하다.

23

가스 용접에 대한 설명으로 옳지 않은 것은?

① 전기를 필요로 하며 다른 용접에 비해 열을 받는 부위가 넓지 않아 용접 후 변형이 적다.
② 표면을 깨끗하게 세척하고 오염된 산화물을 제거하기 위해 적당한 용제가 사용된다.
③ 기화용제가 만든 가스 상태의 보호막은 용접할 때 산화작용을 방지할 수 있다.
④ 가열할 때 열량 조절이 비교적 용이하다.

***가스 용접(Gas Welding)**
아세틸렌, 수소 등 가연성 가스와 산소를 혼합 연소시켜 발생하는 불꽃의 열로 모재를 용융시켜 접합하는 용접법

- 특징
① 전기가 필요 없고 다른 용접에 비해 열을 받는 부위가 넓어, 용접 후 변형 크다.
② 가스의 제어가 용이하다.
③ 영원의 온도가 낮아 열에 약한 금속 또는 박판 용접에 적합하다.
④ 기화용제가 만든 가스 상태의 보호막은 용접할 때 산화작용을 방지한다.
⑤ 용제에 의한 슬래그에 의한 용접부 보호가 가능하다.
⑥ 용접자세에 제한이 없고 용접부 관찰이 용이하다.
⑦ 접합강도가 아크용접에 비해 낮다.
⑧ 아크용접에 비해 용접부의 오염이 잘 발생한다.
⑨ 열의 집중도가 낮아 열변형이 크고 가열 범위 및 시간이 많아진다.

21.④ 22.③ 23.①

24

연강용 아크 용접봉에서 그 규격을 나타낼 때, $E4301$에서 43이 의미하는 것은?

① 피복제의 종류
② 용착 금속의 최저 인장강도
③ 용접 자세
④ 아크 용접시의 사용 전류

*용접봉 규격(E4301)
E : 피복 아크 용접봉
43 : 용착 금속의 최저 인장강도[kg_f/mm^2]
0 : 용접자세 중 전자세
1 : 피복제의 종류

*용접자세
0, 1 : 전자세
2 : 하향 · 수평자세
3 : 하향자세
4 : 전자세 · 특정자세

25

피복금속 용접봉의 피복제 역할을 설명한 것으로 옳지 않은 것은?

① 수소의 침입을 방지하여 수소기인균열의 발생을 예방한다.
② 용융금속 중의 산화물을 탈산하고 불순물을 제거하는 작용을 한다.
③ 아크의 발생과 유지를 안정되게 한다.
④ 용착금속의 급랭을 방지한다.

*피복제 역할
① 산소 및 질소의 침입을 방지하여 산화 및 질화를 방지하고 용융금속을 보호한다.
② 용융금속 중 산화물을 탈산하고 불순물을 제거한다.
③ 아크의 발생과 유지를 안정되게 한다.
④ 용착금속의 급랭을 방지한다.(냉각속도 지연)
⑤ 전기절연 효과가 있다.
⑥ 기계적 성질을 개선한다.
⑦ 슬래그를 제거한다.
⑧ 합금 원소를 보충해준다.

26

〈보기〉에서 설명하는 특징을 모두 만족하는 용접공정으로 가장 옳은 것은?

〈보기〉

- 노즐을 통해 중력으로 용접부에 공급되는 과립 용제로 용접아크를 덮는다.
- 소모성 용접봉을 사용하며, 용접건의 관을 통해 자동 공급한다.

① 가스방호금속아크용접(GMAW, gas metal arc welding)
② 서브머지드아크용접(SAW, submerged arc welding)
③ 유심용제아크용접(FCAW, flux-cored arc welding)
④ 일렉트로가스용접(EGW, electrogas welding)

*서브머지드 아크용접(SAW)
노즐을 통해 중력으로 용접부에 공급되는 과립 용제로 용접아크를 덮고, 소모성 용접봉을 사용하며, 용접건의 관을 통해 자동 공급한다. 용접부가 직선 형상일 때 주로 사용한다.

27

서브머지드 아크용접에 대한 설명으로 옳지 않은 것은?

① 용접부가 곡선 형상일 때 주로 사용한다.
② 아크가 용제 속에서 발생하여 보이지 않는다.
③ 용접봉의 공급과 이송 등을 자동화한 자동 용접법이다.
④ 복사열과 연기가 많이 발생하지 않는다.

24.② 25.① 26.② 27.①

*서브머지드 아크용접(SAW)
노즐을 통해 중력으로 용접부에 공급되는 과립 용제로 용접아크를 덮고, 소모성 용접봉을 사용하며, 용접건의 관을 통해 자동 공급한다. 용접부가 직선 형상일 때 주로 사용한다.

28

각종 용접법에 대한 설명으로 옳은 것은?

① TIG용접(GTAW)은 소모성인 금속전극으로 아크를 발생시키고, 녹은 전극은 용가재가 된다.
② MIG용접(GMAW)은 비소모성인 텅스텐 전극으로 아크를 발생시키고, 용가재를 별도로 공급하는 용접법이다.
③ 일렉트로 슬래그 용접(ESW)은 산화철 분말과 알루미늄 분말의 반응열을 이용하는 용접법이다.
④ 서브머지드 아크 용접(SAW)은 노즐을 통해 용접부에 미리 도포된 용제(flux) 속에서, 용접봉과 모재 사이에 아크를 발생시키는 용접법이다.

① TIG용접은 비소모성 전극을 사용
② MIG용접은 소모성 전극을 사용
③ 테르밋용접은 산화철 분말과 알루미늄 분말의 반응열을 이용하는 용접법으로 일렉트로 슬래그 용접은 아크를 발생시켜 모재와 플럭스를 용융시킨 후 용융슬래그의 전기저항열로 와이어와 모재를 용융시켜 용접한다.

29

***TIG* 용접에 대한 설명으로 옳지 않은 것은?**

① 불활성 가스인 아르곤이나 헬륨 등을 이용한다.
② 소모성 전극을 사용하는 아크 용접법이다.
③ 텅스텐 전극을 사용한다.
④ 용제를 사용하지 않으므로 후처리가 용이하다.

*텅스텐 아크 용접(TIG)
용접을 생성하기 위하여 비소모식 텅스텐 전극을 사용한 아크 용접 공정으로 용접 영역은 불활성 차폐 가스인 아르곤 또는 헬륨이 대기 오염으로부터 금속에 섞여 들어가는 것을 보호하고, 용제를 사용하지 않으므로 후처리가 용이하다.

30

다음 중에서 불활성 가스 아크 용접법에 대한 설명으로 옳지 않은 것은?

① 아르곤, 헬륨 등과 같이 고온에서도 금속과 반응하지 않는 불활성 가스를 차폐가스로 하여 대기로부터 아크와 용융 금속을 보호하며 행하는 아크 용접이다.
② 비소모성 텅스텐 봉을 전극으로 사용하고 별도의 용가재를 사용하는 MIG용접(불활성 가스 금속 아크 용접)이 대표적이다.
③ 불활성 가스는 용접봉 지지기 내를 통과시켜 용접물에 분출시키며 보통의 아크 용접법보다 생산비가 고가이다.
④ 용접부가 불활성 가스로 보호되어 용가재 합금 성분의 용착 효율은 거의 100 %에 가깝다.

MIG(불활성 가스 금속 아크용접)는 소모성 전극을 사용하고 비소모성 텅스텐 봉을 전극으로 사용하는 용접법은 TIG(불활성 가스 텅스텐 아크용접) 용접법이다.

31

다음 중 정극성과 역극성이 존재하며, 둘 중 한 극성을 선택하여 작업할 수 있는 용접은 어느 것인가?

① 직류 아크 용접
② 산소 – 아세틸렌 가스 용접
③ 테르밋(thermit) 용접
④ 레이저빔(laser–beam) 용접

28.④ 29.② 30.② 31.①

*직류 아크 용접(Direct Current Arc Welding)
직류 전원을 사용하는 아크 용접법이고, 정극성과 역극성이 존재하며, 둘 중 한 극성을 선택하여 작업이 가능하다.

32

주조, 단조, 리벳이음 등을 대신하는 금속적 결합법에 속하는 테르밋 용접(thermit welding)에 대한 설명이다. 다음 내용 중 옳지 않은 것은?

① 산화철과 알루미늄 분말의 반응열을 이용한 것이다.
② 용접 접합강도가 높다.
③ 용접 변형이 적다.
④ 주조용접과 가압용접으로 구분된다.

33

다음 설명에 해당하는 용접법은?

ㅇ 산화철 분말과 알루미늄 분말을 혼합하여 점화시키면 산화알루미늄(Al2O3)과 철(Fe)을 생성하면서 높은 열이 발생한다. ㅇ 철도레일, 잉곳몰드와 같은 대형 강주조물이나 단조물의 균열 보수, 기계 프레임, 선박용 키의 접합 등에 적용된다.

① 가스 용접(gas welding)
② 아크 용접(arc welding)
③ 테르밋 용접(thermit welding)
④ 저항 용접(resistance welding)

34

산화철 분말과 알루미늄 분말의 혼합물을 이용하는 용접방법은?

① 플러그 용접 ② 스터드 용접
③ TIG 용접 ④ 테르밋 용접

35

테르밋 용접에 대한 설명으로 옳지 않은 것은?

① 금속 산화물이 알루미늄에 의하여 산소를 빼앗기는 반응을 이용한 용접이다.
② 레일의 접합, 차축, 선박의 선미 프레임 등 비교적 큰 단면을 가진 주조나 단조품의 맞대기 용접과 보수 용접에 사용된다.
③ 설비가 간단하여 설치비가 적게 들지만 용접변형이 크고 용접시간이 많이 걸린다.
④ 알루미늄 분말과 산화철 분말의 혼합반응으로 발생하는 열로 접합하는 용접법이다.

*테르밋 용접(Thermit Welding)
산화철 분말과 알루미늄 분말을 혼합하여 점화시키면 산화알루미늄(Al_2O_3)과 철(Fe)을 생성하면서 높은 열이 발생한다. 철도레일, 잉곳몰드와 같은 대형 강주조물이나 단조물의 균열 보수, 기계 프레임, 선박용 키의 접합 등에 적용된다. 설비가 간단하고 설치비가 저렴하며 용접변형이 적고 용접시간이 짧고, 용접 접합강도가 낮다. 주조용접과 가압용접으로 구분된다.

32.② 33.③ 34.④ 35.③

36

레이저 용접에 대한 설명으로 옳지 않은 것은?

① 좁고 깊은 접합부를 용접하는 데 유리하다.
② 수축과 뒤틀림이 작으며 용접부의 품질이 뛰어나다.
③ 반사도가 높은 용접 재료의 경우, 용접효율이 감소될 수 있다.
④ 진공 상태가 반드시 필요하며, 진공도가 높을수록 깊은 용입이 가능하다.

***레이저 빔 용접(Lazer Beam Welding)**
단일 파장의 고에너지 빛을 침투시켜 좁고 깊은 접합부를 용접하는 데 유리하고, 수축과 뒤틀림이 작으며 용접부의 품질이 뛰어나고, 반사도가 높은 용접 재료인 경우, 용접효율이 감소될 수 있으며, 진공 또는 불활성가스 분위기에서 진행한다.

37

다음 용접방법 중 모재의 열변형이 가장 적은 것은?

① 가스 용접법
② 서브머지드 아크 용접법
③ 플라즈마 용접법
④ 전자 빔 용접법

***전자 빔 용접(Electron Beam Welding)**
진공상태에서 고속 전자빔에 의하여 발생되는 열을 이용하는 용접법으로 모재의 열변형이 매우 적다.

38

금속의 접촉부를 상온 또는 가열한 상태에서 압력을 가하여 결합시키는 용접은?

① 가스 용접　　② 아크 용접
③ 전자빔 용접　　④ 저항 용접

39

저항용접에 대한 설명으로 옳지 않은 것은?

① 작업속도가 느려 대량생산에 적용하기 어렵다.
② 전극과 모재 사이의 접촉저항을 작게 한다.
③ 통전시간은 모재의 재질, 두께 등에 따라 다르다.
④ 금속의 전기저항 특성을 이용한다.

***저항 용접**
전기가 금속 속을 흐를 때 금속 자신의 저항이나 접촉부의 저항에 의해 열이 발생하여 이 저항열을 이용하여 금속끼리 접합하는 방식(전기에너지가 열에너지로 변환되는 원리)

-특징
① 작업속도가 빠르기 때문에 대량생산이 가능하다.
② 전극과 모재 사이의 접촉저항을 작게한다.
($Q = I^2RT$에의하여 저항(R)이 작을수록 전류(I)가 많이 흐르기 때문에 용접이 용이하다.)
③ 통전시간에 따라 용접량이 다르기 때문에 모재의 재질 및 두께 등에 맞추어 조절하여야 한다.
④ 전기에너지가 열에너지로 변환되는 원리에 의해 금속의 전기저항 특성을 이용한다.

***전기저항용접 분류**

겹치기 용접	맞대기 용접
① 점용접	① 업셋용접
② 심용접	② 플래시용접
③ 프로젝션용접	③ 충격용접

40

점(spot)용접, 심(seam)용접에 해당하는 용접방법은?

① 비피복 아크용접
② 피복 아크용접
③ 탄소 아크용접
④ 전기 저항용접

36.④ 37.④ 38.④ 39.① 40.④

41

전기저항 용접 방법 중 맞대기 이음 용접에 해당하지 않는 것은?

① 플래시 용접(flash welding)
② 충격 용접(percussion welding)
③ 업셋 용접(upset welding)
④ 프로젝션 용접(projection welding)

42

전기저항 용접법에서 겹치기 저항용접에 속하지 않는 것은?

① 점(spot) 용접
② 플래시(flash) 용접
③ 심(seam) 용접
④ 프로젝션(projection) 용접

***전기저항용접 분류**

겹치기 용접	맞대기 용접
① 점용접 ② 심용접 ③ 프로젝션용접	① 업셋용접 ② 플래시용접 ③ 충격용접

43

철판에 전류를 통전하며 외력을 이용하여 용접하는 방법은?

① 마찰 용접
② 플래쉬 용접
③ 서브머지드 아크 용접
④ 전자 빔 용접

***전기저항 용접(플래시 용접)**
철판에 전류를 통전하며 외력을 이용하여 용접하는 방법

44

다음 중 전기저항 용접법이 아닌 것은?

① 프로젝션 용접
② 심 용접
③ 테르밋 용접
④ 점 용접

***전기저항용접 분류**

겹치기 용접	맞대기 용접
① 점용접 ② 심용접 ③ 프로젝션용접	① 업셋용접 ② 플래시용접 ③ 충격용접

***테르밋 용접(Thermit Welding)**
산화철 분말과 알루미늄 분말을 혼합하여 점화시키면 산화알루미늄(Al_2O_3)과 철(Fe)을 생성하면서 높은 열이 발생한다. 철도레일, 잉곳몰드와 같은 대형 강주조물이나 단조물의 균열 보수, 기계 프레임, 선박용 키의 접합 등에 적용된다. 설비가 간단하고 설치비가 저렴하며 용접변형이 적고 용접시간이 짧고, 용접 접합강도가 낮다. 주조용접과 가압용접으로 구분된다.

45

(가), (나)의 설명에 해당하는 것은?

> (가) 회전하는 휠 또는 롤러 형태의 전극으로 금속판재를 연속적으로 점용접 하는 용접법이다.
> (나) 주축과 함께 회전하며 반경 방향으로 왕복 운동하는 다수의 다이로 봉재나 관재를 타격하여 직경을 줄이는 작업이다.

	(가)	(나)
①	마찰용접	스웨이징
②	심용접	스웨이징
③	심용접	헤딩
④	플래시용접	전조

41.④ 42.② 43.② 44.③ 45.②

*심용접(Seam Welding)
회전하는 휠 또는 롤러 형태의 전극으로 금속판재를 연속적으로 점용접 하는 방법으로 기체의 기밀, 액체의 수밀을 요하는 관 및 용기 제작 등에 적용되고, 통전 방법으로 단속 통전법에 많이 쓰인다.

*스웨이징(Swaging)
주축과 함께 회전하며 반경 방향으로 왕복 운동하는 다수의 다이로 봉재나 관재를 타격하여 직경을 줄이는 작업

46

〈보기〉의 설명에 해당하는 용접 방법으로 가장 옳은 것은?

〈보기〉

- 원판 모양으로 된 전극 사이에 용접 재료를 끼우고, 전극을 회전시키면서 용접하는 방법이다.
- 기체의 기밀, 액체의 수밀을 요하는 관 및 용기 제작 등에 적용된다.
- 통전 방법으로 단속 통전법이 많이 쓰인다.

① 업셋 용접(upset welding)
② 프로젝션 용접(projection welding)
③ 스터드 용접(stud welding)
④ 시임 용접(seam welding)

*심용접(Seam Welding)
회전하는 휠 또는 롤러 형태의 전극으로 금속판재를 연속적으로 점용접 하는 방법으로 기체의 기밀, 액체의 수밀을 요하는 관 및 용기 제작 등에 적용되고, 통전 방법으로 단속 통전법에 많이 쓰인다.

47

환봉모양의 구리합금 전극 사이에 모재를 겹쳐 놓고 전극으로 가압하면서 전류를 통할 때 발생하는 저항열로 접촉부위를 국부적으로 가압하여 접합하는 방법으로 자동차, 가전제품 등 얇은 판의 접합에 사용되는 용접법은?

① 맞대기 용접(butt welding)
② 점 용접(spot welding)
③ 심 용접(seam welding)
④ 프로젝션 용접(projection welding)

*점 용접(Spot Welding)
환봉모양의 구리합금 전극 사이에 모재를 겹쳐 놓고 전극으로 가압하면서 전류를 통할 때 발생하는 저항열로 접촉 부위를 국부적으로 가압하여 접합하는 방법으로, 자동차, 가전제품 등 얇은 판의 접합에 사용되는 용접법

48

소모성 전극을 사용하지 않는 용접법만을 모두 고른 것은?

ㄱ. 일렉트로가스 용접(electrogas welding)
ㄴ. 플라즈마 아크 용접(plasma arc welding)
ㄷ. 원자 수소 용접(atomic hydrogen welding)
ㄹ. 플래시 용접(flash welding)

① ㄱ, ㄴ
② ㄴ, ㄷ
③ ㄱ, ㄷ, ㄹ
④ ㄴ, ㄷ, ㄹ

*비소모성 전극을 사용하는 용접의 종류
① 플라즈마 아크 용접
② 원자 수소 용접
③ 플래시 용접
④ 텅스텐 아크 용접(TIG)
⑤ 탄소 아크 용접

46.④ 47.② 48.④

49

다음 중 비소모성전극 아크용접에 해당하는 것은?

① 가스텅스텐아크 용접(GTAW) 또는 TIG 용접
② 서브머지드아크 용접(SAW)
③ 가스금속아크 용접(GMAW) 또는 MIG 용접
④ 피복금속아크 용접(SMAW)

50

아크 용접법 중 전극이 소모되지 않는 것은?

① 피복 아크 용접법
② 서브머지드(submerged) 아크 용접법
③ TIG(tungsten inert gas) 용접법
④ MIG(metal inert gas) 용접법

***비소모성 전극을 사용하는 용접의 종류**
① 플라즈마 아크 용접
② 원자 수소 용접
③ 플래시 용접
④ 텅스텐 아크 용접(TIG)
⑤ 탄소 아크 용접

51

모재의 한쪽에 구멍을 뚫고 이를 용가재로 채워, 다른 쪽 모재와 접합하는 용접부의 종류는?

① 비드용접(bead weld)
② 플러그용접(plug weld)
③ 그루브용접(groove weld)
④ 덧살올림용접(build-up weld)

***플러그 용접(Plug Weld)**
모재의 한쪽에 구멍을 뚫고 이를 용가재로 채워, 다른 쪽 모재와 접합하는 용접법

***비드 용접(Bead Weld)**
접합하려고 하는 모재의 용접홈을 가공하지 않고 두 판을 맞대어 그 위에 비드를 용착시켜 용접하는 방법

***그루브 용접(Groove Weld)**
접합하는 모재사이의 홈을 그루브라 하고 그루브 부분에 행하는 용접법

***덧살올림용접(Build-up Weld)**
마멸된 부분이나 치수가 부족한 표면에 비드를 쌓아오리는 용접법

52

아크 용접의 이상 현상 중 용접 전류가 크고 용접 속도가 빠를 때 발생하는 현상으로 가장 옳은 것은?

① 오버랩 ② 스패터
③ 용입 불량 ④ 언더 컷

***언더컷(Under Cut)**
용접의 변끝을 따라 모재가 파여지고 용착금속이 채워지지 않고 홈으로 남아있는 부분

***언더컷 발생원인**
① 아크 길이가 너무 길 때
② 전압 및 전류가 너무 과할 때
③ 용접봉 선택이 부적당할 때
④ 용접 속도가 너무 빠를 때
⑤ 불규칙한 와이어를 송급할 때
⑥ 토치 각도가 부적잘할 때

49.① 50.③ 51.② 52.④

53

아크 용접 결함인 언더컷의 주요 발생원인으로 가장 옳지 않은 것은?

① 아크 길이가 너무 길 때
② 전류가 너무 낮을 때
③ 용접봉 선택이 부적당할 때
④ 용접 속도가 너무 빠를 때

*언더컷(Under Cut)
용접의 변끝을 따라 모재가 파여지고 용착금속이 채워지지 않고 홈으로 남아있는 부분

*언더컷 발생원인
① 아크 길이가 너무 길 때
② 전압 및 전류가 너무 과할 때
③ 용접봉 선택이 부적당할 때
④ 용접 속도가 너무 빠를 때
⑤ 불규칙한 와이어를 송급할 때
⑥ 토치 각도가 부적잘할 때

54

용융 플라스틱이 캐비티 내에서 분리되어 흐르다 서로 만나는 부분에서 생기는 것으로, 주조 과정에서 나타나는 콜드셧(coldshut)과 유사한 형태의 사출 결함은?

① 플래시(flash)
② 용접선(weld line)
③ 함몰자국(sink mark)
④ 주입부족(short shot)

*용접선(=웰드마크, Weld Line)
용융 플라스틱이 캐비티 내에서 분리되어 흐르다 서로 만나는 부분에서 생기는 사출결함으로 주조과정에서 나타나는 콜드셧과 유사하다.

53.② 54.②

Chapter 4

절삭가공과 선반가공

4-1 절삭가공

(1) 구성인선(Built up Edge)

바이트 날 끝의 고온, 고압 때문에 칩이 조금식 응착하여 단단해지는 것으로 표면정밀도를 감소시키고 표면 거칠기 값은 증가시킨다. 발생→성장→분열→탈락의 주기를 반복한다.

(2) 구성인선 감소 또는 방지법

① 경사각을 크게 한다. (약, 30° 이상)
② 절삭속도를 빠르게 한다.
③ 절삭깊이를 작게 한다.
④ 공구반경을 작게 한다.
⑤ 윤활성이 좋은 절삭유를 사용한다.
⑥ 이송을 작게 한다.
⑦ 마찰계수가 작은 절삭 공구를 사용한다.

(3) 절삭속도 : $V = \frac{\pi d N}{1000} [m/\text{min}]$

여기서, d : 공작물의 지름 $[mm]$, N : 주축의 회전수 $[rpm]$

(4) 절삭동력 : $L = \frac{FV}{60\eta} [kW]$

여기서, F : 주분력 $[kN]$, V : 절삭속 도$[m/\text{min}]$, η : 효율

(5) 절삭비 : $\gamma_c = \frac{t_1}{t_2} = \frac{\sin\phi}{\cos(\phi - \alpha)}$ 여기서, ϕ : 전단각[°], α : 경사각[°]

✔ 절삭비(γ_c)가 1에 가까울수록 절삭성이 좋다고 판단합니다.

(6) 전단각(ϕ, Shear Angle) : 아랫날에 대한 윗날의 기울기

① 박판에는 작게 후판에는 크게 한다.
② 전단각이 크면 절단된 판재의 끝면이 고르지 못하다.

(7) 절삭온도의 측정 방법

① 칩의 색깔에 의한 방법
② 열전대에 의한 측정법
③ 열량계에 의한 측정법
④ 복사 고온계에 의한 측정법
⑤ 공구/공작물 간 열전대 접촉에 의한 측정법
⑥ 시온 전대, pbs광전지를 이용한 측정법

(8) 테일러의 공구 수명 : $VT^n = C$

여기서, V : 절삭속도 [m/min], T : 공구수명 [min],
n : 공구와 공작물에 의한 지수, C : 공구 수명 상수

(9) 절삭유(=윤활제)의 사용목적

① 공작물의 공구 냉각
② 능률적으로 칩을 제거하며 표면 산화를 방지
③ 절삭공구와 칩 사이의 마찰저항 감소 및 절삭 성능 향상
④ 절삭열에 의한 정밀도 저하 방지
⑤ 공구의 연화를 방지하며 공구수명 연장
⑥ 윤활 작용으로 인한 절삭력 감소

(10) 절삭유가 갖추어야 할 조건

① 냉각성이 우수하고 윤활성, 유동성이 좋을 것
② 인화점, 발화점이 높고 휘발성이 없을 것
③ 화학적으로 안정되어 장시간 사용해도 변질되지 않고 인체에 무해할 것
④ 담색 또는 투명하여 절삭부분이 잘 보일 것
⑤ 칩 분리가 용이해 회수가 쉬울 것
⑥ 마찰계수가 작고 표면장력이 작아 칩의 발생부까지 잘 침투할 수 있을 것
⑦ 공작물과 공구에 녹이 슬게 하지 않을 것

(11) 절삭유 사용을 최소화하는 가공 방법

① 건절삭법으로 가공
② 절삭속도를 가능한 빠르게 하여 가공
③ 분무 냉각법 : 공기와 절삭유 혼합물을 미세 분무하며 가공하는 방법
④ 극저온 절삭법 : 극저온의 액체질소를 공구와 공작물 접촉면에 분사하는 방법

(12) 절삭 바이트에서 마찰력의 결정에 영향을 미치는 요인

① 절삭유 ② 절삭 깊이 ③ 절삭 속도
④ 공구의 재질 ⑤ 공구의 형상

(13) 절삭 공구 재료의 경도 순서

다이아몬드 > CBN > 세라믹 > 서멧 > 초경합금 > 고속도강 > 탄소공구강

(14) 절삭성이 좋은 공구의 기준

① 작은 절삭력과 절삭동력 ② 긴 공구수명
③ 가공품이 우수한 표면정밀도 및 표면완전성 ④ 수거가 용이한 칩의 형태
⑤ 높은 재료 제거율

(15) 절삭공구의 피복재가 갖춰야 할 성질

① 낮은 열전도도
② 높은 고온경도와 충격저항 및 절삭저항
③ 공구 모재와의 양호한 접착성
④ 공작물 재료와의 화학적 불활성
⑤ 내마모성
⑥ 재연마의 용이성
⑦ 가격의 경제성

(16) 절삭저항의 3분력

① 주분력
② 배분력
③ 이송분력

4-2 선반가공

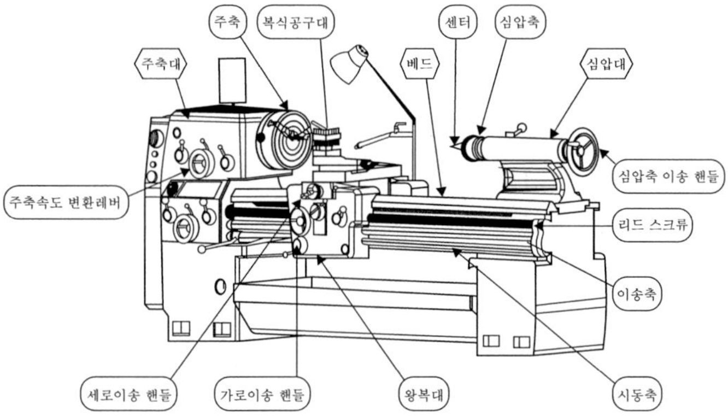

▌선반의 구성요소

선반은 원형 공작물을 심압대에 고정시켜 공작물을 회전시켜 가공한다.

(1) 척(Chuck) : 선반 부속장치 중의 하나로, 선반의 주축 끝에 장치하여 공작물을 유지하는 부속장치이다.

종류	사진	설명
단동척		조(Jaw)가 4개이며 단독으로 움직인다. 개별적인 움직임이 가능하므로 불규칙한 공작물을 가공할 때 사용한다.
연동척		조(K=Jaw)가 3개이며 동시에 움직인다. 규칙적인 공작물을 가공할 때 사용한다.
양용척 (=복동척)		단동척과 연동척이 결합된 형태로 대량의 불규칙한 공작물의 고정시 유용하다.
마그네틱 척		척 내부에 전자석이 있기 때문에 자력으로 고정할 수 있고, 얇은 판의 공작물을 변형없이 고정 가능하다. 하지만 비자성체는 고정이 불가능하며 강력 절삭이 힘든 편이다.
콜릿척		원주를 따라 슬릿(Slit)이 배열된 관형 구조의 선삭용 공작물 고정장치이다.
공기척		공기의 압력을 이용하여 공작물을 고정할 수 있고 조의 개폐가 신속하며 운전중에도 작업이 가능하다.

(2) 절삭속도 : $V = \frac{\pi dN}{1000}\,[m/\min]$

여기서, d : 공작물의 지름 $[mm]$, N : 주축의 회전수 $[rpm]$

(3) 절삭시간(가공시간) : $T = \frac{\ell}{NS}\,[\min]$

여기서, ℓ :가공길이 $[mm]$, N : 주축의 회전수 $[rpm]$

$S(=f)$: 이송 $[mm/rev]$

(4) 절삭동력 : $H = \frac{PV}{60}\,[kW]$

여기서, P : 주분력$[kN]$, V : 절삭속도$[m/\min]$

(5) 테이퍼절삭방법

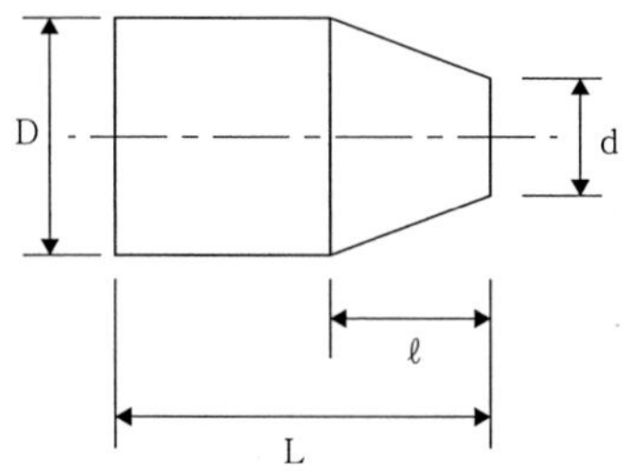

▌심압대 편위에 의한 테이퍼 절삭방법

편위량 : $x = \frac{(D-d)L}{2\ell}$

만약 $L=\ell$ 이면 편위량 $x = \frac{D-d}{2}$

Memo

핵심 예상문제

기계공작법

04. 절삭가공과 선반가공

01

구성인선(built-up edge, BUE)에 대한 설명으로 가장 옳지 않은 것은?

① 구성인선으로 인한 가공면의 표면 거칠기의 값은 작아진다.
② 절삭유와 윤활성이 좋은 윤활제 사용으로 방지할 수 있다.
③ 발생과정은 발생 → 성장 → 분열 → 탈락의 순서로 주기적으로 반복된다.
④ 절삭 속도를 높게 하거나, 절삭 깊이를 적게 하여 방지할 수 있다.

02

바이트 날 끝의 고온, 고압 때문에 칩이 조금씩 응착하여 단단해진 것을 무엇이라 하는가?

① 구성인선(built-up edge)
② 채터링(chattering)
③ 치핑(chipping)
④ 플랭크(flank)

03

〈보기〉에서 구성인선(BUE : Built-Up Edge)을 억제하는 방법에 해당하는 것을 옳게 짝지은 것은?

〈보기〉

ㄱ. 절삭깊이를 깊게 한다.
ㄴ. 공구의 절삭각을 크게 한다.
ㄷ. 절삭속도를 빠르게 한다.
ㄹ. 칩과 공구 경사면상의 마찰을 작게 한다.
ㅁ. 절삭유제를 사용한다.
ㅂ. 가공재료와 서로 친화력이 있는 절삭공구를 선택 한다.

① ㄴ, ㄹ, ㅁ　　② ㄱ, ㄴ, ㄷ, ㄹ
③ ㄱ, ㄴ, ㄹ, ㅂ　　④ ㄷ, ㄹ, ㅁ

04

절삭공구의 날 끝에 칩(chip)의 일부가 절삭열에 의한 고온, 고압으로 녹아 붙거나 압착되어 공구의 날과 같은 역할을 할 때 가공면에 흠집을 만들고 진동을 일으켜 가공면이 나쁘게 되는 것을 구성인선(Built-up Edge)이라 하는데, 이것의 발생을 감소시키기 위한 방법이 아닌 것은?

① 효과적인 절삭유를 사용한다.
② 절삭깊이를 작게 한다.
③ 공구반경을 작게 한다.
④ 공구의 경사각을 작게 한다.

01.① 02.① 03.④ 04.④

05

절삭 가공에서 구성인선(built-up edge)에 대한 설명으로 옳지 않은 것은?

① 구성인선을 줄이기 위해서는 공구 경사각을 작게 한다.
② 발생 → 성장 → 분열 → 탈락의 주기를 반복한다.
③ 바이트의 절삭 날에 칩이 달라붙은 것이다.
④ 마찰 계수가 작은 절삭 공구를 사용하면 구성인선이 감소한다.

***구성인선(Built－Up Edge)**
바이트 날 끝의 고온, 고압 때문에 칩이 조금식 응착하여 단단해지는 것으로 표면정밀도를 감소(표면거칠기 값은 증가)시킨다.
(발생→성장→분열→탈락의 주기를 반복한다.)
***구성인선(Built－Up Edge) 방지법**
① 경사각을 크게 한다. (약, 30° 이상)
② 절삭속도를 빠르게 한다.
③ 절삭깊이를 작게 한다.
④ 공구반경을 작게 한다.
⑤ 윤활성이 좋은 절삭유를 사용한다.
⑥ 이송을 작게 한다.
⑦ 마찰계수가 작은 절삭 공구를 사용한다.

06

구성인선(built-up edge)에 대한 설명으로 옳지 않는 것은?

① 구성인선은 일반적으로 연성재료에서 많이 발생한다.
② 구성인선은 공구 윗면경사면에 윤활을 하면 줄일 수 있다.
③ 구성인선에 의해 절삭된 가공면은 거칠게 된다.
④ 구성인선은 절삭속도를 느리게 하면 방지할 수 있다.

07

다음 중 구성인선이 발생되지 않도록 하는 노력으로 적절한 것은?

① 바이트의 윗면 경사각을 작게 한다.
② 윤활성이 높은 절삭제를 사용한다.
③ 절삭깊이를 크게 한다.
④ 절삭속도를 느리게 한다.

08

지름이 $50mm$인 공작물을 절삭속도 $314m/\min$으로 선반에서 절삭할 때, 필요한 주축의 회전수 $[rpm]$는? (단, π는 3.14로 계산하고, 결과 값은 일의 자리에서 반올림한다)

① 1,000　② 2,000
③ 3,000　④ 4,000

$$v = \frac{\pi DN}{1000}$$
$$\therefore N = \frac{1000v}{\pi D} = \frac{1000 \times 314}{3.14 \times 50} = 2000rpm$$

09

다음에서 절삭비(cutting ratio)에 대한 설명으로 옳은 것은?

① $\frac{\text{주분력}}{\text{이송분력}}$　② $\frac{\text{절삭깊이}}{\text{칩의 두께}}$
③ $\frac{\text{공구수명}}{\text{절삭속도}}$　④ $\frac{\text{이송속도}}{\text{가공물의 경도}}$

05.① 06.④ 07.② 08.② 09.②

*절삭비(Cutting Ratio)

$$절삭비 = \frac{절삭깊이}{칩\ 두께} = \frac{\sin\phi}{\cos(\phi - \alpha)}$$

여기서,
ϕ : 전단각
α : 윗면 경사각

10

테일러의 공구수명방정식은 절삭속도(V)와 공구수명(T)과의 관계식이다. 이 관계식으로 옳은 것은? (단, n과 C는 상수)

① $V^nT = C$　② $VT = C^n$
③ $VT^n = C$　④ $\frac{VT}{n} = C$

*테일러(Taylor)의 공구 수명식
$VT^n = C$

여기서,
V : 절삭 속도
T : 공구 수명시간
n : 공구 수명지수
C : 절삭 상수

③ 절삭온도가 높아지면 공구수명이 감소한다.

11

테일러의 공구수명방정식으로 옳은 것은?

① 유동형칩 발생과 공구수명의 관계식
② 가공물의 경도와 공구수명의 관계식
③ 절삭깊이와 공구수명과의 관계식
④ 절삭속도와 공구수명과의 관계식

12

절삭공구수명에 대한 설명으로 옳지 않은 것은?

① 절삭속도가 증가하면 공구수명이 감소한다.
② 이송속도가 증가하면 공구수명이 감소한다.
③ 절삭온도가 높아지면 공구수명이 증가한다.
④ 공작물의 미세조직은 공구수명에 영향을 준다.

13

Taylor 공구수명식[$VT^n = C$]에서 $n = 0.5$, $C = 400$인 경우, 절삭속도를 50% 감소시킬 때 공구수명의 증가율[%]은?

① 50　② 100
③ 200　④ 300

$VT^n = C \Rightarrow VT^{0.5} = 400$에서,
V가 $\frac{1}{2}$배로 감소하므로, $T^{0.5}$는 2배 증가하고, T는 4배(400%) 증가한다. 그러므로, 100%에서 400%이 되기 때문에 ∴공구수명 증가율은 300%이다.

14

절삭속도를 변화시키면서 공구 수명시험을 하였다. 절삭속도를 $60m/\min$으로 하였을 때 공구의 수명이 $1200\min$, 절삭속도를 $600m/\min$으로 하였을 때 수명은 $12\min$이었다. 절삭속도가 $300m/\min$일 때 그 공구의 수명[min]은?

① 24　② 48
③ 240　④ 60

10.③ 11.④ 12.③ 13.④ 14.②

*테일러 공구수명식

$X: 60m/\text{min},\ T=1200\text{min}$
$Y: 600m/\text{min},\ T=12\text{min}$
$Z: 300m/\text{min},\ T=?\text{min}$

$VT^n = C$

$X = 60\times1200^n = C$
$Y = 600\times12^n = C$

$\frac{X}{Y} = \frac{60\times1200^n}{600\times12^n} = 1 = \frac{100^n}{10}$

$n = \frac{1}{2}$

$Y = 600\times12^{\frac{1}{2}} = C$
$Z = 300\times T^{\frac{1}{2}} = C$

$\frac{Y}{Z} = \frac{600\times12^{\frac{1}{2}}}{300\times T^{\frac{1}{2}}} = 1$에서,

$\left(\frac{12}{T}\right)^{\frac{1}{2}} = \frac{1}{2} \Rightarrow \frac{12}{T} = \frac{1}{4}$

$\therefore T = 48\text{min}$

15

테일러의 절삭공구 수명식($VT^n = C$)에서 T와 V의 좌표 관계를 모눈종이에 표시하면 기울기는 어떻게 그려지는가?
(단, 여기서 T는 공구수명, V는 절삭속도, C는 상수이다.)

① 직선　　② 포물선
③ 지수곡선　　④ 쌍곡선

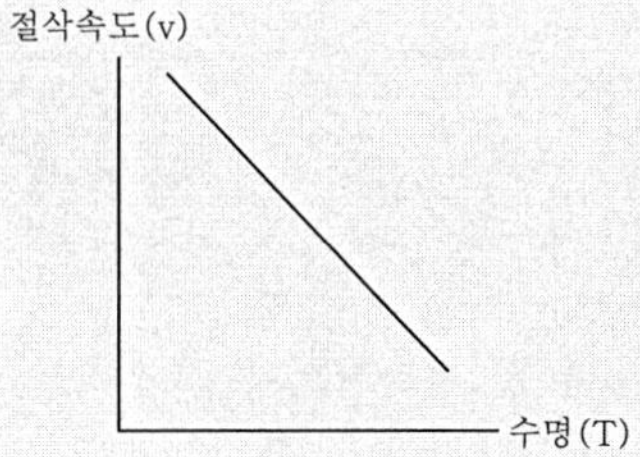

16

절삭가공에서 절삭유(cutting fluid)의 일반적인 사용 목적에 해당하지 않는 것은?

① 공구와 공작물 접촉면의 마찰 감소
② 절삭력 증가
③ 절삭부로부터 생성된 칩(chip) 제거
④ 절삭부 냉각

*윤활제(절삭유) 사용목적
① 공작물의 공구 냉각
② 능률적으로 칩을 제거하며 표면 산화를 방지
③ 절삭공구와 칩 사이의 마찰저항 감소 및 절삭 성능 향상
④ 절삭열에 의한 정밀도 저하 방지
⑤ 공구의 연화를 방지하며 공구수명 연장
⑥ 윤활 작용으로 인한 절삭력 감소

17

절삭유제를 사용하는 목적이 아닌 것은?

① 공작물과 공구의 냉각
② 공구 윗면과 칩 사이의 마찰계수 증대
③ 능률적인 칩 제거
④ 절삭열에 의한 정밀도 저하 방지

*윤활제(절삭유) 사용목적
① 공작물의 공구 냉각
② 능률적으로 칩을 제거하며 표면 산화를 방지
③ 절삭공구와 칩 사이의 마찰저항 감소 및 절삭 성능 향상
④ 절삭열에 의한 정밀도 저하 방지
⑤ 공구의 연화를 방지하며 공구수명 연장
⑥ 윤활 작용으로 인한 절삭력 감소

15.① 16.② 17.②

18

친환경 가공을 위하여 최근 절삭유 사용을 최소화하는 가공방법이 도입되고 있다. 이에 대한 설명으로 옳지 않은 것은?

① 건절삭(dry cutting)법으로 가공한다.
② 절삭속도를 가능하면 느리게 하여 가공한다.
③ 공기-절삭유 혼합물을 미세 분무하며 가공한다.
④ 극저온의 액체질소를 공구-공작물 접촉면에 분사하며 가공한다.

***절삭유 사용 최소화 가공방법**
① 건절삭법으로 가공
② 공기-절삭유 혼합물을 미세 분무하며 가공하는 분무 냉각법으로 가공
③ 극저온의 액체질소를 공구-공작물 접촉면에 분사하며 가공하는 극저온 절삭법으로 가공
④ 절삭속도를 가능한 빠르게 하여 가공

19

다음의 공구재료를 200℃ 이상의 고온에서 경도가 높은 순으로 옳게 나열한 것은?

탄소공구강, 세라믹공구, 고속도강, 초경합금

① 초경합금 > 세라믹공구 > 고속도강 > 탄소공구강
② 초경합금 > 세라믹공구 > 탄소공구강 > 고속도강
③ 세라믹공구 > 초경합금 > 고속도강 > 탄소공구강
④ 고속도강 > 초경합금 > 탄소공구강 > 세라믹공구

***절삭공구 재료의 경도 순서**
다이아몬드 > CBN > 세라믹 > 서멧 > 초경합금 > 고속도강 > 탄소공구강

20

다이아몬드 다음으로 경한 재료로 철계금속이나 내열합금의 절삭에 적합한 것은?

① 세라믹(ceramic)
② 초경합금(carbide)
③ 입방정 질화 붕소(CBN, cubic boron nitride)
④ 고속도강(HSS, high speed steel)

***입방정 질화 붕소(CBN)**
다이아몬드 다음으로 경한 재료로 철계금속이나 내열합금의 절삭에 적합하다.

***절삭공구 재료의 경도 순서**
다이아몬드 > CBN > 세라믹 > 서멧 > 초경합금 > 고속도강 > 탄소공구강

21

재료의 절삭성이 좋다는 의미로 사용할 수 있는 것만을 모두 고른 것은?

ㄱ. 작은 절삭력과 절삭동력 ㄴ. 긴 공구수명 ㄷ. 가공품의 우수한 표면정밀도 및 표면완전성 ㄹ. 수거가 용이한 칩(chip)의 형태

① ㄱ
② ㄱ, ㄴ
③ ㄱ, ㄴ, ㄷ
④ ㄱ, ㄴ, ㄷ, ㄹ

18.② 19.③ 20.③ 21.④

*절삭성이 좋은 기준
① 작은 절삭력과 절삭동력
② 긴 공구수명
③ 가공품이 우수한 표면정밀도 및 표면완전성
④ 수거가 용이한 칩의 형태
⑤ 높은 재료제거율

22

절삭공구의 피복재료에 요구되는 성질로 적절하지 않은 것은?

① 높은 열전도도
② 높은 고온경도와 충격저항
③ 공구 모재와의 양호한 접착성
④ 공작물 재료와의 화학적 불활성

*절삭공구의 피복재료에 요구되는 성질
① 낮은 열전도도
② 높은 고온경도와 충격저항, 절삭저항
③ 공구 모재와의 양호한 접착성
④ 공작물 재료와의 화학적 불활성
⑤ 내마모성
⑥ 재연마의 용이성
⑦ 피삭재와의 화학 반응 등으로 인한 용착이 적을 것
⑧ 가격의 경제성

23

선반에서 원형봉을 절삭할 때 발생되는 절삭저항의 3분력을 나열한 것으로 가장 옳은 것은?

① 표면분력－이송분력－주분력
② 주분력－배분력－이송분력
③ 이송분력－표면분력－배분력
④ 주분력－배분력－표면분력

*절삭저항의 3분력
① 주분력
② 배분력
③ 이송분력

24

그림과 같이 원주를 따라 슬릿(slit)이 배열된 관형 구조의 선삭용 공작물 고정장치는?

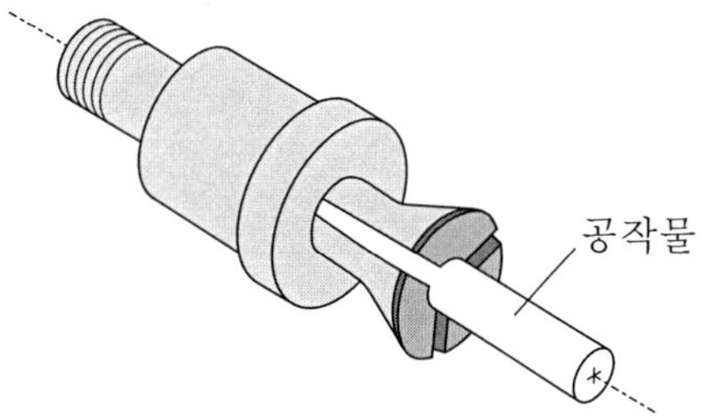

① 면판
② 콜릿
③ 연동척
④ 단동척

*콜릿(Collet)
원주를 따라 슬릿(Slit)이 배열된 관형 구조의 선삭용 공작물 고정장치

25

선반을 이용하여 지름이 $50mm$인 공작물을 절삭속도 $196m/\min$로 절삭할 때 필요한 주축의 회전수 $[rpm]$는?
(단, π는 3.14로 계산하고, 결과 값은 일의 자리에서 반올림 한다)

① 1000 ② 1250
③ 3120 ④ 3920

$$v = \frac{\pi DN}{1000}$$
$$\therefore N = \frac{1000v}{\pi D} = \frac{1000 \times 196}{3.14 \times 50} \fallingdotseq 1250rpm$$

26

선반가공에서 공작물의 지름이 $40mm$일 때, 절삭 속도가 $31.4m/\min$이면, 주축의 회전수$[rpm]$는? (단, 원주율은 3.14이다)

① 2.5　② 25
③ 250　④ 2500

$$v = \frac{\pi DN}{1000}[m/\min]$$
$$\therefore N = \frac{1000v}{\pi D} = \frac{1000 \times 31.4}{3.14 \times 40} = 250rpm$$

27

회전수 $400rpm$, 이송량 $2mm/rev$로 $120mm$ 길이의 공작물을 선삭가공할 때 걸리는 가공 시간은?

① 7초　② 9초
③ 11초　④ 13초

$$t = \frac{\ell}{Nf} = \frac{120}{400 \times 2} = \frac{3}{20}\min = 9\sec$$

28

아래 도면과 같은 테이퍼를 가공할 때의 심압대의 편위거리$[mm]$는?

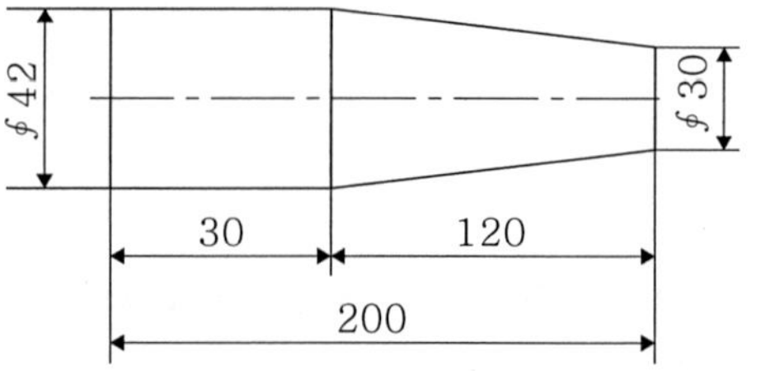

① 6　② 10
③ 12　④ 20

$$x = \frac{(D-d)L}{2\ell} = \frac{(42-30) \times 200}{2 \times 120} = 10mm$$

26.③ 27.② 28.②

Memo

Chapter 5

밀링머신과 연삭가공 및 NC공작기계

5-1 밀링머신

밀링커터를 회전시켜 상하, 좌우, 전후의 선형이송운동으로 공작물을 절삭하는 공작기계로 테이블의 이동거리로 크기를 표시한다. 여기서 수평형 밀링머신은 여러 개의 날을 가진 커터를 사용한다.

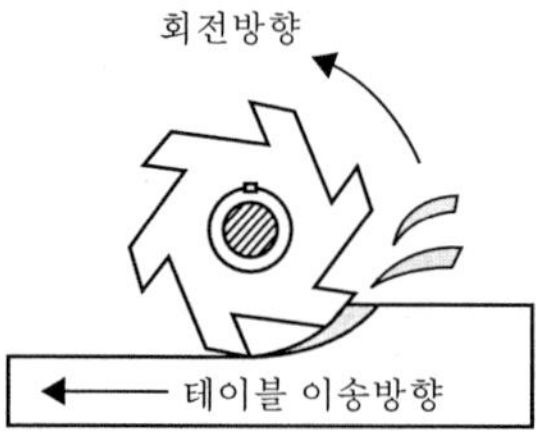

▍상향절삭

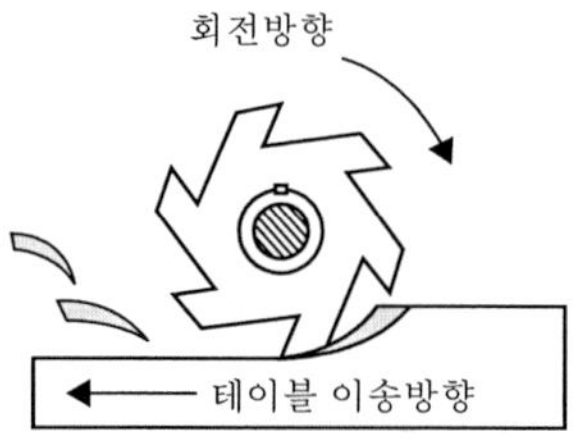

▍하향절삭

(1) 상향절삭(=올려깎기)

① 밀링커터의 절삭 방향과 공작물의 이송 방향이 서로 반대 방향이다.
② 칩이 잘 빠져나와 절삭을 방해하지 않는다.
③ 백래시가 제거된다.
④ 공작물이 공구날에 의하여 끌려 올라오므로 확실히 고정해야 한다.
⑤ 커터의 마모가 크고 수명이 짧다.
⑥ 점점 칩이 두꺼워지므로 동력 소비가 크다.
⑦ 가공면(절삭면)이 거칠다.
⑧ 칩이 가공할 면 위에 쌓이므로 시야가 좋지 않다.

(2) 하향절삭(=내려깎기)

① 밀링커터의 절삭 방향과 공작물의 이송 방향이 서로 같은 방향이다.
② 칩이 잘 빠지지 않아 가공면에 흠집이 생기기 쉽다.
③ 백래시 제거 장치가 필요하다.
④ 공작물 고정이 쉽다.
⑤ 커터의 마모가 작고 수명이 길다.
⑥ 점점 칩이 얇아지므로 동력소비가 적다.
⑦ 가공면(절삭면)이 깨끗하다.
⑧ 마찰력은 작으나 하향으로 큰 충격력이 작용한다.
⑨ 칩이 가공한 면 위에 쌓이므로 열팽창으로 치수정밀도에 영향을 줄 수 있다.
⑩ 시야가 좋다.

(3) **절삭속도** : $V = \frac{\pi dN}{1000}$ [m/min]

여기서, d : 공작물의 지름 [mm], N : 주축의 회전수 [rpm]

(4) **1분간 테이블의 이송량** : $f = f_Z NZ$ [mm/min]

여기서, f_Z : 밀링커터날 1개마다의 이송 [mm], Z : 커터의 날 수

(5) **평균두께** : $t_m = f_Z \sqrt{\frac{t}{d}}$ [mm] 여기서, t : 절삭길이 [mm], d : 두께 [mm]

(6) **분할가공**

① 직접 분할법 : 공작물의 원주를 24의 약수로 분할하는 방법이다.

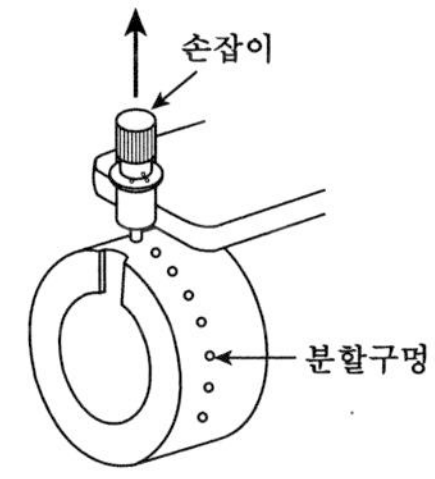

▌직접 분할법

② 단식 분할법 : 기어 등을 가공할 때 직접 계산으로는 산출해낼 수 없는 잇수를 크랭크와 분할판을 이용하여 산출해 내는 방법이다.

크랭크의 회전수 : $n = \frac{40}{N} = \frac{x}{H}$

여기서, N : 분할수, 40 : 웜기어의 잇수비, H : 분할판상의 구멍수,
x : 크랭크를 돌릴 때 돌아간 만큼의 구멍수

③ 각도 분할법 : 크랭크가 1회전하면 주축은 $\frac{360^\circ}{40} = 9^\circ$ 회전한다.

– 크랭크의 회전수 : $n = \frac{D}{9}$ 여기서, D : 분할하고자 하는 각도 [°]

5-2 연삭가공

연삭 숫돌이 고속으로 회전하면서 표면을 원하는 모양과 치수에 맞춰 다듬질하는 가공법이다.

(1) 연삭기의 종류

종류	그림	설명
원통 연삭기	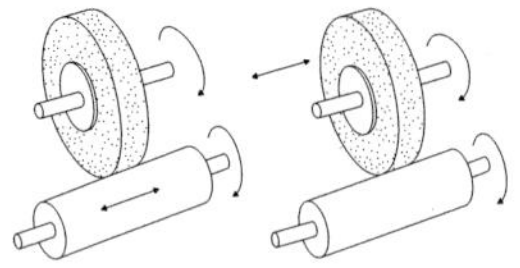	원통의 외면을 연삭하는 기계로 공작물의 양쪽의 센터 또는 척으로 지지하여 회전시키면서 연삭숫돌로 가공한다.
내면 연삭기	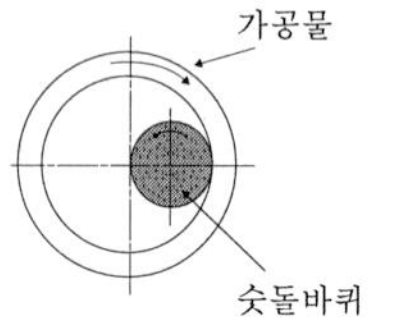	구멍의 내면인 곧은 구멍, 테이퍼 구멍, 막힌 구멍, 롤러 베어링의 레이스 궤도 홈 등을 연삭하는 기계이다.
평면 연삭기	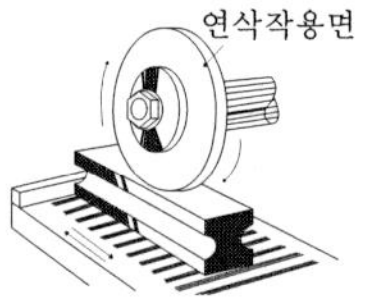	가공물의 평면을 연삭하는 기계이다.
센터리스 연삭기	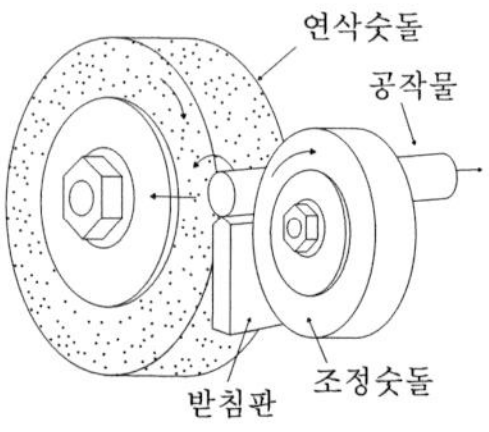	센터나 척으로 고정하기 어려운 가늘고 긴 공작물을 조정숫돌과 받침대를 사용하여 지지 후 연삭하는 기계이다. ① 대형 공작물은 연삭하기 어렵다. ② 작업자의 숙련도를 거의 필요로 하지 않는다. ③ 원통외면을 연속적으로 연삭하면 생산속도가 높다. ④ 대량 생산에 적합하다. ⑤ 고정에 의한 변형이 적고, 연삭여유가 작다.

(2) 연삭 작업 중 떨림 원인

① 숫돌의 불균형
② 숫돌의 축 편심
③ 연삭기 자체의 진동
④ 숫돌 측면에 무리한 압력이 가해질 때
⑤ 센터 및 방진구가 부적당할 때

(3) 연삭 숫돌의 3요소

① 숫돌입자 : 절삭날 역할을 하며 연삭깊이는 숫돌의 원주속도와 반비례한다.
② 결합제 : 숫돌 입자를 고정하는 역할을 한다.
③ 기공 : 칩을 임시 저장하는 역할을 하고 냉각된 공기를 저장하여 냉각하는 역할을 한다.

(4) 연삭균열(Crack)

연삭에 의한 발열로 공작물 표면이 열팽창 또는 재질변화 하여 균열이 발생한다. 그물 모양으로 나타나며 탄소강에 주로 나타난다. 담금질한 강에서도 발생하기 쉬우며 질화, 탄화, 표면경화 처리한 공작물, 합금강에서 균열 발생 경향이 높다.

<연삭균열 방지법>

① 연한 숫돌을 사용한다.
② 연삭 깊이를 작게한다.
③ 이송을 크게하여 발열량이 적게 한다.
④ 연삭액을 사용하여 냉각한다.

(5) 연삭작업시 숫돌에 생기는 현상

① 트루잉(Truing) : 숫돌의 형상을 원래의 형상으로 복원시키는 작업이다.

② 무딤(Glazing) : 마멸된 숫돌 입자가 탈락하지 않아 입자의 표면이 평탄해지는 현상이다.

③ 눈메움(Loading) : 숫돌 표면의 기공에 칩이 차서 막히는 현상이다.

<눈메움 현상이 발생하는 일반적인 원인>

㉠ 연삭숫돌의 조직이 치밀한 경우
㉡ 연삭숫돌 입도 번호가 큰 경우
㉢ 연삭 작업시 연삭 깊이가 큰 경우
㉣ 연삭숫돌의 원주속도가 느린 경우
㉤ 연한 공작물 재료를 연삭할 경우

④ 드레싱(Dressing)

연삭 가공이 진행되면서 눈메움과 무딤이 생긴 입자를 제거하여 새로운 입자가 표면에 생성되도록 하는 방법이다.

(6) 연삭숫돌 표기법

머리기호 - 연삭입자종류 - 입도지수 - 결합도 - 조직 - 결합제 - 제조업체 사용기호

① 첫 번째 : 머리기호 (생략 가능)

정확한 연삭입자종류를 나타내며 생략이 가능하다.

② 두 번째 : 연삭입자종류

계	숫돌 입자		인조 숫돌 입자의 종류
	재질	기호	
A계	백색 알루미나 갈색 알루미나	WA A	4A 2A
B계	큐빅보론질화물	B	–
C계	녹색 탄화규소 흑색 탄화규소	GC C	4C 2C
D계	다이아몬드	D	–

③ 세 번째 : 입도지수

입도를 나타내는 숫자가 클수록 입자의 크기가 작으며 가장 좋은 표면거칠기를 얻을 수 있다.

④ 네 번째 : 결합도

결합도	E, F, G	H, I, J, K	L, M, N, O	P, Q, R, S	T, U, V, W, X, Y, Z
호칭	극히 연한 것	연한 것	중간 것	단단한 것	매우 단단한 것

⑤ 다섯 번째 : 조직

호칭	조직	숫돌 입자율(%)	기호
치밀한 것	0, 1, 2, 3	50 이상	c
중간 것	4, 5, 6	42 ~ 50	m
거친 것	7, 8, 9, 10, 11, 12	42 이하	w

⑥ 여섯 번째 : 결합제

종류	기호	설명
비트리파이드 결합제 (Vitrified bond)	V	점토, 장석을 주성분으로 한다. 숫돌 성형용 결합제의 일종으로 점토와 숫돌 입자를 혼합하여 고온으로 구워서 굳힌 것이다. 숫돌 바퀴의 대부분은 이에 속한다.
실리케이트 결합제 (Silicate bond)	S	규산나트륨($NaSi$)을 주성분으로 한다. 연삭입자와 혼합한 것을 철틀에 넣어 성형하고 300℃ 전후로 2~3일간 가열하여 제작한다. 천연숫돌과 같은 성질을 갖고 있으며 사용중 미량의 물유리가 나와서 윤활작용을 한다. 주로 얇은 박판 및 발열량이 큰 가공물 연삭에 이용된다.
레지노이드 결합제 (Resinoid bond)	B	합성수지를 주성분으로 한다. 열에 의한 난화가 없고 강인하고 탄성이 크며 절삭능력이 크므로 주로 대형주물의 연삭에 이용한다. 알코올, 아세톤에 용해되고 알칼리성 연삭액에 침식된다.
러버 결합제 (Rubber bond)	R	천연고무를 주성분으로 한다. 천연고무나 인조고무에 S(황)을 첨가하여 연삭입자와 섞어 가열, 응고 시킨 것으로 센터리스 연삭기의 조정 숫돌로 이용된다.
셀락 결합제 (Shellac bond)	E	천연셀락을 주성분으로 한다. 연삭입자에 증기가열 혼합기를 이용해 셀락을 섞어 압축하며 150℃에서 수시간 가열하고 냉각시켜 제작한다. 주로 톱날 같은 얇은 날의 연삭에 이용된다.
메탈 결합제 (Metal bond)	M	분말야금법을 이용하여 제작하고 다이아몬드 숫돌, 보라존 숫돌로 사용된다. 입자는 숫돌본체에 전착도금하거나 금속막을 씌워서 사용한다.

<결합제의 구비조건>

㉠ 결합력의 조절범위가 넓을 것
㉡ 열이나 연삭액에 대해 안정적일 것
㉢ 원심력, 충격에 버티는 기계적 강도가 있을 것
㉣ 성형성이 좋을 것

⑦ 일곱 번째 : 제조업체 사용기호 (생략 가능)

숫돌식별용 제조업체 고유기호로 생략이 가능하다.

(7) **연삭비(Grinding Ratio)** : 연삭비 $= \frac{\text{제거된 재료체적}}{\text{마모된 숫돌체적}}$

(8) **연삭 버닝**

연삭 작업 중 공작물과 숫돌 간 마찰열로 인해 공작물의 다듬질 면이 타는 현상이다.

<연삭 버닝이 발생하기 쉬운 상황>

① 매우 연한 공작물을 연삭할 때
② 공작물과 연삭숫돌 간에 과도한 압력이 가해질 때
③ 연삭액을 사용하지 않거나 부적합하게 사용할 때

<연삭 버닝의 방지법>

① 거친 입도, 낮은 결합도의 연삭숫돌을 사용한다.
② 연삭숫돌의 속도를 작게 한다.
③ 연삭숫돌의 접촉면적을 작게 한다.

5-3 NC공작기계

(1) **CNC 프로그래밍**

① O : 프로그램 번호 - 프로그램 인식번호

② N : 전개번호 - 블록 전개번호

③ G : 준비기능 - 이동형태(직선보간, 원호보간)

④ X, Y, Z : 좌표값 - 절대방식의 각 축 이동위치 지정

⑤ U, V, W : 좌표값 - 증분방식의 각 축 이동위치 지정

⑥ A, B, C : 좌표값 - 회전축의 이동위치 지정

⑦ I, J, K : 좌표값 - 원호 중심의 각 축 성분

⑧ R : 좌표값 - 원호 반지름

⑨ F : 이송기능 - 회전당 이송속도, 분당 이송속도, 나사의 리드

⑩ E : 이송기능 - 나사의 리드

⑪ S : 주축기능 - 주축속도

⑫ T : 공구기능 - 공구번호 및 공구보정번호

⑬ M : 보조기능 - 기계 작동 부분의 ON/OFF 지령

(2) 제어방식

① 개방회로 제어방식(Open Loop System)

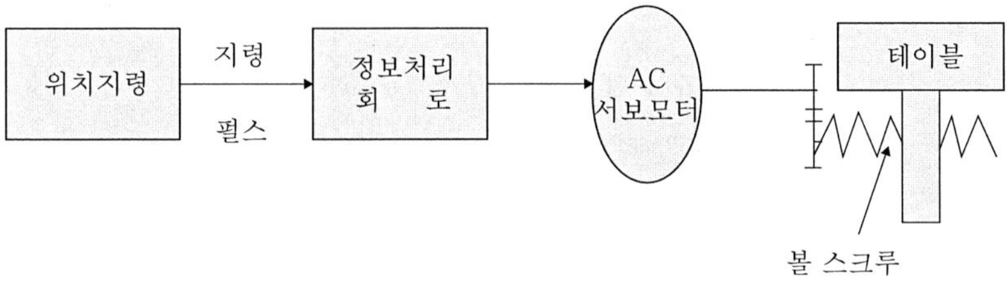

검출기나 피드백 회로를 가지지 않기 때문에 구성은 간단하지만 구동계의 정밀도에 직접 영향을 받는 시스템으로 정밀도가 낮고 피드백이 없기 때문에 최근 CNC공작기계에서는 거의 사용하지 않는다.

② 반폐쇄회로 제어방식(Semi-Closed Loop System)

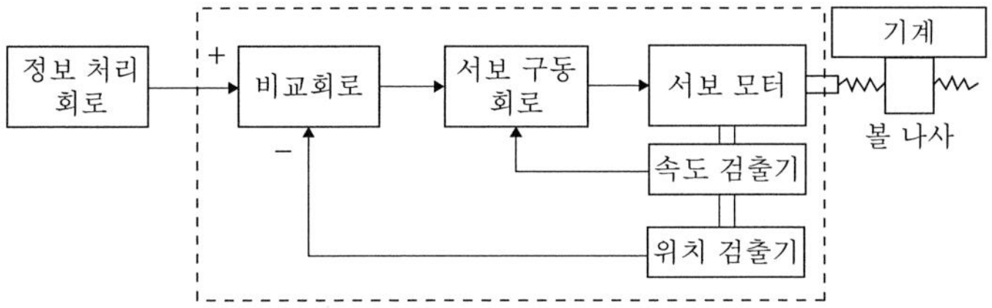

물리량을 직접 검출하지 않고 다른 물리량의 관계로부터 검출하는 방식으로 정밀하게 제작된 구동계에서 사용되는 시스템이다.

③ 폐쇄회로 제어방식(Closed Loop System)

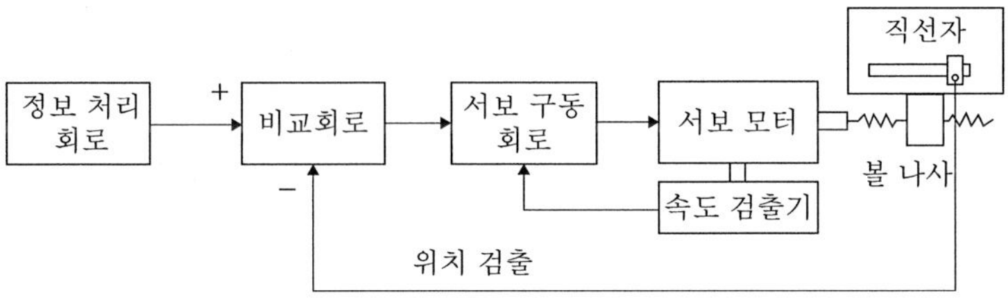

핵심 예상문제

기계공작법

05. 밀링머신과 연삭가공 및 NC공작기계

01

밀링 머신의 상향절삭에 대한 설명 중 옳은 것은?

① 칩이 잘 빠져나오지 않아 절삭에 방해가 된다.
② 커터의 회전방향과 공작물의 이송방향이 같다.
③ 백래시(backlash) 제거장치가 필요하다.
④ 하향절삭에 비해 커터의 수명이 짧고 동력 소비가 크다.

02

밀링 절삭에서 상향절삭과 하향절삭을 비교하였을 때, 하향절삭의 특성에 대한 설명으로 옳지 않은 것은?

① 공작물 고정이 간단하다.
② 절삭면이 깨끗하다.
③ 날 끝의 마모가 크다.
④ 동력 소비가 적다.

03

밀링가공에서 하향 절삭(down milling)의 특징으로 옳지 않은 것은?

① 절삭날의 마모가 작고 수명이 길다.
② 백래시(backlash)가 자연히 제거된다.
③ 절삭날이 공작물을 누르는 형태여서 고정이 안정적이다.
④ 마찰력은 작으나 하향으로 큰 충격력이 작용한다.

04

밀링 절삭 중 상향 절삭에 대한 설명으로 옳지 않은 것은?

① 공작물의 이송 방향과 날의 진행 방향이 반대인 절삭 작업이다.
② 이송나사의 백래시(backlash)가 절삭에 미치는 영향이 거의 없다.
③ 마찰을 거의 받지 않으므로 날의 마멸이 적고 수명이 길다.
④ 칩이 가공할 면 위에 쌓이므로 시야가 좋지 않다.

***밀링가공에서 상향절삭과 하향절삭의 특징**

절삭 종류	특징
상향 절삭	① 밀링커터의 절삭 방향과 공작물의 이송 방향이 서로 반대 방향이다. ② 칩이 잘 빠져나와 절삭을 방해하지 않는다. ③ 백래시가 제거된다. ④ 공작물의 날에 의하여 끌려 올라오므로 확실히 고정해야 한다. ⑤ 커터의 마모가 크고 수명이 짧다. ⑥ 점점 칩이 두꺼워지므로 동력 소비가 크다. ⑦ 가공면(절삭면)이 거칠다. ⑧ 칩이 가공할 면 위에 쌓이므로 시야가 좋지 않다.
하향 절삭	① 밀링커터의 절삭 방향과 공작물의 이송 방향이 서로 같은 방향이다. ② 칩이 잘 빠지지 않아 가공면에 흠집이 생기기 쉽다. ③ 백래시 제거 장치가 필요하다. ④ 커터가 공작물을 누르므로 공작물 고정에 신경 쓸 필요가 없다.(공작물 고정 간단) ⑤ 커터의 마모가 작고 수명이 길다. ⑥ 점점 칩이 얇아지므로 동력소비가 적다. ⑦ 가공면(절삭면)이 깨끗하다. ⑧ 마찰력은 작으나 하향으로 큰 충격력이 작용한다. ⑨ 칩이 가공면위에 쌓이므로 가공물이 열팽창으로 치수정밀도에 영향을 줄 수 있다. ⑩ 시야가 좋다.

01.④ 02.③ 03.② 04.③

05

밀링가공에서 밀링커터의 날(tooth)당 이송 $0.2mm/tooth$, 회전당 이송 $0.4mm/rev$, 커터의 날 2개, 커터의 회전속도 $500rpm$ 일 때, 테이블의 분당 이송 속도$[mm/\min]$는?

① 100 ② 200
③ 400 ④ 80

$f = f_z NZ = 0.2 \times 500 \times 2 = 200mm/\min$

06

절삭속도 $628m/\min$, 밀링커터의 날수를 10, 밀링커터의 지름을 $100mm$, 1날당 이송을 $0.1mm$로 할 경우 테이블의 1분간 이송량$[mm/\min]$은? (단, π는 3.14이다)

① 1,000 ② 2,000
③ 3,000 ④ 4,000

$v = \frac{\pi DN}{1000}$에서,

$N = \frac{1000v}{\pi D} = \frac{1000 \times 628}{3.14 \times 100} = 2000rpm$

$\therefore f = f_z NZ = 0.1 \times 2000 \times 10 = 2000mm/\min$

07

밀링작업의 단식 분할법으로 이(tooth)수 가 28개인 스퍼기어를 가공할 때 브라운샤프형 분할판 $No.2$ 21구멍열에서 분할 크랭크의 회전수와 구멍수는?

① 0회전시키고 6구멍씩 전진
② 0회전시키고 9구멍씩 전진
③ 1회전시키고 6구멍씩 전진
④ 1회전시키고 9구멍씩 전진

$n = \frac{40}{N} = \frac{40}{28} = 1\frac{12}{28} = 1\frac{3}{7} = 1\frac{3 \times 3}{7 \times 3} = 1\frac{9}{21}$

∴ 21구멍열, 1회전시키고 9구멍씩 전진

08

밀링작업에서 분할대를 사용하여 원주를 $7\frac{1}{2}°$ 씩 등분하는 방법으로 옳은 것은?

① 18구멍짜리에서 15구멍씩 돌린다.
② 15구멍짜리에서 18구멍씩 돌린다.
③ 36구멍짜리에서 15구멍씩 돌린다.
④ 36구멍짜리에서 18구멍씩 돌린다.

$t = \frac{D^o}{9} = \frac{7\frac{1}{2}}{9} = \frac{15}{18}$

∴ 18구멍 분할판에서 15구멍씩 돌린다.

09

공작물을 별도의 고정 장치로 지지하지 않고 그 대신에 받침판을 사용하여 원통면을 연속적으로 연삭하는 공정은?

① 크립 피드 연삭(creep feed grinding)
② 센터리스 연삭(centerless grinding)
③ 원통 연삭(cylindrical grinding)
④ 전해 연삭(electrochemical grinding)

***센터리스 연삭(Centerless Grinding)**
공작물을 별도의 고정 장치로 지지하지 않고 그 대신에 받침판을 사용하여 원통면을 연속적으로 연삭하는 공정

① 대형 공작물은 연삭하기 어렵다.
② 작업자의 숙련도를 거의 필요로 하지 않는다.
③ 원통외면을 연속적으로 연삭하면 생산속도가 높다.
④ 대량생산에 적합하다.
⑤ 고정에 의한 변형이 적고, 연삭여유가 작다.

05.② 06.② 07.④ 08.① 09.②

10

센터리스 연삭에 대한 설명으로 옳지 않은 것은?

① 대형 공작물은 연삭하기 어렵다.
② 고도로 숙련된 작업자가 필요하다.
③ 센터나 척(chuck) 없이 공작물을 연삭한다.
④ 원통외면을 연속적으로 연삭하면 생산속도가 높다.

***센터리스 연삭(Centerless Grinding)**
센터나 척으로 고정하기 어려운 가늘고 긴 공작물을 조정 숫돌과 받침대를 사용하여 지지 후 연삭하는 가공

① 대형 공작물은 연삭하기 어렵다.
② 작업자의 숙련도를 거의 필요로 하지 않는다.
③ 원통외면을 연속적으로 연삭하면 생산속도가 높다.
④ 대량생산에 적합하다.
⑤ 고정에 의한 변형이 적고, 연삭여유가 작다.

11

연삭숫돌과 관련된 용어의 설명으로 옳은 것은?

① 드레싱(dressing) – 숫돌의 원형 형상과 직선 원주면을 복원시키는 공정
② 로딩(loading) – 마멸된 숫돌 입자가 탈락하지 않아 입자의 표면이 평탄해지는 현상
③ 셰딩(shedding) –자생작용이 과도하게 일어나 숫돌의 소모가 심해지는 현상
④ 글레이징(glazing) – 숫돌의 입자 사이에 연삭칩이 메워지는 현상

***트루잉(Truing)**
숫돌의 원형 형상과 직선 원주면을 복원시키는 과정

***드레싱(Dressing)**
연삭 가공이 진행되면서 눈메움과 눈무딤이 생긴 입자를 제거하여 새로운 입자가 표면에 생성되도록 하는 방법

***글레이징(=무딤, Glazing)**
마멸된 숫돌 입자가 탈락하지 않아 입자의 표면이 평탄해지는 현상

***로딩(=눈메움, Loading)**
숫돌의 입자 사이에 연삭칩이 메워지는 현상

12

연삭가공에 대한 설명 중 옳지 않은 것은?

① 숫돌의 3대 구성요소는 연삭입자, 결합제, 기공이다.
② 마모된 숫돌면의 입자를 제거함으로써 연삭능력을 회복시키는작업을 드레싱(dressing)이라 한다.
③ 숫돌의 형상을 원래의 형상으로 복원시키는 작업을 로우딩(loading)이라 한다.
④ 연삭비는 (연삭에 의해 제거된 소재의 체적) / (숫돌의 마모체적)으로 정의된다.

***트루잉(Truing)**
숫돌의 형상을 원래의 형상으로 복원시키는 작업

***로딩(=눈메움, Loading)**
숫돌 표면의 기공에 칩이 차서 막히는 현상

10.② 11.③ 12.③

13

연삭숫돌의 눈메움(loading) 현상이 일어나는 일반적인 원인이 아닌 것은?

① 연삭숫돌의 조직이 치밀한 경우
② 연삭숫돌 입도 번호가 작은 경우
③ 연삭작업 시 연삭 깊이가 큰 경우
④ 연삭숫돌의 원주속도가 느린 경우

***눈메움 현상(Loading)이 발생하는 일반적인 원인**
① 연삭숫돌의 조직이 치밀한 경우
② 연삭숫돌 입도 번호가 큰 경우
③ 연삭작업 시 연삭 깊이가 큰 경우
④ 연삭숫돌의 원주속도가 느린 경우
⑤ 연한 공작물 재료를 연삭할 경우

14

연삭숫돌에 눈메움이나 무딤이 발생하였을 때 이를 제거하기 위한 방법으로 가장 옳은 것은?

① 드레싱(dressing)
② 폴리싱(polishing)
③ 연삭액의 교환
④ 연삭속도의 변경

***드레싱(Dressing)**
연삭 가공이 진행되면서 눈메움과 눈무딤이 생긴 입자를 제거하여 새로운 입자가 표면에 생성되도록 하는 방법

15

연삭숫돌의 입자가 무디어지거나 눈메움이 생기면 연삭능력이 떨어지고 가공물의 치수 정밀도가 저하되므로 예리한 날이 나타나도록 공구로 숫돌 표면을 가공하는 것을 나타내는 용어는?

① 트루잉(truing)
② 글레이징(glazing)
③ 로딩(loading)
④ 드레싱(dressing)

***드레싱(Dressing)**
연삭 가공이 진행되면서 눈메움과 눈무딤이 생긴 입자를 제거하여 새로운 입자가 표면에 생성되도록 하는 방법

16

동일한 가공조건으로 연삭했을 때, 가장 좋은 표면 거칠기를 얻을 수 있는 연삭 숫돌은? (단, 표면거칠기는 연마재의 입자크기에만 의존한다고 가정한다)

① 25 – A – 36 – L – 9 – V – 23
② 35 – C – 50 – B – 8 – B – 51
③ 45 – A – 90 – G – 5 – S – 45
④ 51 – C – 70 – Y – 7 – R – 12

***연삭숫돌 표기법**
첫 번째 : 머리기호
두 번째 : 연삭입자종류
세 번째 : 입도지수
네 번째 : 결합도
다섯 번째 : 조직
여섯 번째 : 결합제
일곱 번째 : 제조업체 사용기호

세 번째의 입도지수가 높을수록 입자가 미세하여 우수한 표면거칠기와 치수정확도를 얻을 수 있기 때문에 ∴③번이다.

13.② 14.① 15.④ 16.③

17

연삭가공에 사용되는 숫돌의 경우 구성요소가 되는 항목을 표면에 표시하도록 규정하고 있다. 이 항목 중 숫자만으로 표시하는 항목은?

① 결합제
② 숫돌의 입도
③ 입자의 종류
④ 숫돌의 결합도

18

$M-D-100-L-75-B$**로 표시된 연삭숫돌에서** L **이 의미하는 것은?**

① 결합도
② 연삭입자의 종류
③ 결합제의 종류
④ 입도지수

네 번째인 L은 결합도의 표시법이다.

19

연삭가공에서 연삭비로 옳은 것은?

① 단위체적의 숫돌마멸에 대한 제거된 재료체적
② 연삭숫돌의 속도에 대한 공작물의 속도
③ 연삭깊이와 연삭숫돌의 초당 회전속도 비율
④ 연삭숫돌의 체적에 대한 공극 비율

***연삭비(Grinding Ratio)**

$$\text{연삭비} = \frac{\text{제거된 재료체적}}{\text{마모된 숫돌체적}}$$

20

연삭 작업 중 공작물과 연삭숫돌 간의 마찰열로 인하여 공작물의 다듬질면이 타서 색깔을 띠게 되는 연삭 버닝의 발생 조건이 아닌 것은?

① 숫돌입자의 자생 작용이 일어날 때
② 매우 연한 공작물을 연삭할 때
③ 공작물과 연삭숫돌 간에 과도한 압력이 가해질 때
④ 연삭액을 사용하지 않거나 부적합하게 사용할 때

***연삭 버닝**
연삭 작업 중 공작물과 숫돌 간 마찰열로 인해 공작물의 다듬질 면이 타서 색깔을 띠게 되는 현상

***연삭 버닝의 발생 조건**
① 매우 연한 공작물을 연삭할 때
② 공작물과 연삭숫돌 간에 과도한 압력이 가해질 때
③ 연삭액을 사용하지 않거나 부적합하게 사용할 때

***연삭 버닝의 방지법**
① 거친 입도, 낮은 결합도의 연삭숫돌을 사용
② 연삭숫돌의 속도를 작게한다.
③ 연삭숫돌의 접촉면적을 작게한다.

21

CNC 공작기계의 프로그램에서 G 코드가 의미하는 것은?

① 순서번호 ② 준비기능
③ 보조기능 ④ 좌표값

17.② 18.① 19.① 20.① 21.②

22

다음과 같은 수치제어 공작기계 프로그래밍의 블록 구성에서, ㉠ ~ ㉤에 들어갈 내용을 바르게 연결한 것은?

N_	G_	X_	Y_	Z_	F_	S_	T_	M_	;
전개번호	㉠	좌표어			㉡	㉢	㉣	㉤	EOB

	㉠	㉡	㉢	㉣	㉤
①	준비기능	이송기능	주축기능	공구기능	보조기능
②	준비기능	주축기능	이송기능	공구기능	보조기능
③	준비기능	이송기능	주축기능	보조기능	공구기능
④	보조기능	주축기능	이송기능	공구기능	준비기능

*CNC 코드

① O : 프로그램 번호 - 프로그램 인식번호
② N : 전개번호 - 블록 전개번호
③ G : 준비기능 - 이동형태(직선보간, 원호보간)
④ X, Y, Z : 좌표값 - 절대방식의 각 축 이동위치 지정
⑤ U, V, W : 좌표값 - 증분방식의 각 축 이동위치 지정
⑥ A, B, C : 좌표값 - 회전축의 이동위치 지정
⑦ I, J, K : 좌표값 - 원호 중심의 각 축 성분
⑧ R : 좌표값 - 원호 반지름
⑨ F : 이송기능 - 회전당 이송속도, 분당 이송속도, 나사의 리드
⑩ E : 이송기능 - 나사의 리드
⑪ S : 주축기능 - 주축속도
⑫ T : 공구기능 - 공구번호 및 공구보정번호
⑬ M : 보조기능 - 기계 작동 부분의 ON/OFF 지령

23

CNC공작기계의 서보기구를 제어하는 방식과 그에 대한 설명을 옳게 짝지은 것은?

〈보기 1〉

㈎ 개방회로 제어방식(open loop system)
㈏ 반폐쇄회로 제어방식(semi-closed loop system)
㈐ 폐쇄회로 제어방식(closed loop system)

〈보기2〉

A. 검출기나 피드백 회로를 가지지 않기 때문에 구성은 간단하지만 구동계의 정밀도에 직접 영향을 받는다.
B. 위치 검출 정보를 축의 회전각으로부터 얻는 것과 같이 물리량을 직접 검출하지 않고 다른 물리량의 관계로부터 검출하는 방식으로 정밀하게 제작된 구동계에서 사용된다.
C. 위치를 직접 검출한 후 위치 편차를 피드백 하는 방식으로 특별히 정도를 필요로 하는 정밀공작기계에 사용된다.

	㈎	㈏	㈐
①	A	B	C
②	B	C	A
③	C	A	B
④	A	C	B

*개방회로 제어방식(Open Loop System)
검출기나 피드백 회로를 가지지 않기 때문에 구성은 간단하지만 구동계의 정밀도에 직접 영향을 받는 시스템으로 정밀도가 낮고 피드백이 없기 때문에 최근 CNC공작기계에서는 거의 사용하지 않는다.

*반폐쇄회로 제어방식(Semi-Closed Loop System)
위치 검출 정보를 축의 회전각으로부터 얻는 것과 같이 물리량을 직접 검출하지 않고 다른 물리량의 관계로부터 검출하는 방식으로 정밀하게 제작된 구동계에서 사용되는 시스템

*폐쇄회로 제어방식(Closed Loop System)
위치를 직접 검출한 후 위치 편차를 피드백하는 방식으로 특별히 정도를 필요로 하는 정밀공작기계에 사용되는 시스템

22.① 23.①

24

다음 그림의 NC 공작기계 이송계에 가장 가까운 제어방식은?

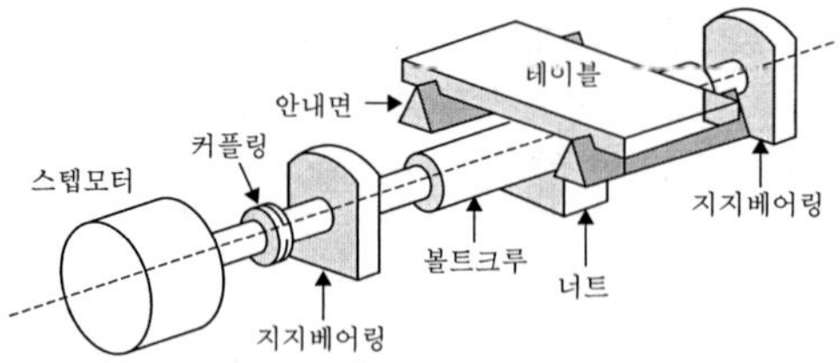

① 개회로(open loop) 제어방식
② 적응(adaptive) 제어방식
③ 폐회로(closed loop) 제어방식
④ 적분(integral) 제어방식

***개방회로(Open Loop) 제어방식**

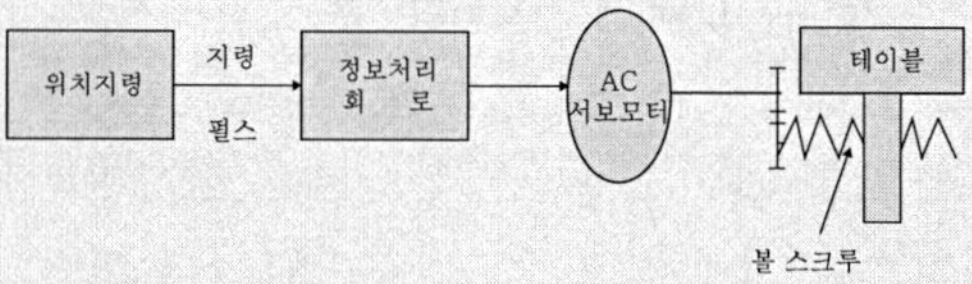

검출기나 피드백 회로를 가지지 않기 때문에 구성은 간단하나, 정밀도가 낮고 피드백이 없기 때문에 최근 CNC공작기계에서는 거의 사용하지 않는다.

해당 그림에선, 스텝모터를 사용하고 피드백 시스템이 없어서 개방회로 제어방식이란걸 알 수 있다.

24.①

Memo

Chapter 6

절삭용 공작기계

6-1 셰이퍼

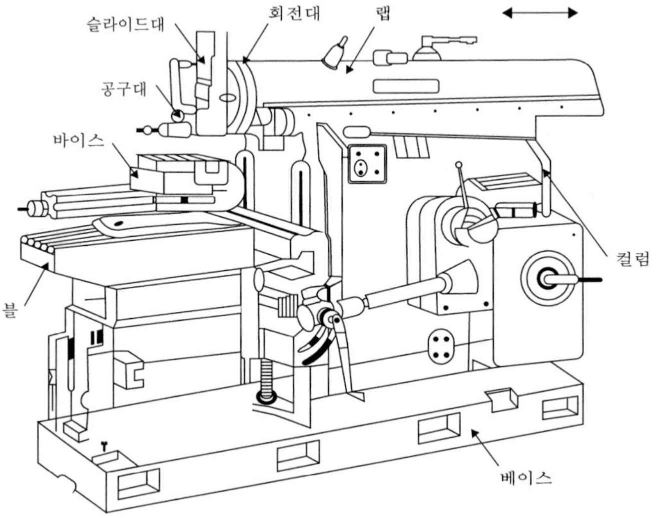

▌세이퍼 구성요소

공구를 전진시키면서 공작물을 절삭하고 공구를 뒤로 후퇴시킨 후 다시 전진시키면서 가공하는 공작기계로 구조가 간단하고 다루기 쉬워 주로 소형 공작물의 평면을 가공할 때 사용한다.

(1) 셰이퍼 가공의 특징

① 가공 정밀도가 낮다.
② 셰이퍼의 자루는 굽어 있다.
③ 바이트 날 끝이 자루의 밑면 높이를 초과해서는 안된다.
④ 바이트가 전진시에만 절삭하고 후퇴할 때는 가공하지 않으므로 시간의 낭비가 많다.

6-2 슬로터

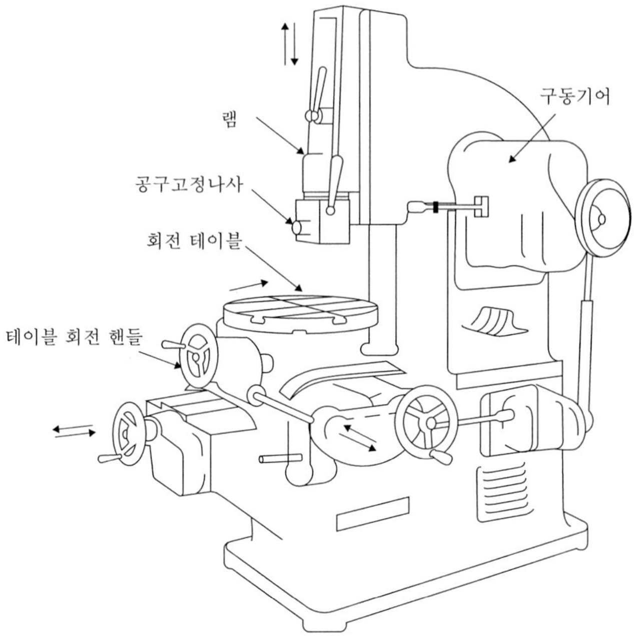

▌슬로터 구성요소

셰이퍼를 직립형으로 한 공작기계로 상하로 왕복 운동하는 램의 절삭운동으로 테이블에 수평으로 설치된 일감을 절삭한다. 셰이퍼와 램의 운동 방향이 다를 뿐 절삭방법은 동일하므로 수직 셰이퍼라고도 부른다.

(1) 슬로터 가공의 특징

① 바이트가 아래로 내려오면서 절삭하므로 수직 절삭만 가능하다.
② 재료의 직선 가공에 적합하며 원통 절삭에는 용이하지 않다.
③ 스퍼기어와 같이 기어 이빨의 형상이 일직선인 기어만 절삭 가능하다.

6-3 플레이너

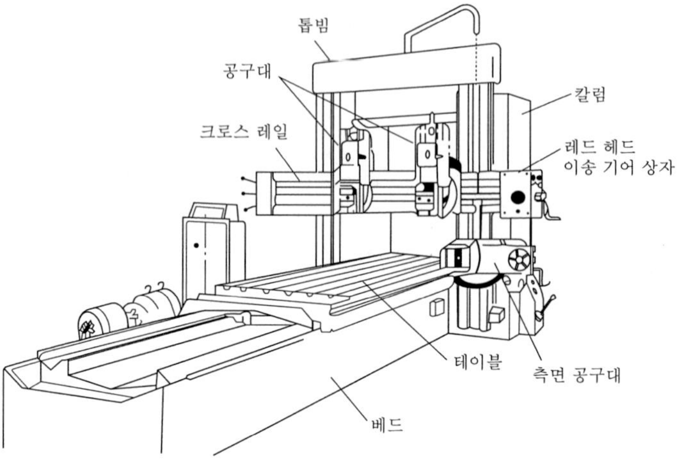

▌플레이너 구성요소

바이트가 고정되어 있는 상태에서, 크고 튼튼한 테이블 위에 공작물을 설치한 후 테이블을 앞뒤로 이송하면서 가공한다.

(1) 플레이너 가공의 특징

① 테이블의 후진이 절삭 행정이고 전진은 귀환 행정이다.
② 가공 시간은 속도비의 영향을 크게 받지 않는다.
③ 절삭속도를 크게 하는 것이 가공 시간을 줄이는 데 더 효과적이다.
④ 귀환 행정 속도를 절삭 행정 속도보다 빠르게 하면 가공시간을 절약할 수 있다.
⑤ 절삭속도비를 높이면 절삭 시간을 줄일 수 있으나 실제로는 속도비를 무한정 높일 수는 없다.

(2) 셰이퍼, 슬로터, 플레이너 비교

특징	셰이퍼	슬로터	플레이너
급속 귀환 운동	공구(램)	공구(램)	공작물(테이블)
크기 표시	램의 최대행정	램의 최대행정	테이블의 최대행정
작업	짧은 공작물의 평면절삭	키 홈, 곡면의 절삭가공, 내접기어의 절삭가공	대형공작물의 비교적 긴 평면을 절삭가공
공통점	급속 귀환 운동을 한다.		

6-4 브로칭

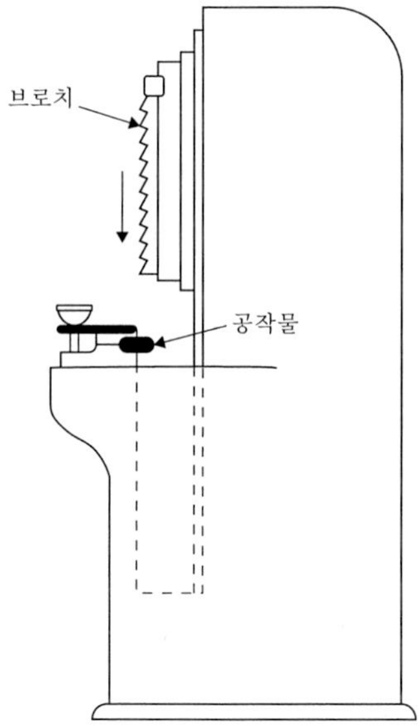

▌브로칭 머신

길이 방향으로 여러개의 날카롭고 단단한 톱니(다인절삭공구)가 있는 도구(브로치)가 일관되고 연속적이며(왕복운동) 정확한 방식으로 공작물을 가공하는 공정이다. 공작물이 고정되어 있고 공구의 직선이송 운동을 통하여 절삭한다.

핵심 예상문제

기계공작법

06. 절삭용 공작기계

01

급속귀환기구(quick return mechanism)를 사용하는 셰이퍼(shaper)에 대한 설명으로 옳지 않은 것은?

① 절삭행정과 귀환행정의 길이가 같다.
② 일반적으로 공작물은 바이스에 고정한다.
③ 수평가공, 각도가공, 홈가공 등을 할 수 있다.
④ 바이트의 이동방향에 평행하게 공작물이 이동하여 가공된다.

급속귀환기구를 사용하는 셰이퍼의 바이트 이동방향에 수직으로 공작물과 결합된 치공구(바이스)와 함께 이동하여 가공되는 관점이나 공작물 자체는 고정되어 가만히 있는 관점을 볼 때 2개의 관점 전부 ④ 내용이 틀렸다는 것을 알 수 있다.

02

길이 방향으로 여러 개의 날을 가진 절삭공구를 구멍에 관통시켜 공구의 형상으로 가공물을 절삭하는 가공법은?

① 밀링(milling)
② 보링(boring)
③ 브로칭(broaching)
④ 태핑(tapping)

03

다음 공작기계에서 절삭 시 공작물 또는 공구가 회전 운동을 하지 않는 것은?

① 브로칭 머신　　② 밀링 머신
③ 호닝 머신　　④ 원통 연삭기

04

기계가공법에 대한 설명으로 옳지 않은 것은?

① 보링은 구멍 내면을 확장하거나 마무리하는 내면선삭 공정이다.
② 리밍은 이미 만들어진 구멍의 치수정확도와 표면정도를 향상시키는 공정이다.
③ 브로칭은 회전하는 단인절삭공구를 공구의 축방향으로 이동하며 절삭하는 공정이다.
④ 머시닝센터는 자동공구교환 기능을 가진 *CNC* 공작기계로 다양한 절삭작업이 가능하다.

***브로칭(Broaching)**
길이 방향으로 여러개의 날카롭고 단단한 톱니(다인절삭공구)가 있는 도구(브로치)가 일관되고 연속적이며(왕복운동) 정확한 방식으로 공작물에서 재료를 제거하는 가공 공정이다. 공작물이 고정되어 있고 공구의 직선이송 운동을 통하여 절삭한다.

01.④ 02.③ 03.① 04.④

Memo

02

Chapter 7

특수가공 및 정밀입자가공

7-1 특수가공

(1) 방전가공(Electric Discharge Machining)

스파크방전에 의한 침식현상을 이용하여 공작물을 가공하는 방법이다. 부도체인 가공액을 사용한다.

① 전극재료는 전기 전도도가 높을 것 (청동, 구리, 흑연, 텅스텐 등)
② 경도, 강도에 상관없이 가능하지만 경도가 높을수록 가공이 유리하다.
③ 초경공구, 특수강의 가공이 가능하다.
④ 가공 변질층이 얇다.
⑤ 내부식성, 내마멸성이 높은 표면을 얻을 수 있다.
⑥ 기계적인 힘을 가하지 않고도 고경도, 열처리된 재료를 가공할 수 있다.
⑦ 콘덴서의 용량(=전류밀도)이 적으면 소재제거율이 감소하여 가공 시간이 길어지고 치수 정밀도가 좋아진다.

(2) 와이어컷 방전가공(Wire cut Electric Discharge Machining)

가는 와이어를 전극으로 이용하여 와이어와 공작물 사이에 방전 시 나오는 열에너지에 의해 절단 가공되는 방법으로 절연액이 필요하고 미세가공과 복잡한 형상을 높은 정밀도로 가공할 수 있다. 와이어 재료는 동, 황동, 구리, 텅스텐 등이 사용되고 재사용이 불가능하다. 재료가 도체이면 경도와 관계없이 가공 가능하고 복잡한 형상 가공도 가능하다.

<와이어컷 방전 가공액>

① 비저항값이 낮을 때는 수돗물을 첨가한다.
② 일반적으로 방전가공에서는 $10 \sim 100 k\Omega \cdot cm$의 비저항값을 설정한다.
③ 비저항값이 높을 때는 가공액을 이온교환장치로 통과시켜 이온을 제거한다.

(3) 초음파가공(Ultrasonic Machining)

물이나 경유 등에 연삭입자를 혼합한 가공액을 공구의 진동면과 일감 사이에 주입시켜가며 초음파에 의한 공구의 해머링 작용으로 다듬는 가공법이다. 혼의 재료로는 황동, 연강, 공구강 등을 사용한다. 전기의 양도체, 부도체 여부에 상관없이 가공이 가능하며 비금속 또는 귀금속의 구멍 뚫기, 전단, 표면가공에 이용된다.

02

(4) 레이저 빔 가공(Laser Beam Machining)

고밀도의 열원인 레이저를 이용한 가공이다. 고속으로 가열하여 가공하므로 열변형층이 좁고 아주 단단하거나 잘 깨어지기 쉬운 재료의 가공이 쉬우며 비접촉식이므로 공구의 마모가 없다. 복잡한 모양의 부품을 미세하게 가공할 수 있으며 작업시 소음과 진동이 없고 작업환경이 깨끗하다. 주로 재료의 절단, 구멍 뚫기, 표면의 각인 등의 가공에 이용되며 특히 초경합금이나 스테인리스강과 같은 단단하거나, 열에 민감한 재료들의 가공에 적합하다.

① 가공소재의 종류에 상관없이 적용 가능하다.
② 구멍 뚫기, 홈파기, 절단, 마이크로 가공 등에 응용될 수 있다.
③ 가공할 수 있는 재료의 두께와 가공깊이에 한계가 있다.
④ 진공을 필요로 하지 않는다.
⑤ 재료 표면의 반사도가 낮을수록 가공효율이 높다.
⑥ 자동화가 용이하다.

(5) 전해가공(ECM, Electro Chemical Machining)

공작물을 양극으로 하고 공구를 음극으로 하여 전기화학적 작용으로 공작물을 전기 분해시켜 원하는 부분을 제거하는 가공공정으로 공구의 소모가 거의 없다. 도체인 가공액을 사용한다.

① 복잡한 형상도 연마 가능하다.
② 가공 변질층이 나타나지 않아 평활한 면을 얻을 수 있고 가공면에 방향성이 없다.
③ 내마모성, 내부식성이 향상된다.
④ 탄소량이 적을수록 연마가 용이하다.
⑤ 경도가 높은 전도성 재료에 적용할 수 있다.
⑥ 공작물에 열손상이 발생하지 않는다.

(6) 숏피닝(Shot Peening)

금속표면에 구슬 알갱이를 고속으로 발사해 냉간가공의 효과를 얻고 표면층에 압축 잔류응력을 부여하여 금속부품의 피로수명을 향상시키는 방법이다.

① 두꺼운 공작물일수록 효과가 적어지고 표면에 압축잔류응력층이 형성된다.
② 반복하중에 대한 피로한도를 증가시킬 수 있다.

(7) 화학가공(Chemical Machining)

기계적, 전기적 방법으로는 가공 불가한 공작물을 부식액속에 넣고 화학반응을 일으켜 표면을 깨끗하게 다듬는 가공을 말한다. 공작물의 경도나 강도에 관계없이 가공이 가능하며 변형이나 거스러미 등이 나타나지 않고 가공경화나 표면의 변질층이 생기지 않는다. 또한 곡면, 평면, 복잡한 모양 등에 관계없이 표면 전체를 동시에 가공할 수 있으며 넓은 면적이나 여러 개를 동시에 가공도 할 수 있으므로 매우 편리하다.

(8) 배럴 가공(=배럴 다듬질, Barrel Finishing)

8각형 또는 6각형으로 된 배럴이라고 불리는 용기 속에 공작물, 연마석, 물, 컴파운드를 넣고 이것을 회전시키거나 진동시켜 매끈한 가공면을 얻는 가공법이다. 배럴 내부에서는 공작물과 연마석의 혼합물간에 유동운동이 발생하여 압력이 작용하는데 이 상태에서 서로 충돌 함으로써 공작물의 표면이 다듬질 되어 매끈한 가공면을 얻을 수 있다.

(9) 버니싱(Bunishing)

원통의 내면을 다듬질하기 위해 원통 안지름보다 약간 큰 지름의 강구를 압입하여 다듬질 면을 매끈하게 하는 가공법이다.

(10) 버핑(Buffing)

버프의 원둘레 또는 측면에 연마재를 바르고 금속 표면을 연마하는 작업을 말한다.

(11) 폴리싱(Polishing)

알루미나 등의 연마 입자가 부착된 연마 벨트에 의한 가공으로 일반적으로 버핑 전 단계의 가공이다.

(12) 선택적 레이저 소결(Selective Laser Sintering, SLS)

폴리염화비닐, ABS, 인베스트먼트 주조용 왁스, 금속, 세라믹 등 재료를 플라스틱 분말 형태로 레이저를 쏘아 소결하는 쾌속조형법으로 동일한 치수와 형상의 제품을 제작할 때 고강도의 제품을 얻을 수 있다.

7-2 정밀입자가공

(1) 호닝(Honing)

혼이라고 하는 여러 숫돌을 방사상으로 부착한 공구를 가공된 구멍에 삽입하여 회전과 왕복운동시켜 원통 내면을 정밀하게 다듬질하는 가공법이다.

(2) 액체 호닝(Liquid Honing)

연마제를 압축 공기를 이용하여 노즐로 고속 분사시켜 고운 다듬질면을 얻는 가공법이다.

(3) 슈퍼 피니싱(super finishing)

미세하고 연한 숫돌입자를 공작물 표면에 낮은 압력을 가하면서 공작물에 이송을 주고 숫돌을 진동시키며 매끈하고 고정밀도의 표면을 얻는 가공법이다. 다듬질면은 방향성이 없고 평활하며 원통면 가공물은 외, 내면 정밀 다듬질이 가능하다. 표면변질층이 극히 미세하며 숫돌 길이는 일감 길이와 같아야하고 숫돌 폭은 일감 폭보다 작아야한다.

(4) 래핑(Lapping)

공작물과 랩 사이에 미세한 분말 상태의 랩제(연마입자)를 넣고 적당한 압력을 가하면서 상대운동시키는 가공법으로, 표면 거칠기가 우수한 가공면을 얻을 수 있다.

장점	단점
① 매끈한 다듬질 면을 얻을 수 있다. ② 정밀도가 높은 제품을 얻을 수 있다. ③ 윤활성, 내식성, 내마모성 증가한다. ④ 마찰계수가 감소한다.	① 비산하는 랩제가 다른 기계 또는 제품에 부착되면 마모의 원인이 된다. ② 제품을 사용할 때 남아있는 랩제의 의해 마모가 촉진된다.

핵심 예상문제

기계공작법

07. 특수가공 및 정밀입자가공

01

방전가공(EDM)과 전해가공(ECM)에 사용하는 가공액에 대한 설명으로 옳은 것은?

① 모두 도체의 가공액을 사용한다.
② 모두 부도체의 가공액을 사용한다.
③ 방전가공은 부도체, 전해가공은 도체의 가공액을 사용한다.
④ 방전가공은 도체, 전해가공은 부도체의 가공액을 사용한다.

방전가공은 부도체, 전해가공은 도체의 가공액을 사용한다.

02

방전가공에 대한 설명으로 옳지 않은 것은?

① 절연액 속에서 음극과 양극 사이의 거리를 접근시킬 때 발생하는 스파크 방전을 이용하여 공작물을 가공하는 방법이다.
② 전극 재료로는 구리 또는 흑연을 주로 사용한다.
③ 콘덴서의 용량이 적으면 가공 시간은 빠르지만 가공면과 치수 정밀도가 좋지 못하다.
④ 재료의 경도나 인성에 관계없이 전기 도체이면 모두 가공이 가능하다.

03

높은 경도의 금형 가공에 많이 적용되는 방법으로 전극의 형상을 절연성 있는 가공액 중에서 금형에 전사하여 원하는 치수와 형상을 얻는 가공법은?

① 전자빔가공법
② 플라즈마 아크 가공법
③ 방전가공법
④ 초음파가공법

04

방전가공에 대한 설명으로 옳지 않은 것은?

① 소재제거율은 공작물의 경도, 강도, 인성에 따라 달라진다.
② 스파크방전에 의한 침식을 이용한 가공법이다.
③ 전도체이면 어떤 재료도 가공할 수 있다.
④ 전류밀도가 클수록 소재제거율은 커지나 표면거칠기는 나빠진다.

***방전가공(EDM)**
공작물과 가공할 형상의 전극을 절연성 있는 가공액 중 전압을 주어 발생하는 아크에 의해 가공하는 방법(방전 전극의 소모현상=스파크방전에 의한 침식현상을 이용한 방법)이다.

① 전극재료는 전기 전도도가 높을 것 (청동, 구리, 흑연, 텅스텐)
② 경도, 강도에 상관없이 가능하지만 경도가 높을수록 가공이 유리하다.
③ 초경공구, 특수강의 가공이 가능하다.
④ 가공 변질층이 얇다.
⑤ 내부식성, 내마멸성이 높은 표면을 얻을 수 있다.
⑥ 기계적인 힘을 가하지 않고도 고경도, 열처리된 재료를 가공할 수 있다.
⑦ 콘덴서의 용량(=전류밀도)이 적으면 소재제거율이 감소하여 가공 시간이 길어지고 치수 정밀도가 좋아진다.

01.③ 02.③ 03.③ 04.①

05

방전와이어컷팅에 대한 설명으로 옳지 않은 것은?

① 와이어 재료로는 황동 혹은 텅스텐 등이 사용된다.
② 방전가공과 달리 방전와이어컷팅에는 절연액이 필요하지 않다.
③ 전극와이어와 피가공물 사이의 전기방전 시 나오는 열에너지에 의해 절단이 이루어진다.
④ 재료가 전기도체이면 경도와 관계없이 가공이 가능하고 복잡한 형상의 가공도 가능하다.

*와이어컷 방전가공(WCEDM)
가는 와이어를 전극으로 이용하여 이 와이어가 늘어짐이 없는 상태로 감아가면서 와이어의 공작물 사이에 방전 시 나오는 열에너지에 의해 절단 가공되는 방법으로 절연액 필요하고, 미세가공과 복잡한 형상을 높은 정밀도로 가공하고, 와이어 재료는 동, 황동, 구리, 텅스텐 등이 사용되고 재사용이 불가능하다. 그리고 재료가 전기도체이면 경도와 관계없이 가공 가능하고 복잡한 형상 가공도 가능하다.

06

와이어 방전가공에 대한 설명으로 옳지 않은 것은?

① 가공액은 일반적으로 수용성 절삭유를 물에 희석하여 사용한다.
② 와이어 전극은 동, 황동 등이 사용되고 재사용이 가능하다.
③ 와이어는 일정한 장력을 걸어주어야 하는데 보통 와이어 파단력의 1/2정도로 한다.
④ 복잡하고 미세한 형상 가공이 용이하다.

와이어 전극은 동, 황동, 구리, 텅스텐 등이 사용되고 재사용이 불가능하다.

07

방전가공에 대한 설명으로 옳지 않은 것만을 모두 고른 것은?

ㄱ. 스파크 방전을 이용하여 금속을 녹이거나 증발시켜 재료를 제거하는 방법이다.
ㄴ. 방전가공에 사용되는 절연액(dielectric fluid)은 냉각제의 역할도 할 수 있다.
ㄷ. 전도체 공작물의 경도와 관계없이 가공이 가능하고 공구 전극의 마멸이 발생하지 않는다.
ㄹ. 공구 전극의 재료로 흑연, 황동 등이 사용된다.
ㅁ. 공구 전극으로 와이어(wire) 형태를 사용할 수 없다.

① ㄱ, ㄷ　　② ㄴ, ㄹ
③ ㄷ, ㅁ　　④ ㄴ, ㅁ

방전가공에 사용되는 전극은 주로 동, 황동, 구리, 텅스텐 등이 사용되며 공구전극의 마멸이 발생하고, 공구 전극으로 와이어 형태를 사용할 수 있고 이것을 와이어컷 방전가공이라 한다.

08

와이어 방전 가공액 비저항값에 대한 설명으로 틀린 것은?

① 비저항값이 낮을 때에는 수돗물을 첨가한다.
② 일반적으로 방전가공에서는 10~100$k\Omega \cdot cm$의 비저항값을 설정한다.
③ 비저항값이 높을 때에는 가공액을 이온교환장치로 통과시켜 이온을 제거한다.
④ 비저항값이 과다하게 높을 때에는 방전간격이 넓어져서 방전효율이 저하된다.

*와이어 방전 가공액 비저항값
① 비저항값이 낮을 때는 수돗물을 첨가한다.
② 일반적으로 방전가공에서는 10 ~ 100$k\Omega \cdot cm$의 비저항값을 설정한다.
③ 비저항값이 높을 때는 가공액을 이온교환장치로 통과시켜 이온을 제거한다.

05.② 06.② 07.③ 08.④

09

전기적 에너지를 기계적 에너지로 변환시켜 공구에 진동을 주고, 공작물과 공구 사이에 연마입자를 넣어 공작물을 정밀하게 다듬질하는 가공방법은?

① 초음파가공
② 방전가공
③ 전해연마
④ 숏 피닝(shot peening)

***초음파 가공(Ultra Sonic Machining)**
미립자가 존재하는 물질 표면에 대해 상하방향으로 초음파 진동하는 공구(전기적 에너지를 기계적 에너지로 변환시켜 공구에 진동을 줌)를 사용하여 가공액에 함유된 연마입자(알루미나, 탄화규소, 탄화붕소 등)가 공작물과 충돌에 의한 가공법으로 경질 재료의 다듬질 가공에 적합하고, 진동자를 사용하여 가공하려면 20kHz 이상으로 진동하여야 한다.

10

다음 중 초음파가공과 관련한 설명으로 옳지 않은 것은?

① 상하방향으로 초음파 진동하는 공구를 사용한다.
② 진동자는 $20kHz$ 이상으로 진동한다.
③ 가공액에 함유된 연마입자가 공작물과 충돌에 의해 가공된다.
④ 연질재료의 다듬질 가공에 적합한 가공이다.

***초음파 가공(Ultra Sonic Machining)**
미립자가 존재하는 물질 표면에 대해 상하방향으로 초음파 진동하는 공구(전기적 에너지를 기계적 에너지로 변환시켜 공구에 진동을 줌)를 사용하여 가공액에 함유된 연마입자(알루미나, 탄화규소, 탄화붕소 등)가 공작물과 충돌에 의한 가공법으로 경질 재료의 다듬질 가공에 적합하고, 진동자를 사용하여 가공하려면 20kHz 이상으로 진동하여야 한다.

11

레이저 빔 가공에 대한 설명으로 옳지 않은 것은?

① 레이저를 이용하여 재료 표면의 일부를 용융·증발시켜 제거하는 가공법이다.
② 금속 재료에는 적용이 가능하나 비금속 재료에는 적용이 불가능하다.
③ 구멍 뚫기, 홈파기, 절단, 마이크로 가공 등에 응용될 수 있다.
④ 가공할 수 있는 재료의 두께와 가공깊이에 한계가 있다.

***레이저 빔 가공(Lazer Beam Machining)**
레이저를 이용하여 재료 표면의 일부를 용융·증발시켜 제거하는 가공법

- 특징
① 가공소재의 종류에 상관없이 적용 가능하다.
② 구멍 뚫기, 홈파기, 절단, 마이크로 가공 등에 응용될 수 있다.
③ 가공할 수 있는 재료의 두께와 가공깊이에 한계가 있다.
④ 진공을 필요로 하지 않는다.
⑤ 가공효율이 높다.
⑥ 자동화가 용이하다.

12

정밀 입자 가공(숫돌 입자 가공)은 매우 작고 단단한 알갱이나 입도가 작은 숫돌을 이용하여, 높은 정밀도를 꾀하고 거울과 같이 매끈한 표면으로 다듬는 가공법이다. 정밀 입자 가공에 해당하지 않는 것은?

① 래핑 (lapping)
② 호닝 (honing)
③ 슈퍼 피니싱 (super finshing)
④ 전해연마 (electrolytic polishing)

09.① 10.④ 11.② 12.④

13

공작물을 양극으로 하고 공구를 음극으로 하여 전기화학적 작용으로 공작물을 전기분해시켜 원하는 부분을 제거하는 가공공정은?

① 전해가공
② 방전가공
③ 전자빔가공
④ 초음파가공

*전해가공(ECM, ElectroChemical Machining)
공작물을 양극으로 하고 공구를 음극으로 하여 전기화학적 작용으로 공작물을 전기 분해시켜 원하는 부분을 제거하는 가공공정으로 공구의 소모가거의 없다.

① 복잡한 형상도 연마 가능하다.
② 가공 변질층이 나타나지 않아 평활한 면을 얻을 수 있고 가공면에 방향성이 없다.
③ 내마모성, 내부식성이 향상된다.
④ 탄소량이 적을수록 연마가 용이하다.
⑤ 경도가 높은 전도성 재료에 적용할 수 있다.
⑥ 공작물에 열손상이 발생하지 않는다.

14

연삭가공 및 특수가공에 대한 설명으로 옳지 않은 것은?

① 방전가공에서 방전액은 냉각제의 역할을 한다.
② 전해가공은 공구의 소모가 크다.
③ 초음파가공 시 공작물은 연삭입자에 의해 미소 치핑이나 침식작용을 받는다.
④ 전자빔 가공은 전자의 운동에너지로부터 얻는 열에너지를 이용한다.

15

전해가공(electrochemical machining)과 화학적 가공(chemicalmachining)에 대한 설명으로 옳지 않은 것은?

① 광화학블랭킹(photochemical blanking)은 버(burr)의 발생 없이 블랭킹(blanking)이 가능하다.
② 화학적가공에서는 부식액(etchant)을 이용해 공작물 표면에화학적 용해를 일으켜 소재를 제거한다.
③ 전해가공은 경도가 높은 전도성 재료에 적용할 수 있다.
④ 전해가공으로 가공된 공작물에서는 열 손상이 발생한다.

16

전해연마(electrolytic polishing)의 특징으로 옳지 않은 것은?

① 미세한 버(burr) 제거 작업에도 사용된다.
② 복잡한 형상, 박판부품의 연마가 가능하다.
③ 표면에 물리적인 힘을 가하지 않고 매끄러운 면을 얻을 수 있다.
④ 철강 재료는 불활성 탄소를 함유하고 있으므로 연마가 용이하다.

전해연마는 탄소량이 높은 철강재료 가공에 불리하고 알루미늄, 동, 텅스텐, 코발트 등 비철금속 가공에 유리하다.

17

금속표면에 구슬 알갱이를 고속으로 발사해 냉간가공의 효과를 얻고, 표면층에 압축 잔류응력을 부여하여 금속부품의 피로수명을 향상시키는 방법은?

① 숏피닝(shot peening)
② 샌드블라스팅(sand blasting)
③ 텀블링(tumbling)
④ 초음파세척(ultrasonic cleaning

13.① 14.② 15.④ 16.④ 17.①

*숏피닝(Shot Peening)
금속표면에 구슬 알갱이를 고속으로 발사해 냉간가공의 효과를 얻고, 표면층에 압축 잔류응력을 부여하여 금속부품의 피로수명을 향상시키는 방법

18

다음 특수가공 중 화학적 가공의 특징에 대한 설명으로 틀린 것은?

① 재료의 강도나 경도에 관계없이 가공할 수 있다.
② 변형이나 거스러미가 발생하지 않는다.
③ 가공경화 또는 표면변질 층이 발생한다.
④ 표면 전체를 한번에 가공할 수 있다.

*화학가공(chemical machining)
공작물을 부식액속에 넣고 화학반응을 일으켜 공작물표면에서 여러 가지 형상으로 파내거나 잘라내는 방법. 즉 기계적, 전기적 방법으로는 가공 불가한 재료를 용해나 부식 등의 화학적 방법으로 표면을 깨끗하게 다듬는 가공을 말하며 이 가공법은 재료의 경도나 강도에 관계없이 가공이 가능하며 변형이나 거스러미 등이 나타나지 않으며 가공경화나 표면의 변질층이 생기지 않는다. 또한 곡면, 평면, 복잡한 모양 등에 관계없이 표면전체를 동시에 가공할 수 있으며 넓은 면적이나 여러 개를 동시에 가공도 할 수 있으므로 매우 편리함.

19

이미 가공되어 있는 구멍에 다소 큰 강철 볼을 압입하여 통과시켜서 가공물의 표면을 소성 변형시켜 정밀도가 높은 면을 얻는 가공법은?

① 버핑(buffing)
② 버니싱(burnishing)
③ 숏 피닝(shot peening)
④ 배럴 다듬질(barrel finishing)

*버니싱(bunishing)
원통의 내면을 다듬질하기 위해 원통 안지름보다 약간 큰 지름의 강구를 압입하여 다듬질 면을 매끈하게 함.
① 간단한 장치로 단기간에 정밀도가 높은 가공
② 공작물의 두께가 얇으면 버니싱의 효과가 떨어진다.
③ 표면의 거칠기는 향상되나 형상 정밀도는 개선되지 않는다.
④ 동, 알루미늄과 같이 경도가 낮은 비철금속에 이용된다.

20

연삭가공 방법의 하나인 폴리싱(polishing)에 대한 설명으로 옳은 것은?

① 원통면, 평면 또는 구면에 미세하고 연한 입자로 된 숫돌을 낮은 압력으로 접촉시키면서 진동을 주어 가공하는 것이다.
② 알루미나 등의 연마 입자가 부착된 연마 벨트에 의한 가공으로 일반적으로 버핑 전 단계의 가공이다.
③ 공작물과 숫돌 입자, 콤파운드 등을 회전하는 통 속이나 진동하는 통 속에 넣고 서로 마찰 충돌시켜 표면의 녹, 흠집 등을 제거하는 공정이다.
④ 랩과 공작물을 누르며 상대 운동을 시켜 정밀 가공을 하는 것이다.

*폴리싱(Polishing)
알루미나 등의 연마 입자가 부착된 연마 벨트에 의한 가공으로 일반적으로 버핑 전 단계의 가공이다.

① 슈퍼피니싱에 대한 설명
③ 배럴링에 대한 설명
④ 래핑에 대한 설명

18.③ 19.② 20.②

21

동일한 치수와 형상의 제품을 제작할 때 강도가 가장 높은 제품을 얻을 수 있는 공정은?

① 광조형법(stereo-lithography apparatus)
② 융해용착법(fused deposition modeling)
③ 선택적레이저소결법(selective laser sintering)
④ 박판적층법(laminated object manufacturing)

***선택적 레이저 소결(Selective Laser Sintering, SLS)**
폴리염화비닐, ABS, 인베스트먼트 주조용 왁스, 금속, 세라믹 등 재료를 플라스틱 분말 형태로 레이저를 쏘아 소결하는 쾌속조형법으로 동일한 치와 형상의 제품을 제작할 때 고강도의 제품을 얻을 수 있다.

22

〈보기〉에서 설명한 특징을 모두 만족하는 입자가공 방법으로 가장 옳은 것은?

〈보기〉

- 원통 내면의 다듬질 가공에 사용된다.
- 회전 운동과 축방향의 왕복 운동에 의해 접촉면을 가공하는 방법이다.
- 여러 숫돌을 스프링/유압으로 가공면에 압력을 가한 상태에서 가공한다.

① 호닝(honing)
② 전해 연마(electrolytic polishing)
③ 버핑(buffing)
④ 숏 피닝(shot peening)

***호닝(Honing)**
혼이라고 하는 여러 숫돌을 방사상으로 부착한 공구를 가공된 구멍에 삽입하여 회전과 왕복운동을 시켜 원통 내면을 정밀다듬질하는 가공법

23

연마제를 압축 공기를 이용하여 노즐로 고속 분사시켜 고운 다듬질면을 얻는 가공법은?

① 액체 호닝
② 래핑
③ 호닝
④ 슈퍼피니싱

***액체 호닝(Liquid Honing)**
연마제를 압축 공기를 이용하여 노즐로 고속 분사시켜 고운 다듬질면을 얻는 가공법

24

연마공정에 대한 설명으로 옳지 않은 것은?

① 호닝(honing)은 내연기관 실린더 내면의 다듬질 공정에 많이 사용된다.
② 래핑(lapping)은 공작물과 래핑공구 사이에 존재하는 매우 작은 연마입자들이 섞여 있는 용액이 사용된다.
③ 슈퍼피니싱(superfinishing)은 전해액을 이용하여 전기화학적 방법으로 공작물을 연삭하는 데 사용된다.
④ 폴리싱(polishing)은 천, 가죽, 펠트(felt) 등으로 만들어진 폴리싱 휠을 사용한다.

***전해연삭(ECG)**
전해액을 이용하여 전기화학적 공법으로 공작물을 연삭하는 방법

***슈퍼 피니싱(super finishing)**
미세하고 연한 숫돌입자를 공작물 표면에 낮은 압력으로 가하면서 공작물에 이송을 주고 숫돌을 진동시키며 매끈하고 고정밀도의 표면으로 공작물을 다듬는 가공방법

21.③ 22.① 23.① 24.③

25

입도가 작고 연한 연삭 입자를 공작물 표면에 접촉시킨 후 낮은 압력으로 미세한 진동을 주어 초정밀도의 표면으로 다듬질하는 가공은?

① 호닝
② 숏피닝
③ 슈퍼 피니싱
④ 와이어브러싱

26

연한숫돌을 공작물에 압착하여 축방향으로 작은 진동을 주어 표면을 정밀하게 가공하는 기계는 어느 것인가?

① 호닝머신(honing machine)
② 래핑머신(lapping machine)
③ 센터리스 연삭기(centerless grinding machine)
④ 슈퍼피니싱 머신(super finishing machine)

27

가공 재료의 표면을 다듬는 입자가공에 대한 설명으로 가장 옳지 않은 것은?

① 래핑(lapping)은 랩(lap)과 가공물 사이에 미세한 분말상태의 랩제를 넣고 이들 사이에 상대운동을 시켜 매끄러운 표면을 얻는 방법이다.
② 호닝(honing)은 주로 원통내면을 대상으로 한 정밀다듬질 가공으로 공구를 축 방향의 왕복운동과 회전운동을 동시에 시키며 미소량을 연삭하여 치수 정밀도를 얻는 방법이다.
③ 배럴가공(barrel finishing)은 회전 또는 진동하는 다각형의 상자 속에 공작물과 연마제 및 가공액 등을 넣고 서로 충돌시켜 매끈한 가공면을 얻는 방법이다.
④ 숏피닝(shot peening)은 정밀 다듬질된 공작물 위에 미세한 숫돌을 접촉시키고 공작물을 회전시키면서 축 방향으로 진동을 주어 치수 정밀도가 높은 표면을 얻는 방법이다.

***슈퍼 피니싱(super finishing)**
미세하고 연한 숫돌입자를 공작물 표면에 낮은 압력으로 가하면서 공작물에 이송을 주고 숫돌을 진동시키며 매끈하고 고정밀도의 표면으로 공작물을 다듬는 가공방법

***숏피닝(Shot Peening)**
금속표면에 구슬 알갱이를 고속으로 발사해 냉간가공의 효과를 얻고, 표면층에 압축 잔류응력을 부여하여 금속부품의 피로수명을 향상시키는 방법

28

다음 기계 가공 중에서 표면거칠기가 가장 우수한 것은?

① 내면연삭가공
② 래핑가공
③ 평면연삭가공
④ 호닝가공

29

다음 가공공정 중 연마입자를 사용하여 가공물의 표면정도를 향상시키는 것은?

① 선삭
② 밀링
③ 래핑
④ 드릴링

***래핑(Lapping)**
공작물과 랩 사이에 미세한 분말 상태의 랩제(연마입자)를 넣고 적당한 압력을 가하면서 상대 운동시키는 가공법으로, 표면 거칠기가 우수한 가공면을 얻을 수 있다.

25.③ 26.④ 27.④ 28.② 29.③

30

다음 중 정밀 입자가공에 해당하지 않는 것은?

① 호빙(hobbing)
② 래핑(lapping)
③ 슈퍼 피니싱(super finishing)
④ 호닝(honing)

***호빙(Hobbing)**
호브(hob)라는 공구로 기어의 톱니를 만드는 가공

래핑, 슈퍼 피니싱, 호닝은 정밀 입자가공에 속한다.

30.①

03

유체기기, 유압기기, 내연기관

Chapter 1

유체기계의 기본

유체기계란 물, 공기, 가스 등과 같은 유체를 매개체로 이용해서 일을 하여 최종적으로 역학적 에너지를 얻거나 주는 기계를 말한다.

1-1 유체기계의 종류

(1) **액체전동장치** : 유체 커플링, 토크 컨버터 등

(2) **수력기계** : 물을 매개체로 하여 일을 하는 유체기계이다.

① 펌프 : 터보형, 용적형 등
② 수차 : 충격수차, 반동수차, 펌프수차 등

(3) **공기기계** : 압축 공기를 매개체로 하여 일을 하는 유체기계이다.

① 저압식 : 송풍기, 풍차 등
② 고압식 : 압축기, 진공펌프, 압축공기기계 등

1-2 액체전동장치

액체를 사용하여 입력축의 회전을 출력축에 전달하는 장치이다.

(1) 액체전동장치의 장점 3가지

① 입력축의 진동이나 충격이 출력축에 전달되지 않는다.
② 전동이 확실하고 신속하게 이루어진다.
③ 두 축간의 회전비는 임의로 선정할 수 있다.

(2) 유체 커플링(Fluid Coupling)

입력축과 출력축을 일직선 상에 두고 입력축의 펌프로 액체를 수차에 송급하여 출력축을 회전시키는 기계요소 부품이다. 정상상태로 회류를 할 때 입력축과 출력축에 토크 차가 발생하지 않는다.

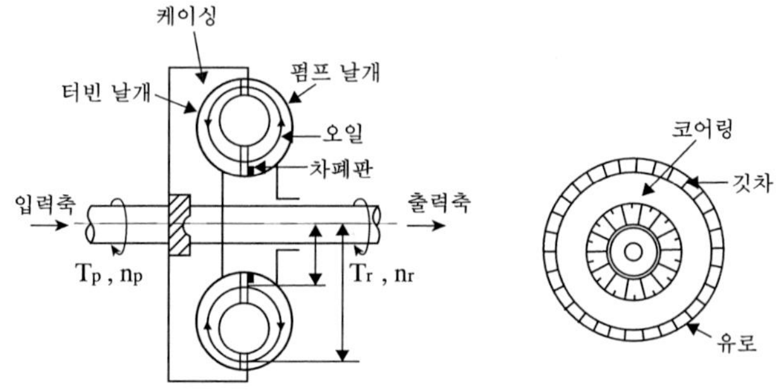

▌유체 커플링의 구성요소

① 주요 구성요소

㉠ 펌프(=회전차, 임펠러) : 기계의 운동 에너지를 이용하여 유체를 일정 방향으로 내보내는 장치
㉡ 수차(=깃차, 러너) : 유체의 위치에너지를 회전 운동 에너지로 변환시키는 장치
㉢ 케이싱 : 기계 내부를 보호하고 밀폐하는 장치
㉣ 코어링 : 유체의 충돌을 방지하여 효율 저하를 방지하는 장치

② 동력 전달 순서

㉠ 입력축이 회전한다.
㉡ 입력축에 연결된 펌프가 회전한다.
㉢ 펌프에서 나온 유체가 수차에 유입되어 회전한다.
㉣ 수차에 연결된 출력축이 회전한다.

③ 전동 효율(η) = 속도비(ε)×토크비(t) 이며 최대 전동 효율은 약 97%이다.

$$\eta = \frac{L_2}{L_1} = \frac{N_2}{N_1} = \frac{\omega_2}{\omega_1} = 1 - \frac{S}{100}$$

여기서, L_1 : 입력축의 동력, L_2 : 출력축의 동력
N_2 : 입력축의 회전수, N_2 : 출력축의 회전수
ω_1 : 입력축의 각속도, ω_2 : 출력축의 각속도
S : 미끄럼률 $= \left(1 - \frac{N_2}{N_1}\right) \times 100\%$

(3) 토크 컨버터(Torque Converter)

입력축과 출력축의 토크를 변동시키기 위해 사용하는 액체전동기기이다. 입력축에 의해 구동되는 펌프, 출력축을 회전시키는 수차와 안내깃(=안내날개, 스테이터)로 구성된다.

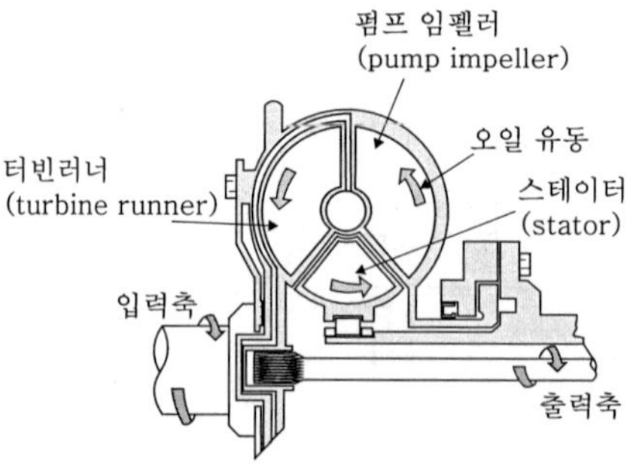

▌토크 컨버터 구성요소

① 주요 구성요소 : 펌프, 수차, 안내깃(=스테이터)

② 토크 관계식

$$T_2 = T_1 + T_s$$

여기서, T_s = 안내깃의 토크 $[N/mm^2]$
T_1 = 펌프의 입력축 토크 $[N/mm^2]$
T_2 = 수차의 출력축 토크 $[N/mm^2]$

③ 토크 컨버터의 특성 곡선

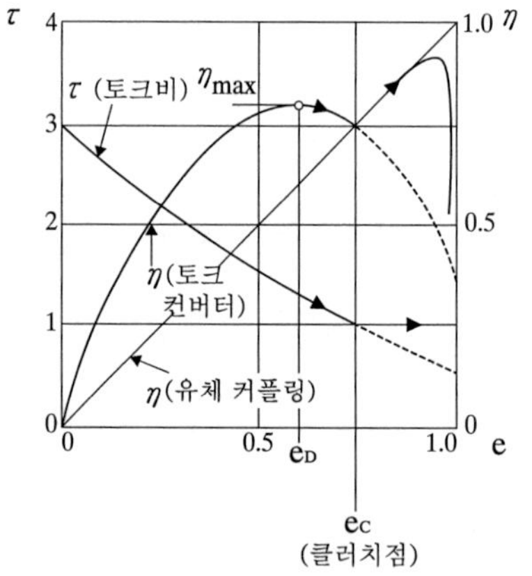

▌토크 컨버터의 특성 곡선

여기서,
τ : 토크비
η : 효율
e : 속도비
e_D : 토크 컨버터의 최대효율 속도비
e_C : 클러치점의 속도비

㉠ 속도비 0에서 토크비가 가장 크다.
㉡ 속도비가 증가하면 효율은 일정부분 증가하다가 다시 감소한다.
㉢ 토크비가 1이 되는 점을 클러치점(Clutch Point)이라고 한다.
㉣ 토크컨버터의 최고 효율은 약 90%를 미치지 못한다. 유체 커플링의 효율(97%)에 비해 낮다.
㉤ 동력 손실은 열에너지로 전환되어 작동 유체의 온도 상승에 영향을 미친다.
㉥ 유체 커플링과는 달리 입력축과 출력축의 토크차를 발생하게 하는 장치이다.

Memo

핵심 예상문제

유체기기, 유압기기, 내연기관

01. 유체기계의 기본

01

다음 중 유체기계로 분류할 수 없는 것은?

① 유압 기계 ② 공기 기계
③ 공작 기계 ④ 유체 전송 장치

***유체기계의 종류**
① 액체 전동 장치
② 수력기계
③ 공기기계
④ 유압기계
⑤ 유체 전송 장치

02

유체기계의 종류가 아닌 것은?

① 유체 커플링 ② 펌프
③ 벨트 컨베이어 ④ 송풍기

***유체기계의 종류**
① 액체전동장치
유체 커플링, 토크 컨버터 등

② 수력기계
물을 매개체로 하여 일을 하는 유체기계이다.
- 펌프 - 터보형, 용적형 등
- 수차 - 충격수차, 반동수차, 펌프수차 등

③ 공기기계
압축 공기를 매개체로 하여 일을 하는 유체기계이다.
- 저압식 - 송풍기, 풍차 등
- 고압식 - 압축기, 진공펌프, 압축공기기계 등

03

액체 전동장치의 특징이 아닌 것은?

① 입력축(원동축)의 진동이나 충격이 출력축(종동축)에 전달되지 않는다.
② 전동이 확실하고 신속하게 이루어진다.
③ 두 축간의 회전비는 임의로 선정할 수 있다.
④ 액체전동장치의 종류로는 유체 커플링, 수차, 펌프 등이 있다.

***액체전동장치의 장점 3가지**
① 입력축(원동축)의 진동이나 충격이 출력축(종동축)에 전달되지 않는다.
② 전동이 확실하고 신속하게 이루어진다.
③ 두 축간의 회전비는 임의로 선정할 수 있다.

✔액체전동장치의 종류로는 유체 커플링 및 토크 컨버터가 있다.

04

입력축과 출력축의 토크를 변환시키기 위해 펌프 회전차와 터빈 회전차의 중간에 스테이터를 설치한 유체전동기구는?

① 토크 컨버터 ② 유체 커플링
③ 축압기 ④ 서보 밸브

***토크 컨버터(torque converter)**
입력축(원동축)에 의해 구동되는 펌프(=회전차, 임펠러), 출력축(종동축)을 회전시키는 수차(=깃차, 러너)와 안내깃(=안내날개, 스테이터)로 구성된 기계요소 부품이다.

01.③ 02.③ 03.④ 04.①

05

유체전동장치인 토크컨버터에 대한 설명으로 옳지 않은 것은?

① 속도의 전 범위에 걸쳐 무단변속이 가능하다.
② 구동축에 작용하는 비틀림 진동이나 충격을 흡수하여 동력 전달을 부드럽게 한다.
③ 부하에 의한 원동기의 정지가 없다.
④ 구동축과 출력축 사이에 토크 차가 생기지 않는다.

***토크 컨버터(Torque Converter)**
입력축에 의해 구동되는 펌프, 출력축을 회전시키는 수차와 스테이터로 구성된 기계요소부품으로 속도의 전 범위에 걸쳐 무단변속이 가능하고, 입력축에 작용하는 비틀림 진동이나 충격을 흡수하여 동력전달을 부드럽게 하고, 부하에 의한 원동기의 정지가 없으며, 출력축(터빈)의 토크는 입력축(펌프)의 토크와 스테이터의 토크의 합과 같다. ($T_2 = T_1 + T_s$)

06

다음 토크 컨버터에 대한 설명으로 틀린 것은?

① 유체 커플링과는 달리 입력축과 출력축의 토크 차를 발생하게 하는 장치이다.
② 토크 컨버터는 유체 커플링의 설계점 효율에 비하여 다소 낮은 편이다.
③ 러너의 추력축 토크(T_2)는 회전차의 토크(T_1)에 스테이터 토크(T_s)를 뺀 값으로 나타난다.
④ 토크 컨버터의 동력 손실은 열에너지로 전환되어 작동유체의 온도 상승에 영향을 미친다.

***토크 컨버터의 토크 관계식**

$$T_2 = T_1 + T_s$$

$$\begin{cases} T_s = \text{안내깃(스테이터)의 토크}[N/mm^2] \\ T_1 = \text{회전차(임펠러)의 입력축 토크}[N/mm^2] \\ T_2 = \text{깃차(러너)의 출력축 토크}[N/mm^2] \end{cases}$$

07

유체 토크 컨버터(fluid torque converter)에 대한 설명 중 옳지 않은 것은?

① 유체 커플링과 달리 안내깃(stator)이 존재하지 않는 구조이다.
② 입력축의 토크보다 출력축의 토크가 증대될 수 있다.
③ 자동차용 자동변속기에 사용된다.
④ 출력축이 정지한 상태에서 입력축이 회전할 수 있다.

***토크 컨버터(Torque Converter)**
입력축에 의해 구동되는 펌프, 출력축을 회전시키는 수차와 스테이터(안내깃)로 구성된 기계요소부품으로 속도의 전 범위에 걸쳐 무단변속이 가능하고, 입력축에 작용하는 비틀림 진동이나 충격을 흡수하여 동력전달을 부드럽게 하고, 부하에 의한 원동기의 정지가 없으며, 출력축(터빈)의 토크는 입력축(펌프)의 토크와 스테이터의 토크의 합과 같다. ($T_2 = T_1 + T_s$)

08

유체를 매개로 하여 동력을 전달하는 장치로 유체를 가득 채운 케이싱 내부에 임펠러(impeller)를 서로 마주보게 세워두고 회전력을 전달하는 장치는?

① 축압기
② 체크 밸브
③ 유체 커플링
④ 유압 실린더

***유체 커플링(Fluid Coupling)**
유체를 매개로 하여 동력을 전달하는 장치로 유체를 가득 채운 케이싱 내부에 임펠러를 서로 마주보게 세워두고 회전력을 전달하는 축이음 장치

05.④ 06.③ 07.① 08.③

09

토크 컨버터의 특성곡선 중 A점이 나타내는 것은 무엇인가?
(단, t는 토크비이며, η는 효율이다)

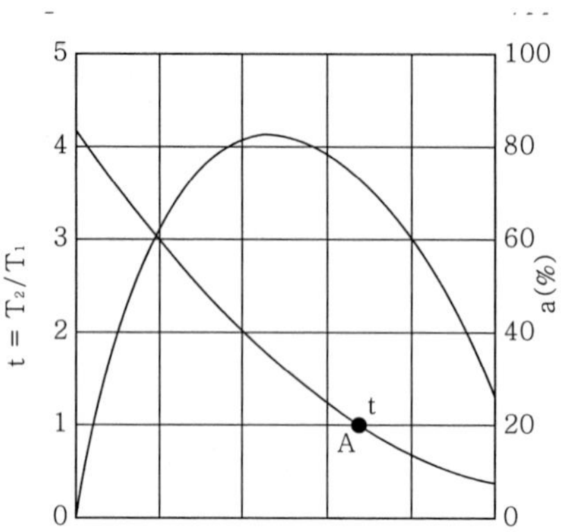

① 속도 점 ② 토크변환 점
③ 클러치 점 ④ 실속 토크 점

토크비가 1이 되는 점을 클러치 점 (clutch point) 이라고 한다.

Memo

03

Chapter 2

수력기계(펌프)

펌프란 기계적 에너지를 받아서 액체에 운동에너지와 압력에너지를 공급하여 액체의 위치를 저압부에서 고압부로 바꾸어주는 수력기계이다. 크게 터보형 펌프와 용적형 펌프로 나누어진다.

2-1 터보형 펌프

깃(=날개, vane)을 가진 회전차의 회전에 의해 유입되는 액체에 운동에너지를 부여하고 다시 와류실 등의 구조에 의하여 압력에너지로 변환시키는 형식의 펌프이다. 크게 원심펌프, 사류펌프, 축류펌프 3가지로 나누어지며 저압, 고속 회전에 적합하다.

(1) 원심펌프(Centrifugal Pump)

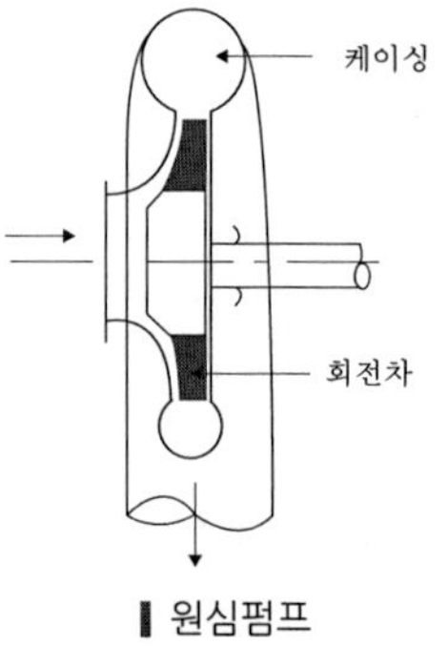

▎원심펌프

케이싱 내에서 회전하는 회전차가 반경방향 또는 경사방향으로 유입된 액체에 원심력을 주어 액체의 압력을 증가시켜 낮은 곳에서 높은 곳으로 액체를 올리는 펌프이다.
비속도는 $n_s = 100 \sim 750$이고, 펌프의 양정은 $H = 4m$ 이상이다.

① 주요 구성요소

본체, 안내깃(=가이드 베인, 디퓨저 베인), 와류실, 회전차(=임펠러), 케이싱(=와실), 봉수관, 베어링, 봉수링 등

② 원심 펌프의 분류

<흡입구의 수에 따른 분류>

㉠ 편흡입펌프(=단흡입펌프) : 흡입구가 한쪽에만 있는 펌프이며 소용량이다.
㉡ 양흡입펌프 : 흡입구가 양쪽에 있는 대유량 펌프이며 대용량이다.

<단의 수에 따른 분류>

㉠ 단단펌프 : 회전차가 1개만 있는 펌프이며 저양정에서 사용한다.
㉡ 다단펌프 : 1개의 축에 회전차를 여러개 장치하여 순서대로 압력을 증가시키는 펌프이며 고양정에서 사용한다.

<안내깃의 유무에 따른 분류>

㉠ 볼류트 펌프 : 안내깃이 없는 펌프로 비속도는 $n_s=350$이며, 펌프의 양정은 $H=5\sim12m$으로 저양정에서 사용한다.

㉡ 터빈 펌프(=디퓨저 펌프) : 안내깃이 있는 펌프로 비속도는 $n_s=120\sim350$이며, 펌프의 양정은 $H=20\sim30m$으로 고양정에서 사용한다.

<케이싱 형상에 따른 분류>

㉠ 원통형 ㉡ 베럴형 ㉢ 분할형 ㉣ 상하분할형

(2) 사류펌프(Diagonal Flow Pump)

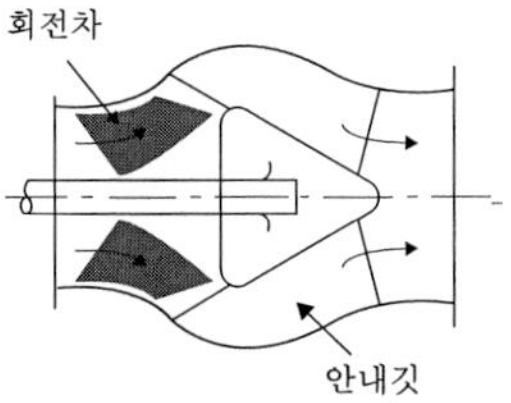

▌사류펌프

원심펌프와 축류펌프의 중간적인 특성을 가졌으며 회전차를 통과하는 유체의 방향이 회전차의 축방향과 반경방향의 중간인 경사방향으로 유입, 유출되는 구조이다. 구동 동력은 송출량에 상관없이 거의 일정하다는 장점이 있다. 비속도는 $n_s=700\sim1200$이며, 펌프의 양정은 $H=5\sim12m$으로 저양정에서 사용한다.

① 주요 구성요소

본체, 안내깃, 회전차, 케이싱, 베어링 등

① 사류펌프의 특징

㉠ 원심펌프보다 고속 회전을 할 수 있다.
㉡ 소형 경량으로 제작이 가능하다.
㉢ 원심력과 양력을 이용한 터보형 펌프이다.
㉣ 임의의 송출량에서도 안전한 운전을 할 수 있고, 체절 운전이 가능하다.
㉤ 구동 동력은 송출량에 따라 크게 변화하지 않는다.

② 사류펌프의 분류

㉠ 원심형 사류펌프 : 회전차는 전, 후면에 슈라우드가 있다. 원심펌프에 비하여 깃의 폭은 넓고 회전차 외경은 작다.

㉡ 축류형 사류펌프 : 전면 슈라우드가 없으며 안내깃이 설치되어 있다. 원심형 사류펌프에 비해 비속도가 크다.

(3) 축류펌프(Axial Flow Pump)

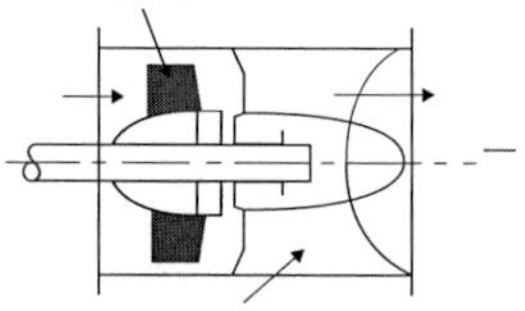

▌축류펌프

회전차의 축방향으로 들어온 유체가 그대로 축방향으로 흘러 나가는 펌프이다. 회전차를 통과할 때의 속도 차에 따라 압력차를 발생시키고 이 에너지를 이용하여 양수하는 방식이다.
비속도는 $n_s=1200\sim2000$이고, 펌프의 양정은 $H=5m$ 이하로 저양정에서 사용한다.

① 주요 구성요소

회전차, 축, 안내깃, 동체, 베어링 등

② 특징

㉠ 대용량, 저양정의 단단 펌프로써 많이 사용된다.
㉡ 비속도가 크고 유량이 크며, 저양정에 적합하다.
㉢ 구조가 간단하고, 유로가 짧아 고속운전에 적합하다.
㉣ 회전차의 날개가 매우 큰 편이다.

✔ 실속(Stall) 현상 : 익형의 영각 증가에 따라 양력계수가 직선적으로 증가하여 최대 값에 달한 후 급격히 감소하는 현상

✔ 종횡비(Aspect Ratio) : 익폭과 익현의 길이의 비

(4) 펌프 사용시 발생하는 현상

① 공동현상(=캐비테이션, Cavitation)

펌프에 흐르는 유체의 압력이 국소적으로 저하하여 포화 증기압 이하로 떨어져 기포가 발생하는 현상이다. 주로, 회전차 날개의 입구를 조금 지난 날개의 이면(back)에서 일어난다.

<공동현상 발생 원인>

㉠ 배관 속 유체 및 배관의 온도가 높은 경우
㉡ 회전차의 회전 속도가 너무 큰 경우
㉢ 흡입 관경이 너무 작은 경우
㉣ 펌프의 마찰 손실이 큰 경우
㉤ 유량이 크고 배관의 길이가 긴 경우

<공동현상 방지대책>

㉠ 흡입관은 가능한 짧게 한다.
㉡ 펌프의 설치 높이를 최대한 낮게 설정하여 흡입양정을 짧게 한다.
㉢ 회전차를 수중에 완전히 잠기게 하여 운전한다.
㉣ 편흡입 보다는 양흡입 펌프를 사용한다.
㉤ 펌프의 회전수를 낮추어 흡입 비속도를 적게한다.
㉥ 마찰저항이 적은 흡입관을 사용한다.
㉦ 배관을 경사지게 하지 말고 완만하고 짧은 것을 사용한다.
㉧ 필요유효흡입수두를 작게 하거나 가용유효흡입수두를 크게 하여 방지한다.

– 토마 캐비테이션 계수 (σ)

$$\sigma = \left(\frac{n_s}{S}\right)^{\frac{3}{4}} = \frac{\Delta H}{H}$$

여기서, ΔH : 유효흡입수두($NPSH$)
H : 펌프의 양정
S : 흡입비교회전도
n_s : 비속도

– 토마 캐비테이션 계수를 사용하여 캐비테이션이 발생하지 않는 영역

$$H_a - H_v - H_s > \sigma H$$

여기서, H_a : 대기압 수두
H_v : 포화 증기압 수두
H_s : 흡출고

② 수격작용(Water Hammering)

유체의 움직임이 변화함에 따라 순간적인 압력으로 인해 관 내부에 소음과 충격을 발생시키는 현상이다.

<수격작용 발생원인>

㉠ 관경이 작을 경우
㉡ 유속이 빠를 경우
㉢ 플러시 밸브나 수전류를 급격히 열고 닫을 경우
㉣ 굴곡 개소가 많을 경우

<수격작용 방지대책>

㉠ 펌프에 플라이 휠을 붙여 펌프의 관성을 증가시킨다.
㉡ 펌프가 급정지 하지 않도록 한다.
㉢ 토출 관로에 서지탱크 또는 서지밸브를 설치한다.
㉣ 토출배관은 가능한 큰 구경을 사용하여 관내의 유속을 낮춘다.
㉤ 밸브는 송출구 가까이 설치하여 제어한다.
㉥ 서지탱크(조압수조)를 관로에 설치한다.

③ 서징현상(=맥동현상)

펌프, 송풍기 등이 운전 중에 입구와 출구의 진공계, 압력계의 바늘이 흔들리고 동시에 송출 유량이 변화하는 현상이다.

<서징현상 발생 원인>

㉠ 펌프의 특성곡선($H-Q$ 곡선)이 우향상승 구배일 때
㉡ 배관 중에 물탱크나 공기탱크가 있는 경우
㉢ 유량조절 밸브가 탱크의 뒤쪽에 있는 경우

<서징현상 방지 대책>

㉠ 유량 조절 밸브를 펌프 토출 측 직후에 설치한다.
㉡ 배관 중에 수조 또는 기체 상태인 부분이 없도록 한다.
㉢ 펌프의 양수량을 증가시키거나 임펠러의 회전수를 변경한다.

④ 축추력(Axial Thrust)

터보형 유체기계의 회전 부분에 작용하는 힘에 의하여 생기는 축 방향의 힘이다.

<축추력의 방지 대책>

㉠ 평형원판, 평형공, 웨어링 링을 설치한다.
㉡ 스러스트 베어링을 사용한다.
㉢ 양흡입형 회전차를 사용한다.
㉣ 자기평형 방식의 회전차를 반대 방향으로 배치한다.
㉤ 후면측벽에 방사상의 리브를 설치한다.
㉥ 밸런스 홀을 설치한다.

2-2 용적형 펌프

압력의 변화에 상관없이 일정 속도에서 일정한 유량을 제공하는 펌프이다. 크게 왕복식, 회전식, 특수형 펌프로 나누어진다.

(1) 왕복식 펌프(Reciprocating Pump)

실린더 내의 피스톤 또는 플런저가 왕복운동을 하여 유체에 압력을 가해 이송하는 펌프이다. 크게 버킷, 피스톤, 플런저 펌프로 나누어진다.

① 왕복식 펌프의 특징

㉠ 소형, 고압, 고점도 유체에 적당하다.
㉡ 회전수가 변해도 토출압력의 변화가 적다.
㉢ 정량토출이 가능하고 수송량을 가감 가능하다.
㉣ 맥동이 일어나기 쉽다.
㉤ 액의 성질이 변할 수 있다.

② 주요 구성요소

㉠ 흡입관
㉡ 송출관
㉢ 공기실 : 왕복식 펌프의 유량변동을 평균화 시키는 역할
㉣ 풋밸브 : 운전이 정지되더라도 흡입관 내에 물이 역류하는 것을 방지
㉤ 스트레이너(=여과기) : 물속에 불순물이 들어가는 것을 방지

(2) 회전식 펌프(Rotary Pump)

회전차의 회전에 의해 액체를 흡입하고 압축을 하는 펌프이다. 크게 재생펌프, 기어 펌프, 베인펌프, 나사펌프로 나누어진다.

① 기어펌프

2개의 기어가 맞물리는 것을 이용하여 기어의 이와 이 사이의 액체를 기어의 회선에 따라 송출측으로 토출시키는 펌프이다.

▌기어펌프

㉠ 기어펌프의 특징

- 구조가 간단하고 운전이 쉽다.
- 비교적 저가이지만, 피스톤펌프보다 효율은 다소 떨어지는 편이다.
- 주로 석유 화학, 도료, 식품, 의약품 등의 용도에 쓰인다.

㉡ 기어펌프의 종류

- 외접형 : 비교적 구조가 단순하고 동일한 기어를 사용하여 유지관리 비용이 저렴하다.
- 내접형 : 맥동이 작고 마모도가 낮아 고속회전 및 고압에 적합하다. 누설이 적고 효율이 양호하며 소음이 적게 발생한다.

② 나사펌프(=스크류펌프)

케이싱 속에 나사가 있는 로터를 회전시켜 유체를 나사 홈 사이를 통해 밀어내는 펌프이다.

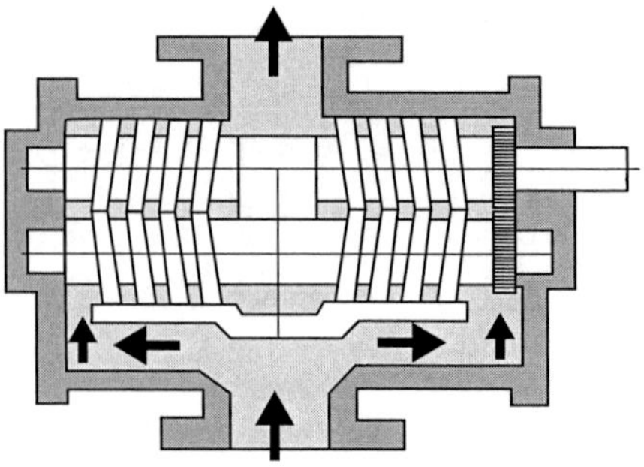

▌나사펌프(=스크류펌프)

㉠ 운전이 조용하고 고속운전이 가능하다.
㉡ 점도가 낮은 오일을 사용할 수 있으며 대형 펌프 제작이 가능하다.
㉢ 주로 윤활유, 연료 오일, 제지, 펄프 등의 용도에 쓰인다.

③ 베인펌프

회전실 중심의 약간 편심된 로터가 회전하면 베인이 원심력에 의해 벽쪽으로 붙어 흡입된 유체가 압축되어 빠져나가는 펌프이다.

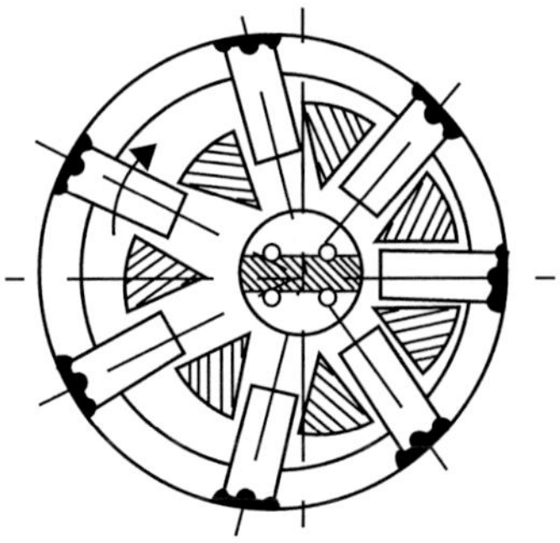

▌베인펌프

㉠ 수명이 길고 안전된 성능을 발휘할 수 있다.
㉡ 유지 및 보수가 용이하다.
㉢ 형상치수가 작은 편이다.
㉣ 주로 석유, 식품, 화학, 저점도 유체 등에 쓰인다.

④ 로브펌프

케이싱 내부에 있는 로브를 회전시켜 유체를 흡입하고 토출하는 펌프이다.

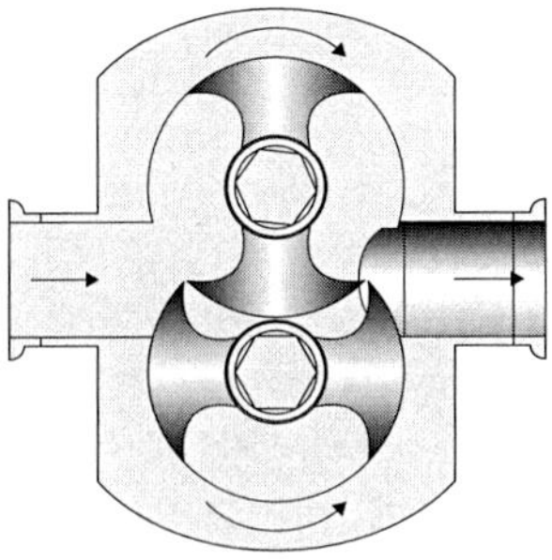

▌로브펌프

㉠ 케이싱과 구동부 사이의 공간이 넓어 큰 사이즈의 고형물 이송이 가능하다.
㉡ 배관 및 구동장치의 해체 없이 신속하게 수리가 가능하다.
㉢ 주로 오폐수, 제약, 석유, 화학 등의 용도에 쓰인다.

(3) 특수형 펌프

① 기포펌프

양수관 하단의 물속으로 압축공기를 송입하여 물의 비중을 가볍게 하고, 발생되는 기포의 부력을 이용한 펌프이다.

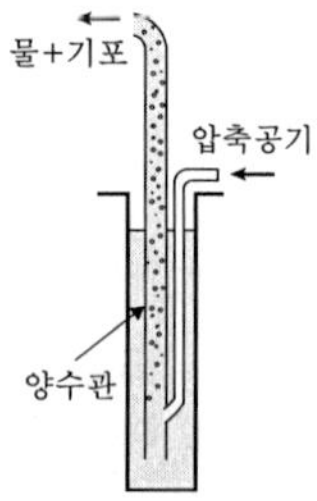

▌기포펌프

㉠ 펌프자체에 가동부가 없어 구조가 간단하고 고장이 적다.
㉡ 주로 모래나 고형물 등 이물질을 포함한 물의 양수에 적합하다.

② 분사펌프(=제트펌프)

수중에 제트(분사)부를 설치하고 벤츄리관의 원리를 이용하여 유체를 노즐에서 고속 분사시켜 압력저하에 의한 흡인작용을 이용한 펌프이다.

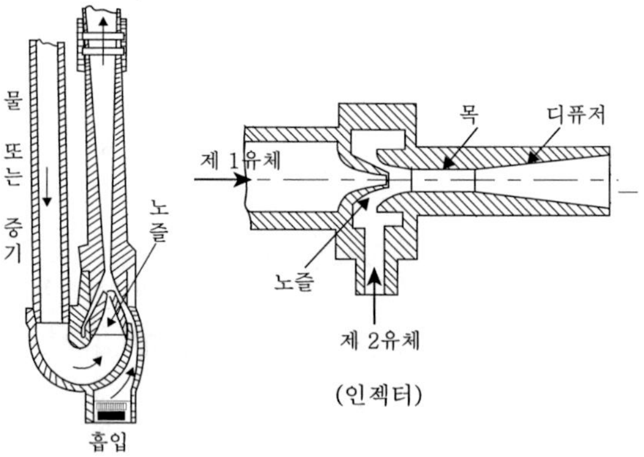

▌분사펌프(=제트펌프)

㉠ 가동부가 없어 고장이 적고 취급이 간단하다.
㉡ 효율이 낮은 편이다.
㉢ 증기를 사용하여 보일러의 급수에 사용하는 인젝터 등에 적합하다.
㉣ 물 또는 공기를 사용해서 오수를 배출시키는 배수펌프 등에 적합하다.

2-3 펌프의 주요 공식

(1) 펌프의 양정(=수두)

물을 양수할 때 펌프가 물을 끌어 올리는 높이를 의미한다.

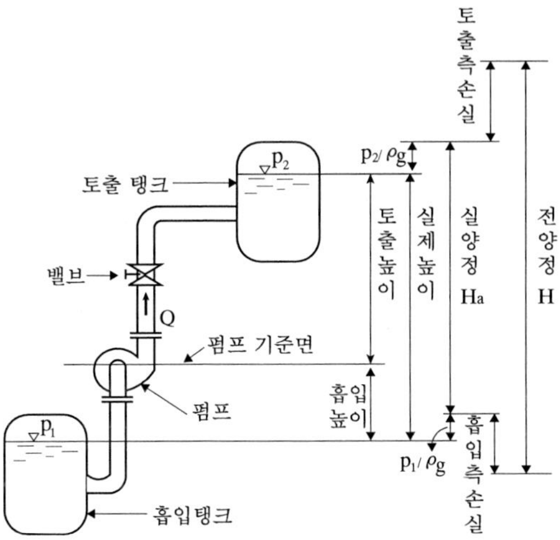

▌펌프의 양정 설명도

① 실양정(H_a) = 흡입실양정(H_s) + 송출실양정(H_d)

② 전양정(H) = 실양정(H_a) + 손실수두(h_ℓ) = $H_s + H_d + h_\ell$

(2) 펌프의 동력

$$L_w = \frac{\gamma Q H}{75}[PS] = \frac{\gamma Q H}{102}[kW]$$ 여기서, γ : 비중량 $[kg_f/m^3]$

$$L_w = \frac{\gamma Q H}{735}[PS] = \frac{\gamma Q H}{1000}[kW]$$ 여기서, γ : 비중량 $[N/m^3]$

여기서, H : 물의 전양정 $[m]$
Q : 송출유량 $[m^3/s]$

(3) 펌프의 효율

① 체적효율(용적효율) : $\eta_v = \dfrac{Q}{Q+\Delta Q}$

여기서,
Q : 펌프의 송출 유량 $[m^3/s]$
$Q+\Delta Q$: 회전차 속을 지나는 유량 $[m^3/s]$

② 기계효율 : $\eta_m = \dfrac{L-L_m}{L}$

여기서,
L : 축 동력 $[kW]$
L_m : 기계 손실 동력 $[kW]$

③ 수력효율 : $\eta_h = \dfrac{H}{H_{th}} = \dfrac{H_{th}-h_\ell}{H_{th}}$

여기서,
h_ℓ : 펌프 내 수력손실 $[m]$
H : 전양정 $[m]$
H_{th} : 이론양정 $[m]$

④ 전효율 : $\eta = \dfrac{L_w}{L} = \dfrac{\text{수동력}}{\text{축동력}} = \eta_m \times \eta_h \times \eta_v$

(4) 비속도(=비교회전도)

$$n_s = \frac{N\sqrt{Q}}{\left(\frac{H}{i}\right)^{\frac{3}{4}}}$$

여기서,
N : 회전차의 회전수 $[rpm]$
Q : 펌프의 송출 유량 $[m^3/s]$
H : 전양정 $[m]$
i : 단 수

(5) 펌프의 양수량(=실제 양수량)

$$Q = \eta_v \frac{\pi D^2}{4} LNZ$$

여기서,
η_v : 체적 효율
D : 지름 $[m]$
L : 피스톤 행정 $[m]$
N : 회전차의 회전수 $[rpm]$
Z : 실린더 수

(6) 익형의 양력 및 항력

① 양력 : $L = C_L \rho L \dfrac{v^2}{2} A$

② 항력 : $D = C_D \rho L \dfrac{v^2}{2} A$

여기서,
C_L : 양력 계수
C_D : 항력 계수
ρ : 유체의 밀도 $[kg/m^3]$
A : 익현의 투영면적 $[m^2]$
v : 유효 상대 속도 $[m/s]$

(7) 펌프의 상사법칙

① 형상이 상사인 2개의 회전차인 경우

㉠ 유량 : $\frac{Q_2}{Q_1} = \left(\frac{D_2}{D_1}\right)^3 \left(\frac{N_2}{N_1}\right)$

㉡ 양정 : $\frac{H_2}{H_1} = \left(\frac{D_2}{D_1}\right)^2 \left(\frac{N_2}{N_1}\right)^2$

㉢ 동력 : $\frac{L_2}{L_1} = \left(\frac{D_2}{D_1}\right)^5 \left(\frac{N_2}{N_1}\right)^3$

② 형상이 상사인 1개의 회전차인 경우

㉠ 유량 : $\frac{Q_2}{Q_1} = \frac{N_2}{N_1}$

㉡ 양정 : $\frac{H_2}{H_1} = \left(\frac{N_2}{N_1}\right)^2$

㉢ 동력 : $\frac{L_2}{L_1} = \left(\frac{N_2}{N_1}\right)^3$

핵심 예상문제

유체기기, 유압기기, 내연기관

02. 수력기계(펌프)

01

펌프는 크게 터보형과 용적형, 특수형으로 구분하는데, 다음 중 터보형 펌프에 속하지 않는 것은?

① 원심식 펌프 ② 사류식 펌프
③ 왕복식 펌프 ④ 축류식 펌프

02

적은 내부 누설량을 무시하면 시스템 압력의 변동에 무관하게 펌프의 토출량이 일정한 특성을 갖는 펌프가 용적식 펌프(positive displacement pump)이다. 용적식 펌프에 해당하지 않는 것은?

① 기어 펌프
② 임펠러 펌프
③ 베인 펌프
④ 피스톤 펌프

03

다음 중 원심식 펌프에 해당하는 것만으로 묶은 것은?

① 피스톤 펌프, 플런저 펌프
② 벌류트 펌프, 터빈 펌프
③ 기어 펌프, 베인 펌프
④ 마찰 펌프, 제트 펌프

04

회전펌프의 종류가 아닌 것은?

① 나사 펌프
② 기어 펌프
③ 베인 펌프
④ 플런저 펌프

05

유압기기에 대한 설명으로 옳지 않은 것은?

① 유압기기는 큰 출력을 낼 수 있다.
② 비용적형 유압펌프로는 베인 펌프, 피스톤 펌프 등이 있다.
③ 유압기기에서 사용되는 작동유의 종류에는 석유 계통의 오일, 합성유 등이 있다.
④ 유압실린더는 작동유의 압력 에너지를 직선 왕복운동을 하는 기계적 일로 변환시키는 기기이다.

06

용적식 펌프로 분류되지 않는 것은?

① 터빈 펌프
② 기어 펌프
③ 베인 펌프
④ 피스톤 펌프

01.③ 02.② 03.② 04.④ 05.② 06.①

*펌프의 분류

분류	명칭
용적형	① 회전식(기어펌프, 베인펌프, 나사펌프) ② 왕복식(피스톤펌프, 플런저펌프)
터보형	① 원심식(벌류트펌프, 터빈펌프) ② 축류식 ③ 사류식
특수형	① 제트펌프 ② 마찰펌프 ③ 기포펌프 ④ 진공펌프 ⑤ 와류펌프

(터보형=비용적형)

07

펌프 한 대에 회전차(Impeller) 한 개를 단 펌프는 다음 중 어느 것인가?

① 2단 펌프
② 3단 펌프
③ 다단 펌프
④ 단단 펌프

08

펌프 한 대에 회전차(Impeller) 여러 개를 단 펌프는 다음 중 어느 것인가?

① 2단 펌프
② 3단 펌프
③ 다단 펌프
④ 단단 펌프

*단의 수에 따라 분류

① 단단펌프 : 회전차(임펠러)가 1개만 있는 펌프 (저양정에서 사용)

② 다단펌프 : 1개의 축에 회전차(임펠러)를 여러 개 장치하여 순서대로 압력을 증가시키는 펌프 (고양정에서 사용)

09

다음 원심펌프의 기본 구성품 중에서 펌프의 종류에 따라서는 없어도 가능한 구성품은?

① 회전차(Impeller)
② 안내깃(Guide vane)
③ 케이싱(Casing)
④ 펌프축(Pump shaft)

*원심펌프 안내깃의 유무에 따라 분류

① 볼류트 펌프
: 안내깃이 없는 펌프
(양정 15m 이하의 저양정에서 사용)

② 터빈 펌프(=디퓨저 펌프)
: 안내깃이 있는 펌프
(양정 20m 이상의 고양정에서 사용)

10

원심펌프의 케이싱에 의한 분류에 포함되지 않는 것은?

① 원추형　② 원통형
③ 베럴형　④ 상하분할형

07.④ 08.③ 09.② 10.①

*케이싱에 의한 분류
원통형, 베럴형, 분할형, 상하분할형

11

터보형 펌프에서 회전차를 통과하는 유체의 방향이 회전차축의 축방향과 반지름 방향의 중간인 펌프형식은?

① 원심식 ② 축류식
③ 사류식 ④ 반경류식

*사류펌프(diagonal flow pump)
원심펌프와 축류펌프의 중간적인 특성을 가졌으며 유체가 회전축에 대해 비스듬하게 흘러, 원심력을 받으면서 동시에 축 방향으로도 가속되는 펌프이다. 즉, 회전차를 통과하는 유체의 방향이 회전차의 축 방향과 반경방향의 중간인 경사방향으로 유입, 유출되는 구조이다. 비속도는 $n_s=700\sim1200$이며, 펌프의 양정은 $H=5\sim12m$이다.

12

축류펌프의 익형에서 실속(stall) 현상으로 옳은 것은?

① 익형의 영각 증가에 따라 양력계수가 갑자기 증가한다.
② 익형의 영각 증가에 따라 항력계수와 양력계수가 함께 감소한다.
③ 익형의 영각 증가에 따라 양력계수가 직선적으로 증가하여 최대값에 달한 후 급격히 감소한다.
④ 익형의 영각 증가에 따라 양력계수가 직선적으로 증가하여 최대값에 달한 후 급격히 증가한다.

*실속(stall) 현상
익형의 영각 증가에 따라 양력계수가 직선적으로 증가하여 최대값에 달한 후 급격히 감소한다.

13

캐비테이션(cavitation) 현상이 일어날 때 관계가 없는 것은?

① 소음과 진동 발생
② 펌프의 효율 증가
③ 가동날개에 부식 발생
④ 심한 충격 발생

캐비테이션이 발생하면 펌프의 효율이 저하된다.

14

유압펌프에서 공동현상(cavitation)을 방지하는 방법으로 가장 옳지 않은 것은?

① 펌프 설치 높이를 가능한 한 낮춤
② 두 대 이상의 펌프를 사용
③ 저항을 작게 하여 손실 수두를 줄임
④ 펌프의 회전수를 높임

15

펌프 내 발생하는 공동현상을 방지하기 위한 설명으로 가장 옳지 않은 것은?

① 펌프의 설치 위치를 낮춘다.
② 펌프의 회전수를 증가시킨다.
③ 단흡입 펌프를 양흡입 펌프로 만든다.
④ 흡입관의 직경을 크게 한다.

11.③ 12.③ 13.② 14.④ 15.②

*공동현상(Cavitation) 방지법
① 흡입관은 가능한 짧게 한다.
② 펌프의 설치높이를 최소로 낮게 설정하여 흡입 양정을 짧게 한다.
③ 회전차를 수중에 완전히 잠기게 하여 운전한다.
④ 편흡입 보다는 양흡입 펌프를 사용한다.
⑤ 펌프의 회전수를 낮추어 흡입 비속도를 적게한다.
⑥ 마찰저항이 적은 흡입관을 사용한다.
⑦ 배관을 경사지게 하지 말고 완만하고 짧은 것을 사용한다.
⑧ 필요유효흡입수두를 작게 하거나 가용유효흡입 수두를 크게 하여 방지한다.
⑨ 흡입관의 직경을 크게 한다.

16

토마계수 σ를 사용하여 펌프의 캐비테이션이 발생하는 한계를 표시할 때, 캐비테이션이 발생하지 않는 영역을 바르게 표시한 것은?
(단, H는 유효낙차, Ha는 대기압 수두, Hv는 포화 증기압 수두, Hs는 흡출고를 나타낸다. 또한, 펌프가 흡출하는 수면은 펌프 아래에 있다.)

① $Ha-Hv-Hs>\sigma\times H$
② $Ha+Hv-Hs>\sigma\times H$
③ $Ha-Hv-Hs<\sigma\times H$
④ $Ha+Hv-Hs<\sigma\times H$

*토마 캐비테이션 계수(σ)

$$\sigma=\left(\frac{n_s}{S}\right)^{\frac{3}{4}}=\frac{\Delta H}{H}$$

$$\begin{cases}\Delta H: \text{유효흡입수두}(NPSH) \\ H: \text{펌프의 양정} \\ S: \text{흡입비교회전도} \\ n_s: \text{비교회전도(비속도)}\end{cases}$$

*토마 캐비테이션 계수를 사용하여 캐비테이션이 발생하지 않는 영역

$$Ha-Hv-Hs>\sigma H \quad \begin{cases}Ha: \text{대기압 수두} \\ Hv: \text{포화 증기압 수두} \\ Hs: \text{흡출고}\end{cases}$$

17

펌프설비의 수격작용(water hammering)에 의한 피해에서 제 1기간에 해당하는 것은?

① 제동 특성 범위
② 펌프 특성 범위
③ 수차 특성 범위
④ 모터 특성 범위

*수격작용(water hammering)
유체의 움직임이 변화함에 따라 순간적인 압력으로 인해 관 내부에 소음과 충격을 발생시키는 현상이다. 펌프특성범위를 제 1기간(압력강하), 제동특성범위를 제 2기간(압력상승)이라 한다.

18

펌프(pump)에 대한 설명으로 옳지 않은 것은?

① 송출량 및 송출압력이 주기적으로 변화하는 현상을 수격현상(water hammering)이라 한다.
② 왕복펌프는 회전수에 제한을 받지 않아 고양정에 적합하다.
③ 원심펌프는 회전차가 케이싱 내에서 회전할 때 발생하는 원심력을 이용한다.
④ 축류 펌프는 유량이 크고 저양정인 경우에 적합하다.

*서징현상(맥동현상, Surging)
펌프의 운전 중 압력계기의 눈금이 어떤 주기를 가지고 큰 진폭으로 흔들림과 동시에 송출량과 송출압력은 어떤 범위에서 주기적으로 변동이 발생하고 흡입 및 토출배관의 주기적인 진동과 소음을 수반하는 현상

*수격작용(Water Hammering)
관 속에 유체가 흐르고 있을 때 순간적인 밸브의 개폐에 의해 압력이 급격히 상승하여 압력파를 일으켜 배관과 펌프에 손상을 일으키는 현상

16.① 17.② 18.①

19

펌프 운전 중에 토출량의 변동이 발생하여 흡입 및 토출 배관에서 주기적인 진동과 소음이 수반되는 현상은?

① 서징(surging)
② 공동현상(cavitation)
③ 오일포밍(oil foaming)
④ 축추력현상(axial thrust force)

***서징현상(맥동현상, Surging)**
펌프 운전 중에 토출량의 변동이 발생하여 흡입 및 토출 배관에서 주기적인 진동과 소음이 수반되는 현상

20

유체기계를 운전할 때 송출량 및 압력이 주기적으로 변화하는 현상(진동을 일으키고 숨을 쉬는 것과 같은 현상)으로 옳은 것은?

① 공동현상(cavitation)
② 노킹현상(knocking)
③ 서징현상(surging)
④ 난류현상

***서징현상(맥동현상, Surging)**
펌프의 운전 중 압력계기의 눈금이 어떤 주기를 가지고 큰 진폭으로 흔들림과 동시에 송출량과 송출 압력은 어떤 범위에서 주기적으로 변동이 발생하고 흡입 및 토출배관의 주기적인 진동과 소음을 수반하는 현상

21

펌프에서 발생하는 축추력의 방지책으로 거리가 먼 것은?

① 평형판을 사용
② 밸런스 홀을 설치
③ 단방향 흡입형 회전차를 채용
④ 스러스트 베어링을 사용

***축추력의 방지대책**
① 평형원판, 평형공, 웨어링 링을 설치한다.
② 스러스트 베어링을 사용한다.
③ 양흡입형 회전차를 사용한다.
④ 자기평형 방식의 회전차를 반대 방향으로 배치한다.
⑤ 후면측벽에 방사상의 리브를 설치한다.
⑥ 밸런스 홀을 설치한다.

22

플런저(plunger)펌프는 어느 형식에 속하는가?

① 원심식 ② 축류식
③ 왕복식 ④ 회전식

***왕복식 펌프의 종류**
① 피스톤 펌프 ② 플런저 펌프

19.① 20.③ 21.③ 22.③

23

다음 중 그 구조나 사용 용도, 사용 빈도 등의 관점에서 볼 때 일반펌프가 아닌 특수펌프만으로 구성된 것은?

① 마찰 펌프, 제트 펌프, 기포 펌프, 수격펌프
② 용적형 펌프, 재생 펌프, 축류 펌프, 벌류트 펌프
③ 피스톤 펌프, 플런저 펌프, 기어 펌프, 베인 펌프
④ 회전형 펌프, 프로펠러 펌프, 원심 펌프, 수격 펌프

***특수형 펌프의 종류**
① 마찰 펌프
② 제트 펌프(분사 펌프)
③ 기포 펌프
④ 수격 펌프

24

흡입 실양정 $35m$, 송출 실양정 $7m$인 펌프장치에서 전양정은 약 몇 m인가?
(단, 손실수두는 없다.)

① 28　　② 35
③ 7　　④ 42

H_a(실양정) $= H_s + H_d = 35 + 7 = 42m$
$\therefore H$(전양정) $= H_a + h_\ell = 42 + 0 = 42m$

25

흡입 실양정 $15m$, 송출 실양정 $10m$인 펌프장치에서 손실수두가 $5m$일 때 전양정은 약 몇 m인가?

① 20　　② 25
③ 30　　④ 40

H_a(실양정) $= H_s + H_d = 15 + 10 = 25m$
$\therefore H$(전양정) $= H_a + h_\ell = 25 + 5 = 30m$

26

다음 중 왕복 펌프의 양수량 $Q[m^3/\min]$를 구하는 식으로 옳은 것은?
(단, 실린더 지름을 $D[m]$, 행정을 $L[m]$, 크랭크 회전수를 $n[rpm]$, 체적효율을 η_v, 크랭크 각속도를 $\omega[s^{-1}]$라 한다.)

① $Q = \eta_v \frac{\pi}{4} DLn$　　② $Q = \frac{\pi}{4} D^2 Ln$
③ $Q = \eta_v \frac{\pi}{4} D^2 Ln$　　④ $Q = \eta_v \frac{\pi}{4} D^2 L\omega$

***펌프의 양수량(실제 양수량)**

$$Q[m^3/\min] = \eta_v \frac{\pi D^2}{4} Ln \quad \begin{cases} \eta_v : \text{체적 효율}[\%] \\ D : \text{지름}[m] \\ L : \text{피스톤 행정}[m] \\ n : \text{회전수}[rpm] \end{cases}$$

23.① 24.④ 25.③ 26.③

27

동일한 펌프에서 임펠러 외경을 변경했을 때 가장 적합한 설명은?

① 양정은 임펠러 외경의 자승에 비례한다.
② 동력은 임펠러 외경의 3승에 비례한다.
③ 토출량은 임펠러 외경에 비례한다.
④ 토출량과 양정은 임펠러 외경에 비례하고, 동력은 임펠러 외경의 자승에 비례한다.

***펌프의 상사법칙**
-형상이 상사인 2개의 회전차인 경우

① 유량 : $\frac{Q_2}{Q_1} = \left(\frac{D_2}{D_1}\right)^3 \left(\frac{n_2}{n_1}\right)$

② 양정 : $\frac{H_2}{H_1} = \left(\frac{D_2}{D_1}\right)^2 \left(\frac{n_2}{n_1}\right)^2$

③ 동력 : $\frac{L_2}{L_1} = \left(\frac{D_2}{D_1}\right)^5 \left(\frac{n_2}{n_1}\right)^3$

27.①

Memo

03

Chapter 3

수력기계(수차)

수차란, 물의 위치에너지를 기계적 에너지로 전환하는 회전형 수력기계이며 크게 충격수차, 반동수차, 펌프수차 등으로 나누어진다.

3-1 충격수차(=충동수차)

물의 위치 에너지를 속도 에너지로 변환하는 수차이며 대표적인 충격수차에는 펠톤수차가 있다.

(1) 펠톤 수차

노즐로부터 분사된 물을 러너 주변에 부착된 버킷에 작용시켜 그 충동력으로 회전력을 얻는 수차이다. 노즐 내에는 니들을 설치하고 이것을 전후로 움직여서 제트의 단면적을 변화시켜 유량을 조절한다. 물의 송출 방향은 접선방향이며 유효낙차는 약 200~1800m이다.

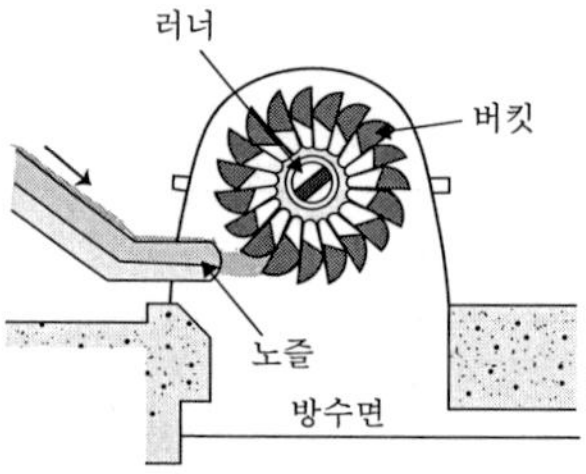

▍펠톤 수차의 구성요소

① 특징

㉠ 비교 회전속도가 적고, 높은 낙차에 적합하다.
㉡ 수압관 내에 전향기를 두고 있다.
㉢ 니들 밸브를 사용하며, 니들밸브 바깥쪽에 노즐이 설치되어 있다.
㉣ 배출 손실이 크다.
㉤ 회전차의 바깥쪽에 약 15~25개의 버킷이 설치된다.
㉥ 러너 주위에 물은 압력이 가해지지 않으므로 누수 방지에 문제가 없다.
㉦ 마모 부분의 교체가 비교적 용이하다.
㉧ 출력 변화에 효율의 저하가 적기 때문에 변동 부하에 유리하다.
㉨ 부분 부하 시에도 효율이 좋다.

✔ 전향기(Deflector)를 설치하는 목적 : 수격작용 방지
✔ 니들밸브(Needle Valve)를 설치하는 목적 : 유량조절

② 펠톤 수차의 효율

$$\eta = \frac{L}{L_{th}} = \frac{L}{\gamma QH} = \eta_h \times \eta_m = \eta_{hb} \times \eta_n \times \eta_m$$

여기서,
L : 유효 동력 $[kW]$
L_{th} : 이론 동력 $[kW]$
γ : 유체의 비중량 $[N/m^3]$
Q : 유체의 유량 $[m^3/s]$
H : 유체의 유효 낙차 $[m]$
η_h : 노즐의 수력효율
η_{nb} : 버킷의 수력효율
η_n : 노즐의 효율
η_m : 회전차의 기계효율

③ 펠톤 수차의 수축부에서의 속도

$$V = C_v \sqrt{2gh}$$

여기서,
C_v : 노즐의 속도계수
g : 중력가속도 $[m/s^2]$
h : 노즐 입구의 유효낙차 $[m]$

3-2 반동수차

물의 위치에너지를 압력에너지로 변환하는 수차이며, 물이 러너를 통과하는 사이에 그 압력 또는 속도를 감소시키기 위해 수차에 에너지를 주어 회전시키는 수차이다. 대표적으로 프란시스, 프로펠러, 카플란 수차가 있다.

(1) 반동수차의 전효율

$$\eta = \eta_v \times \eta_h \times \eta_m$$

여기서,
η_v : 체적효율
η_h : 수력효율
η_m : 기계효율

(2) 프란시스 수차

수압관에서 유입된 고압의 유체가 유량조절장치인 안내깃을 통해 러너의 반경 방향으로 들어와 속도를 상승 시킨 후, 축방향으로 방향을 바꿔 유출될 때 까지의 반동력으로 회전력을 얻는 수차이다. 물이 회전차를 흐르면 물의 압력에너지와 속도에너지는 감소된다.

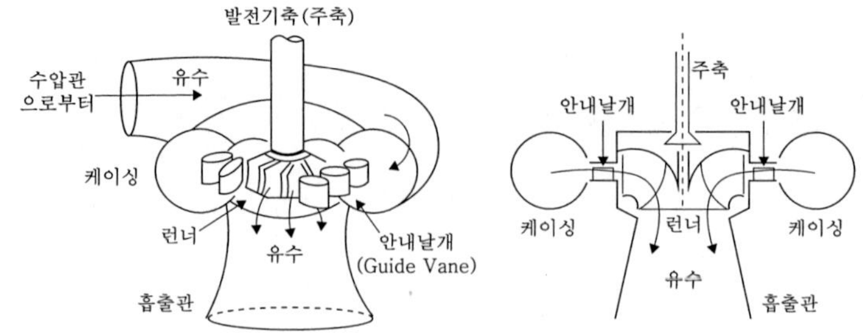

▌프란시스 수차의 구성요소

① 프란시스 수차의 특징

㉠ 적용 낙차 범위가 가장 넓다.
㉡ 구조가 간단하고 가격이 저렴하다.
㉢ 고낙차 영역에서는 펠톤 수차에 비해 비속도가 높기 때문에 소형 고속으로 제작되므로 경제적이다.
㉣ 효율을 향상하기 위해 경부하러너와 정규러너를 사용한다.

② 흡출관의 특징

㉠ 흡출관은 회전차에서 나온 물이 가진 속도수두와 방수면 사이의 낙차를 유효하게 이용하기 위해 사용한다.
㉡ 공동현상을 일으키지 않기 위해서 흡출관의 높이는 일반적으로 7m 이하로 한다.
㉢ 흡출관 입구의 속도가 빠를수록 흡출관의 효율은 커진다.
㉣ 흡출관의 종류는 원심형($\eta = 90\%$), 무디형($\eta = 85\%$), 엘보형($\eta = 60\%$)이 있다.

③ 프란시스 수차의 분류

㉠ 케이싱(Casing) 유무에 따른 형식

- 노출형(Open Type)
- 전구형(Frontal Type)
- 원심형(Spiral Type)

㉡ 구조에 따른 형식

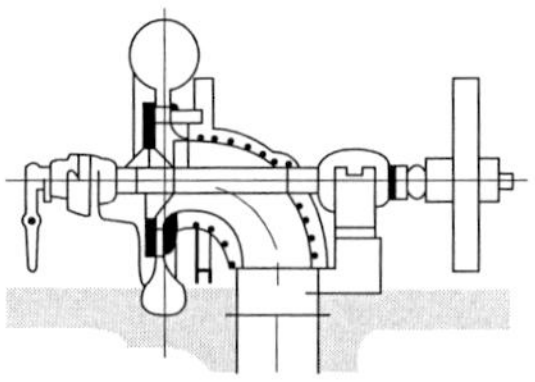

▌횡축 단륜 단사형

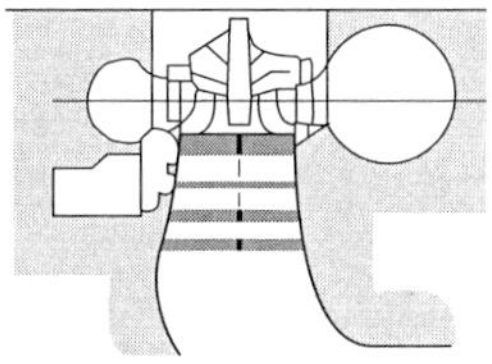

▌입축 단륜 단사형

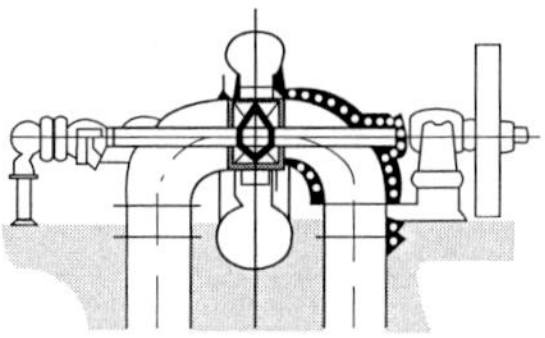

▌횡축 단륜 복사형

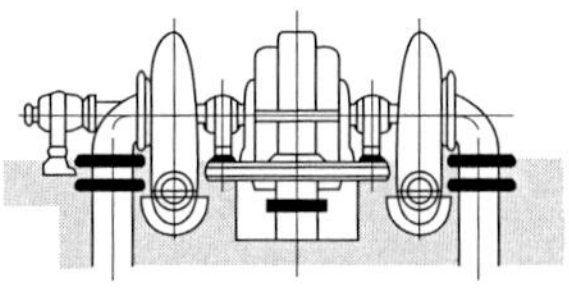

▌횡축 이륜 단사형

(3) 축류수차

날개가 고정된 형식은 프로펠러 수차라고 하며, 가동 날개형이 있는 형식을 카플란 수차라고 한다. 여기서 프로펠러 수차는 물이 수차의 회전차를 흐르는 사이에 물의 압력에너지와 속도에너지는 감소되고 그 반동으로 회전차를 구동하는 수차이다.

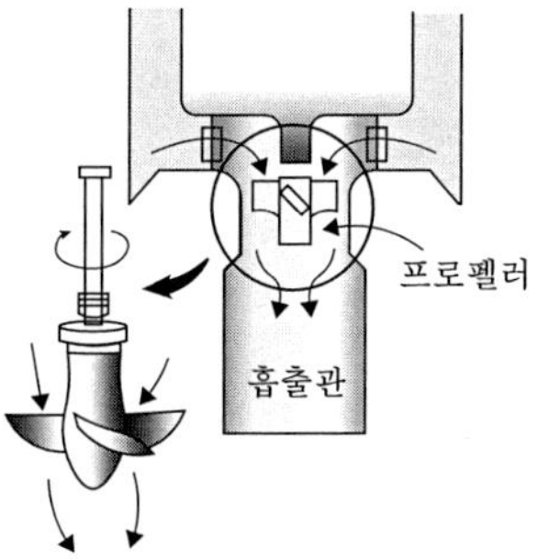

▌프로펠러 수차

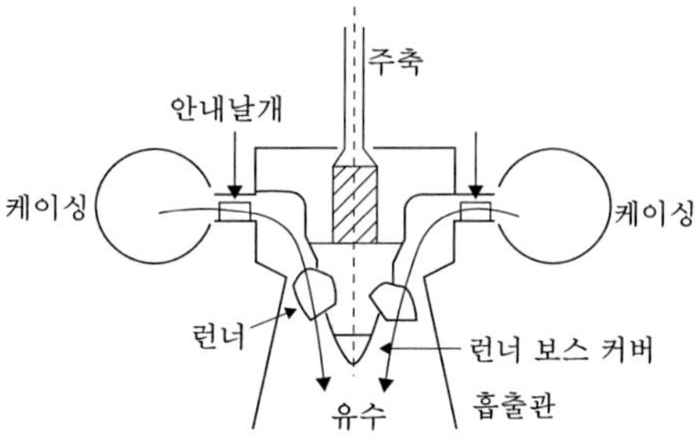

▌카플란 수차

① 날개를 분해할 수 있는 구조여서 제작, 수송, 조립 등이 편리하다.
② 비속도가 높아 저낙차 지점에 적합하여 30m 이하에는 거의 카플란 수차를 사용한다.
③ 고정 날개형인 프로펠러 수차는 구조가 간단해서 가격도 저렴하다.
④ 카플란 수차는 낙차, 부하의 변동에 대하여 효율 저하가 작다는 장점이 있다.

3-3 수력발전의 형태

(1) **수로식** : 양정이 높은 곳에서 흐르고 있는 물의 에너지를 이용한다. 고낙차, 소유량의 물의 에너지를 이용한다는 특징을 가지고 있다.

(2) **댐식** : 양정이 낮은 곳에서 댐을 설치하여 많은 양의 물을 저장하고 수차에 공급하는 방식이며, 중~저낙차에 적합하다.

(3) **댐-수로식** : 수로식과 댐식의 중간인 경우이며 서지 탱크를 설치한다.

(4) **양수식(=펌프양수식)**

회전차를 정방향과 역방향으로 자유롭게 변경하여 펌프와 수차의 역할도 할 수 있는 펌프 수차(pump-turbine)가 주로 이용되며, 고낙차 및 소유량의 물의 에너지를 이용한다. 주로 원가가 낮은 심야 전력으로 펌프를 돌려 저수지에 물을 올려 놓았다가 전력을 필요로할 때 다시 발전하여 사용한다.

3-4 수차의 여러 가지 특징

(1) **수차에서 공동현상이 발생하기 쉬운 부분**

① 펠톤수차에서 노즐의 팁 부분과 버킷의 릿지선단 부분
② 프로펠러수차에서 회전차 바깥 둘레의 깃 이면 부분
③ 비속도가 100이하의 프란시스수차에서의 깃 입구쪽의 이면 부분

(2) **수차의 비속도(n_s)**

$$n_s = \frac{N\sqrt{L}}{H^{\frac{5}{4}}}$$

여기서,
H : 유효낙차 $[m]$
N : 회전수 $[rpm]$
L : 동력 $[kW]$
Q : 유량 $[m^3/s]$

① 펠톤수차 : n_s=8~30(고낙차)
② 프란시스수차 : n_s=40~350(중낙차)
③ 프로펠러수차 : n_s=400~800(저낙차)

(3) 무구속 속도(Run Away Speed)

수차에서 낙차 및 안내깃의 개도 등 유량조절장치를 일정하게 하여 수차의 부하를 감소시키면 정격 회전 속도 이상으로 속도가 상승하게 되는 것이다.

① 펠톤수차의 무구속 속도는 정격 속도의 1.8~1.9배이다.
② 프란시스수차의 무구속 속도는 정격 속도의 1.6~2.2배이다.
③ 프로펠러수차의 무구속 속도는 정격 속도의 2~2.5배이다.

03

(4) 수차의 유효낙차(H)

$$H = H_g - (h_1 + h_2 + h_3)$$

여기서,
H_g : 총 낙차 $[m]$
h_1 : 도수로의 손실수두 $[m]$
h_2 : 수압관의 손실수두 $[m]$
h_3 : 방수로의 손실수두 $[m]$

(5) 주파수(f)

$$f = \frac{pN}{120}$$

여기서,
p : 발전기의 극 수
N : 회전수 $[rpm]$

핵심 예상문제

유체기기, 유압기기, 내연기관

03. 수력기계(수차)

01

다음 중 수차를 가장 올바르게 설명한 것은?

① 물의 위치에너지를 기계적 에너지로 변환하는 기계
② 물의 위치에너지를 열 에너지로 변환하는 기계
③ 물의 위치에너지를 화학적 에너지로 변환하는 기계
④ 물의 위치에너지를 전기 에너지로 변환하는 기계

***수차**
물의 위치에너지를 기계적 에너지로 전환하는 회전형 수력기계이다.

02

다음 중 충격(충동)수차에 해당하는 것은?

① 펠톤수차　② 카플란수차
③ 프로펠라수차　④ 프란시스수차

***수차 종류**
① 충격수차 : 펠톤 수차
② 반동수차 : 프란시스 수차, 프로펠러 수차, 카플란 수차

03

수차에 대한 설명으로 옳지 않은 것은?

① 충격수차는 대부분의 에너지를 물의 속도로부터 얻는다.
② 펠턴 수차는 저낙차에서 수량이 비교적 많은 곳에 사용하기에 적합하다.
③ 프로펠러 수차는 유체가 회전차의 축방향으로 통과하는 축류형 반동수차이다.
④ 반동수차는 회전차를 통과하는 물의 압력과 속도 감소에 대한 반동작용으로 에너지를 얻는다.

***펠턴 수차(Pelton Turbine)**
노즐로부터 분사된 물을 러너 주변에 부착된 버킷에 작용시켜 그 충동력으로 회전력을 얻는 수차이다. 노즐 내에는 니들을 설치하고 이것을 전후로 움직여서 제트의 단면적을 변화시킴으로 유량을 조절한다.(물의 송출 방향은 접선방향) 그리고, 고낙차에서 수량이 비교적 적은 경우에 사용한다.

04

유효 낙차가 $7.5m$인 수력 터빈에서 $0.2m^3/s$의 유량이 수차로 공급될 때 얻을 수 있는 최대 동력 $[kW]$은?
(단, 물의 밀도는 $1000kg/m^3$이고 중력가속도는 $9.8m/s^2$이다.)

① 1.47　② 14.7
③ 2　④ 20

$$L=\gamma QH=\rho gQH$$
$$=1000\times9.8\times0.2\times7.5=14700W=14.7kW$$

01.① 02.① 03.② 04.②

05

수차의 유효낙차가 $15m$이고 유량이 $6m^3/\min$일 때 수차의 최대 출력은 몇 마력$[PS]$인가? (단, 물의 비중량은 $1000kg_f/m^3$이다.)

① 20　② 50
③ 88　④ 100

$$L=\gamma QH[kg_f\cdot m/s]=\frac{\gamma QH}{75}[PS]$$
$$=\frac{1000\times\frac{6}{60}\times 15}{75}=20PS$$

06

유량이 $0.5m^3/s$이고 유효낙차가 $5m$일 때 수차에 작용할 수 있는 최대동력에 가장 가까운 값$[PS]$은? (단, 유체의 비중량은 $1,000kg_f/m^3$이다.)

① $15PS$　② $24.7PS$
③ $33.3PS$　④ $40PS$

$$L=\frac{\gamma QH}{75}=\frac{1000\times 0.5\times 5}{75}=33.3PS$$

07

유효낙차 $100[m]$, 유량 $200[m^3/\sec]$인 수력발전소의 수차에서 이론 출력의 값 $[kW]$은?

① 392×10^3　② 283×10^3
③ 196×10^3　④ 90×10^3

$$L=\frac{\gamma QH}{102}=\frac{1000\times 200\times 100}{102}=196\times 10^3 kW$$

08

반동 수차에서 전효율은 일반적으로 세 가지 효율의 곱으로 구성되는데 다음 중 세 가지 효율에 속하지 않는 것은?

① 수력효율　② 체적효율
③ 기계효율　④ 마찰효율

***반동수차의 전효율**

$$\eta=\eta_v\times\eta_h\times\eta_m\quad\begin{cases}\eta_v: \text{체적효율}\\ \eta_h: \text{수력효율}\\ \eta_m: \text{기계효율}\end{cases}$$

09

수차에 대한 설명으로 옳지 않은 것은?

① 반동수차에는 프란시스수차, 프로펠러수차가 있다.
② 펠톤수차는 큰 낙차와 노즐분사에 의한 충동력을 이용한다.
③ 수력효율은 회전차를 지나는 유량을 수차에 공급되는 유량으로 나눈 값이다.
④ 수차의 이론적인 출력은 유체의 비중량 $[N/m^3]$, 유효낙차$[m]$유량$[m^3/s]$의 곱으로 표현할 수 있다.

***수차의 수력효율**

$$\eta_{\text{수력}}=\frac{\text{총양정}}{\text{이론양정}}=\frac{\text{이론양정}-\text{수력손실}}{\text{이론양정}}$$
$$=1-\frac{\text{수력손실}}{\text{이론양정}}$$

10

다음 중 프란시스 수차에서 유량을 조정하는 장치는?

① 흡출관(draft tube)
② 안내깃(guide vane)
③ 전향기(deflector)
④ 니들 밸브(niddle valve)

***프란시스 수차**
수압관에서 유입된 고압의 물이 안내깃(유량조정장치)을 통해 러너의 반경 방향으로 들어와 속도를 상승시킨 다음 축방향으로 방향을 바꿔 유출될 때까지의 반동력으로 회전력을 얻는 수차이다.

11

다음 중 카플란 수차에 대한 설명으로 가장 옳은 것은?

① 가동 날개 프로펠러 수차이다.
② 안내 깃이 설치된 프로펠러 수차이다.
③ 가동 날개 프랜시스 수차이다.
④ 안내 깃이 설치된 프랜시스 수차이다.

날개가 고정된 형식은 프로펠러 수차라고 하며, 가동날개형이 있는 형식을 카플란 수차라고 한다.

12

다음 중 펌프의 작용도 하고, 수차의 역할도 하는 펌프 수차(pump-turbine)가 주로 이용되는 발전 분야는?

① 댐 발전 ② 수로식 발전
③ 양수식 발전 ④ 저수식 발전

***양수식(펌프양수식) 발전**
회전차를 정방향과 역방향으로 자유롭게 변경하여 펌프의 작용도 하고, 수차의 역할도 하는 펌프 수차(pump-turbine)가 주로 이용되며, 고낙차 및 소유량을 이용한다.
주로 원가가 낮은 심야의 여유 있는 전력으로 펌프를 돌려 저수지에 물을 올려놓았다가 전력을 필요로할 때 다시 발전하여 사용한다.

13

출력을 $L(kW)$, 유효 낙차를 $H(m)$, 유량을 $Q(m^3/\text{min})$, 매 분 회전수를 $n(rpm)$이라 할 때, 수차의 비교회전도(혹은 비속도[specific speed], n_s)를 구하는 식으로 옳은 것은?

① $n_s = \dfrac{n(L)^{\frac{1}{2}}}{H^{\frac{5}{4}}}$ ② $n_s = \dfrac{n(L)^{\frac{1}{2}}}{H^{\frac{4}{5}}}$

③ $n_s = \dfrac{n(L)^{\frac{1}{2}}}{H^{\frac{3}{4}}}$ ④ $n_s = \dfrac{n(L)^{\frac{1}{3}}}{H^{\frac{3}{4}}}$

***펌프와 수차의 비교회전도**
① 수차의 비교회전도(n_s)

$$n_s = \frac{n\sqrt{L}}{H^{\frac{5}{4}}} \quad \begin{cases} H: \text{유효 낙차}[m] \\ n: \text{분당회전수}[rpm] \\ L: \text{출력}[kW] \\ Q: \text{유량}[m^3/s] \end{cases}$$

② 펌프의 비교회전도

$$n_s = \frac{n\sqrt{Q}}{\left(\frac{H}{i}\right)^{\frac{3}{4}}} \quad \begin{cases} n: \text{회전차의 회전수}(rpm) \\ Q: \text{유량} \\ H: \text{양정} \\ i: \text{단수} \end{cases}$$

10.② 11.① 12.③ 13.①

14

수차에서 낙차 및 안내깃의 개도 등 유량의 가감장치를 일정하게 하여 수차의 부하를 감소시키면 정격 회전 속도 이상으로 속도가 상승하게 되는데 이 속도를 무엇이라고 하는가?

① bypass speed
② specific speed
③ discharge limit speed
④ run away speed

*무구속 속도(run away speed)
수차에서 낙차 및 안내깃의 개도 등 유량의 가감장치를 일정하게 하여 수차의 부하를 감소시키면 정격 회전 속도 이상으로 속도가 상승하게 되는 속도를 의미한다.

15

수차에 직결되는 교류 발전기에 대해서 주파수를 $f(Hz)$, 발전기의 극수를 p라고할 때 회전수 n (rpm)을 구하는 식은?

① $n=60\frac{p}{f}$ ② $n=60\frac{f}{p}$
③ $n=120\frac{p}{f}$ ④ $n=120\frac{f}{p}$

*주파수(f)

$f=\frac{pn}{120}$ $\begin{cases} p: \text{발전기의 극수} \\ n: \text{분당 회전수} \end{cases}$

$\therefore n=120\frac{f}{p}$

14.④ 15.④

Chapter 4

공기기계

공기기계란 공기에 기계적 에너지를 가해 압력 및 운동에너지로 변환시키는 유체기계이다. 크게 저압식, 고압식 공기기계로 나누어진다.

4-1 압력상승범위 비교

(1) **팬(Fan)** : $10kPa$ 미만($=0.1kg_f/cm^2$ 미만)

(2) **송풍기(Blower)** : $10\sim100kPa(=0.1kg_f/cm^2\sim1kg_f/cm^2)$

(3) **압축기(Compressor)** : $100kPa$ 이상($=1kg_f/cm^2$) 이상

4-2 저압식 공기기계(=비압축성 공기기계)

(1) 송풍기(Blower)

기계적 에너지를 유체에 공급하여 기체의 압력 또는 속도 에너지로 변환시키는 공기기계이다. 주로 실내의 환기 및 통풍을 위해 쓰인다.

① 송풍기의 분류

㉠ 원심 팬

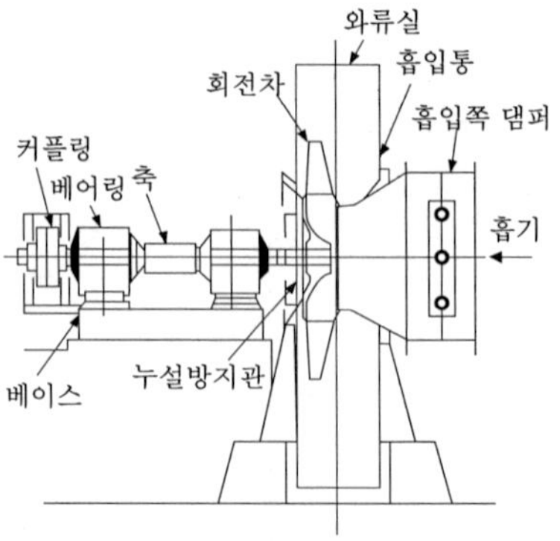

▎원심 팬

흡입구로 들어온 공기는 흡입쪽 댐퍼, 흡입통을 지나 회전차의 축 방향으로 흡입된다. 회전차에 의하여 원심력을 받은 공기는 회전차의 바깥둘레로부터 와류실로 들어가서 감속되며 속도에너지를 압력에너지로 변환 받아 송출구를 통하여 유출한다.

㉡ 다익 팬(=시로코 팬)

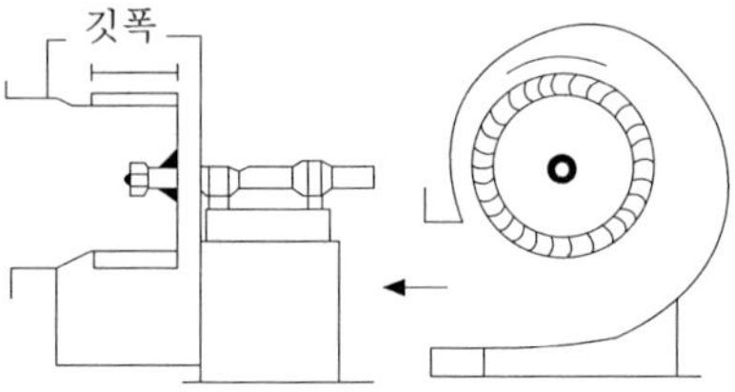

▌다익 팬(=시로코 팬)

풍압 150$mmAq$이하의 저압에서 다량의 공기를 취급하는데 가장 적합한 팬으로 공기의 유동상태가 매우 원활하고 불쾌한 소음, 진동이 없으며 운전이 극히 정숙한 팬이다.

- 회전차의 깃이 회전방향으로 경사되어 있다.
- 익현의 길이가 짧다.
- 풍량이 많다.
- 깃 폭이 넓은 깃을 다수 부착한다.

㉢ 레이디얼 팬

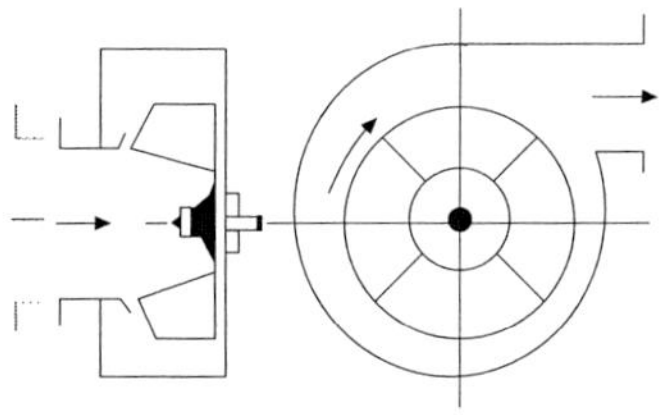

▌레이디얼 팬

날개가 회전차의 회전축에 수직이며 다익 팬에 비하여 익현 길이가 길고 날개의 폭이 짧다. 깃수는 다른 팬들 중에서 가장 적고 구조는 조금 커지지만 효율은 다익 팬보다 좋은 편이다.

㉣ 터보 팬

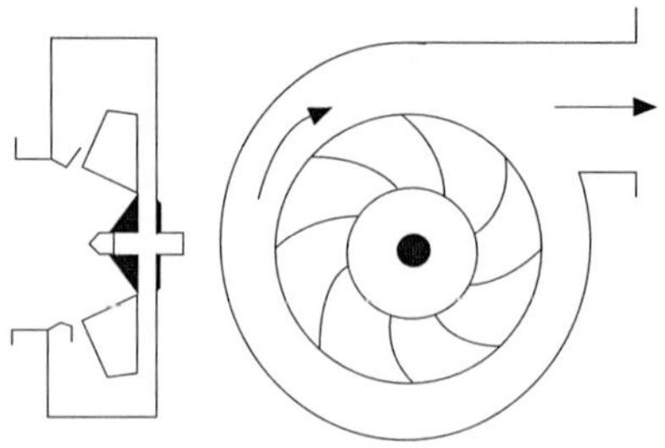

▌터보 팬

풍압 $100mmAq \sim 250mmAq$ 에서 다량의 공기를 취급하는데 가장 적합한 팬으로 형태는 다익 팬과 거의 비슷하나 깃의 방향에 차이가 있다.

- 회전차의 깃이 회전방향에 대하여 뒤쪽으로 기울어진 후향깃이다.
- 날개의 수는 다익 팬과 레이디얼 팬의 중간 정도이다.
- 송풍기 중에 크기가 가장 크며 효율도 가장 높다.
- 내구성이 좋고 고속 운전이 가능하며 적용범위가 넓어 사용하기 쉽다.

㉤ 익형 팬

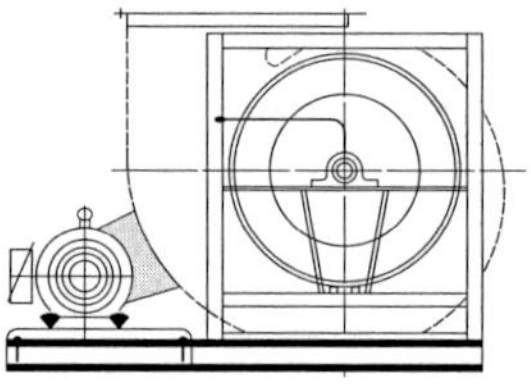

▌익형 팬

날개의 형상이 익형인 송풍기이며, 풍량이 설계점 이상으로 증가해도 축동력은 증가하지 않는다. 값이 비싸지만 효율도 좋고 소음도 적은 편이다.

② 송풍기의 축동력

$$L = \frac{pQ}{75\eta}[PS] = \frac{pQ}{102\eta}[kW]$$

여기서,
p : 풍압 $[kg_f/mm^2]$
Q : 풍량 $[m^3/s]$
η : 송풍기의 효율

③ 송풍기의 상사법칙

㉠ 유량 : $\frac{Q_2}{Q_1}=\left(\frac{N_2}{N_1}\right)\left(\frac{D_2}{D_1}\right)^3$

㉡ 풍압 : $\frac{p_2}{p_1}=\left(\frac{N_2}{N_1}\right)^2\left(\frac{D_2}{D_1}\right)^2$

㉢ 동력 : $\frac{L_2}{L_1}=\left(\frac{N_2}{N_1}\right)^3\left(\frac{D_2}{D_1}\right)^5$

(2) **풍차(Wind Mill)** : 공기의 유동을 이용해 동력을 얻는 공기기계이다.

① 조작 방법에 따른 풍차의 분류

㉠ 미국형 풍차 : 후단의 방향날개로서 풍차축의 방향조정을 하는 형식
㉡ 유럽형 풍차 : 보조풍차가 회전하기 시작하여 터빈축의 방향을 바람의 방향에 맞추는 형식

② 회전축의 방향에 따른 풍차의 분류

㉠ 수평축 풍차 : 프로펠러형, 네덜란드형, 다익형, 그리스형, 1~3형 블레이드 등
㉡ 수직축 풍차 : 다리우스형, 사보니우스형, 패들형, 크로스프로형 등

③ 풍차의 특징

㉠ 바람의 방향이 바뀌어도 회전수를 일정하게 유지하기 위해서는 깃 각도를 조절하는 방식이 유용하다.
㉡ 풍속을 일정하게 하여 회전수를 줄이면 바람에 대한 영각이 감소하여 흡수동력이 증가한다.

③ 풍차에서 이론 효율이 최대가 되는 조건

$$V_2=\frac{V_0}{3}$$

여기서,
V_2 : 풍차 후류의 풍속 $[m/s]$
V_0 : 풍속 $[m/s]$

4-3 고압식 공기기계(=압축성 공기기계)

(1) 압축기(Compressor)

① 압축기의 분류

㉠ 용적형 압축기

- 왕복 압축기
- 회전 압축기 : 루츠 압축기, 가동익 압축기, 나사 압축기

㉡ 터보형 압축기

- 축류 압축기
- 원심 압축기

② 압축기 효율의 종류

㉠ 단열효율　　㉡ 등온효율
㉢ 폴리트로픽효율　　㉣ 전효율

(2) 진공펌프(Vacuum Pump)

밀폐된 용기 속의 공기를 빼내어 진공 상태를 만드는 데 쓰이는 펌프이다. 대기압보다 낮은 압력의 기체를 대기압까지 압축하여 구동하기 때문에 압력차가 매우 큰 공기기계이며, 저진공 및 고진공 펌프로 나누어진다.

① 저진공 펌프

㉠ 왕복형 진공펌프　　㉡ 루츠형 진공펌프(=부스터 진공펌프)
㉢ 액봉형 진공펌프(=Nush type)　　㉣ 드라이 진공펌프
㉤ 섭션 진공펌프　　㉥ 벤츄리 진공펌프
㉦ 유회전(오일회전) 진공펌프 : 게데(Gaede)형, 키니(Kinney)형, 센코(Cenco)형이 있다.

② 고진공 펌프

㉠ 확산 펌프　　㉡ 터보분자 펌프　　㉢ 크라이오 펌프

③ 왕복형 진공펌프의 구성요소

㉠ 크랭크축　　㉡ 크로스 헤드　　㉢ 실린더 헤드
㉣ 실린더　　㉤ 피스톤　　㉥ 피스톤링
㉦ 피스톤 로드　　㉧ 흡배기밸브

Memo

핵심 예상문제

유체기기, 유압기기, 내연기관

04. 공기기계

01

송풍기를 압력에 따라 분류할 때 Blower의 압력범위로 옳은 것은?

① $1kPa$ 미만
② $1kPa \sim 10kPa$
③ $10kPa \sim 100kPa$
④ $100kPa \sim 1000kPa$

*압력상승범위 비교

대상	압력상승범위
팬 (fan)	$10kPa$ 미만 ($=0.1kg_f/cm^2$ 미만)
송풍기 (blower)	10 ~ $100kPa$ ($=0.1kg_f/cm^2 \sim 1kg_f/cm^2$)
압축기 (compressor)	$100kPa$ 이상 ($= 1kg_f/cm^2$) 이상

02

유체기계에 있어서 다음 중 유체로부터 에너지를 받아서 기계적 에너지로 변환시키는 장치로 볼 수 없는 것은?

① 송풍기
② 수차
③ 유압모터
④ 풍차

*송풍기
기계적 에너지를 유체(바람)에 공급하여 기체의 압력&속도 에너지로 변환시키는 공기기계이다. 주로 실내의 환기 및 통풍을 위해 쓰인다.

03

팬(fan)의 종류 중 날개 길이가 길고 폭이 좁으며 날개의 형상이 후향깃으로 회전 방향에 대하여 뒤쪽으로 기울어져 있는 것은?

① 다익 팬
② 터보 팬
③ 레이디얼 팬
④ 익형 팬

*터보 팬
풍압이 100mmAq ~ 250mmAq에서 다량의 공기 or 가스를 취급하는데 가장 적합한 팬으로 형태는 다익 팬(=시로코 팬)과 거의 비슷하나, 임펠러의 형상이 전혀 다르다. 날개가 회전차의 회전방향에 대하여 뒤쪽으로 기울어진 편이다. 날개의 수는 다익 팬과 레이디얼 팬의 중간 정도이며 그 구조는 원심 송풍기 중에 가장 크며 효율도 가장 높고 내구성도 좋고 적용범위가 넓으며 사용하기 쉽다. 강도적으로도 세고 고속운전이 가능하며, 팬의 효율이 좋은 편이다. 날개의 형상은 후향깃이다.

04

다음 중 대기압보다 낮은 압력의 기체를 대기압까지 압축하는 공기기계는?

① 왕복 압축기
② 축류 압축기
③ 풍차
④ 진공펌프

*진공펌프(vacuum pump)
밀폐된 용기 속의 유체(공기)를 뽑아서 진공 상태를 만드는 데 쓰이는 펌프이다. 즉, 대기압보다 낮은 압력의 기체를 대기압까지 압축하는 공기기계이며, 저진공 및 고진공 펌프로 나누어진다.

01.③ 02.① 03.② 04.④

05

유회전 진공펌프(Oil-sealed rotary vacumm pump)의 종류가 아닌 것은?

① 너시(Nush)형 진공펌프
② 게데(Gaede)형 진공펌프
③ 키니(Kinney)형 진공펌프
④ 센코(Senko)형 진공펌프

***유회전(오일회전) 진공펌프**
① 게데(Gaede)형
② 키니(Kinney)형
③ 센코(Cenco)형

06

다음 중 $10^{-1}Pa$ 이하의 고진공 영역까지 작동할 수 있는 고진공 펌프에 속하지 않는 것은?

① 너시(nush) 펌프
② 오일 확산 펌프
③ 터보 분자 펌프
④ 크라이오(cryo) 펌프

***진공펌프의 분류**
① 저진공 펌프
- 왕복형 진공펌프
- 루츠형 진공펌프(=부스터 진공펌프)
- 액봉형 진공펌프(=Nush type)
- 유회전(오일회전) 진공펌프
  ㉠ 게데(Gaede)형 ㉡ 키니(Kinney)형
  ㉢ 센코(Cenco)형
- 드라이 진공펌프
- 섭션 진공펌프
- 벤츄리 진공펌프

② 고진공 펌프
- 확산 펌프
- 터보분자 펌프
- 크라이오 펌프

07

대기압 이하의 저압력 기체를 대기압까지 압축하여 송출시키는 일종의 압축기인 진공펌프의 종류로 틀린 것은?

① 왕복형 진공펌프
② 루츠형 진공펌프
③ 액봉형 진공펌프
④ 원심식 진공펌프

***진공펌프**
밀폐된 용기 속의 유체(공기)를 뽑아서 진공 상태를 만드는 데 쓰이는 펌프이다. 즉, 대기압보다 낮은 압력의 기체를 대기압까지 압축하는 공기기계이며, 저진공 및 고진공 펌프로 나누어진다.

① 저진공 펌프
- 왕복형 진공펌프
- 루츠형 진공펌프(=부스터 진공펌프)
- 액봉형 진공펌프(=Nush type)
- 유회전(오일회전) 진공펌프
  ㉠ 게데(Gaede)형 ㉡ 키니(Kinney)형
  ㉢ 센코(Cenco)형
- 드라이 진공펌프
- 섭션 진공펌프
- 벤츄리 진공펌프

② 고진공 펌프
- 확산 펌프
- 터보분자 펌프
- 크라이오 펌프

05.① 06.① 07.④

Chapter 5

유압기기의 기본

5-1 유압기기

파스칼의 원리를 이용한 유압에 의해 구동되는 기기이다.

(1) 파스칼의 원리

밀폐된 공간에 채워진 유체에 힘을 가하면 내부로 전달된 압력은 밀폐된 공간의 각 면에 동일한 압력으로 작용한다는 원리이다.

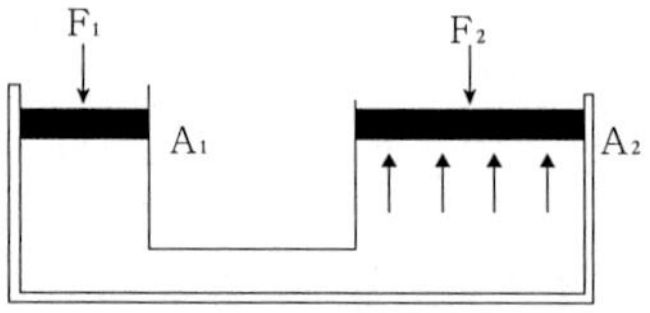

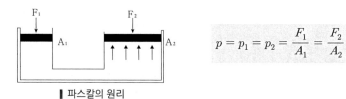

$$p = p_1 = p_2 = \frac{F_1}{A_1} = \frac{F_2}{A_2}$$

▌파스칼의 원리

(2) 유압기기의 특징

<장점>

① 입력에 대한 출력의 응답이 빠르다.
② 자동제어/원격제어가 가능하며 조작이 간단하다.
③ 유량을 조절해 넓은 범위의 무단변속이 가능하고 각종제어밸브에 의한 압력, 유량, 방향 제어가 간단하다.
④ 방청, 윤활이 자동적으로 이루어진다.
⑤ 에너지 축적이 가능하며 과부하에 대해 안전장치로 만드는 것이 용이하다.
⑥ 파스칼 원리에 따라 작은 힘으로 큰 힘을 얻을 수 있는 장치를 제작할 수 있다.

<단점>

① 유온의 변화에 따라 점도가 변해 출력효율이 변화할 수 있다.
② 공기압보다는 작동속도가 떨어진다.
③ 기름 속에 공기가 포함되면 압축성이 커져서 유압장치의 작동이 불량해진다.
④ 고압에서 누유, 먼지나 이물질에 의한 고장, 인화 등의 위험이 있다.
⑤ 전기회로에 비해 구상작업이 어렵다.
⑥ 에너지 손실이 많고 소음, 진동을 발생시킬 수 있다.

(3) 유압장치의 구성

① 유압기기 4대 요소 : 유압탱크, 유압펌프, 유압밸브, 유압작동기(Actuator)

㉠ 유압탱크 : 기름을 가압 상태로 저장하였다가 필요에 따라 급유하는 탱크
㉡ 유압펌프 : 기계에너지를 유압에너지로 변환하는 장치
㉢ 유압밸브 : 유압 장치에서 기름의 압력, 유량, 흐름 방향을 제어하는 밸브
㉣ 유압작동기(Actuator) : 유체에너지를 기계에너지로 변환하는 장치

② 부속기기 : 축압기(Accumulator), 스트레이너(Strainer), 냉각기, 오일탱크, 배관, 여과기, 실(Seal) 등

5-2 유압기기의 설계

(1) 연속방정식

비압축성 유체에 임의의 한 공간에서 단위시간당 유입되는 유체의 양과 유출되는 유체의 양이 같아야 한다는 질량 보존의 법칙을 적용한 방정식이다.

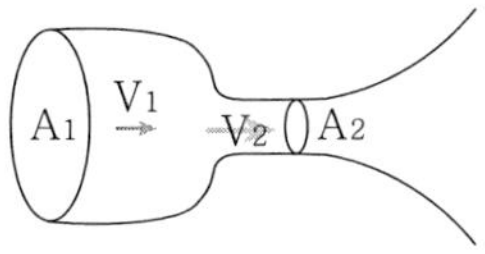

$$Q = A_1 V_1 = A_2 V_2 = Constant$$

▌연속방정식의 원리

(2) 베르누이 방정식

유체가 유선 위를 움직일 때, 두 점 A와 B의 압력, 속도, 높이의 관계를 역학적 에너지 보존의 관점으로 나타낸 방정식이다.

$$\frac{p}{\gamma} + \frac{V^2}{2g} + Z = H = Constant$$

(3) 레이놀즈수(Reynold's Number)

비압축성 유동장, 원광 유동에 놓여져 있는 물체에 작용하는 항력, 비행기의 양력 및 항력, 잠수함, 선박의 점성마찰항력 등에서 고려하는 무차원수이다.

레이놀즈 수 = $\frac{관성력}{점성력}$, $Re = \frac{Vd}{\nu} = \frac{\rho Vd}{\mu}$

(4) 체적탄성계수 : $K = \frac{\Delta P}{-\frac{\Delta V}{V}} = \frac{1}{\beta}$

여기서,
ΔP : 압력변화량 $[kPa]$
β : 압축률 $[m^2/N]$

핵심 예상문제

유체기기, 유압기기, 내연기관

05. 유압기기의 기본

01

다음 중 유압기기의 원리로 알맞은 것은?

① 뉴턴의 원리
② 아르키메데스의 원리
③ 파스칼의 원리
④ 보일의 원리

***유압기기**
파스칼의 원리를 이용한 유압에 의해 구동되는 기기

02

다음의 설명에 맞는 원리는?

정지하고 있는 유체 중의 압력은 모든 방향에 대하여 같은 압력으로 작용한다.

① 보일의 원리
② 샤를의 원리
③ 파스칼의 원리
④ 아르키메데스의 원리

***파스칼의 원리**
밀폐된 공간에 채워진 유체에 힘을 가하면, 내부로 전달된 압력은 밀폐된 공간의 각 면에 동일한 압력으로 작용한다는 원리이다.

03

그림과 같은 유압 잭에서 지름이 $D_2 = 2D_1$일 때 누르는 힘 F_1과 F_2의 관계를 나타낸 식으로 옳은 것은?

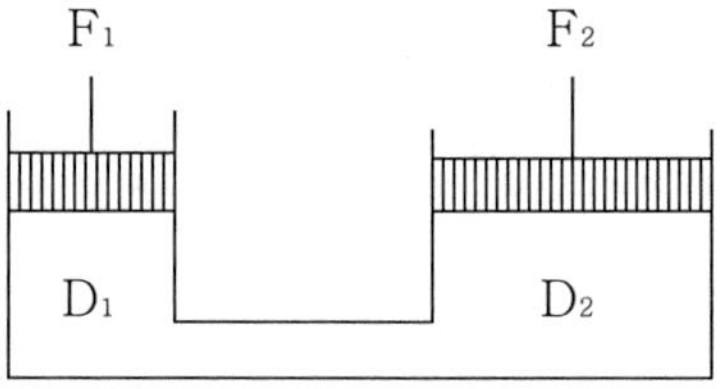

① $F_2 = F_1$　　② $F_2 = 2F_1$
③ $F_2 = 4F_1$　　④ $F_2 = 8F_1$

$$p_1 = p_2 \rightarrow \frac{F_1}{A_1} = \frac{F_2}{A_2} \rightarrow \frac{F_1}{\frac{\pi}{4}D_1} = \frac{F_2}{\frac{\pi}{4}D_2}$$

$$\rightarrow \frac{F_1}{D_1^2} = \frac{F_2}{D_2^2} \rightarrow \frac{F_1}{D_1^2} = \frac{F_2}{2(D_1)^2}$$

$$\therefore\ F_2 = 4F_1$$

04

유압장치의 일반적인 특징이 아닌 것은?

① 힘의 증폭이 용이하다.
② 제어하기 쉽고 정확하다.
③ 작동 액체로는 오일이나 물 등이 사용된다.
④ 구조가 복잡하여 원격조작이 어렵다.

***유압장치의 특징**
[장점]
① 입력에 대한 출력의 응답이 빠름
② 자동제어/원격제어가 가능하며 조작이 간단함
③ 유량을 조절해 넓은 범위의 무단변속이 가능하고 각종제어밸브에 의한 압력, 유량, 방향 제어가 간단하다.
④ 방청, 윤활이 자동적으로 이루어짐
⑤ 에너지 축적이 가능하며 과부하에 대해 안전장치로 만드는 것이 용이
⑥ 파스칼 원리에 따라 작은 힘으로 큰 힘을 얻을 수 있는 장치제작이 가능

[단점]
① 유온의 변화에 따라 점도가 변해 출력효율이 변화
② 공기압보다는 작동속도가 떨어짐
③ 기름 속에 공기가 포함되면 압축성이 커져서 유압장치의 동작 불량
④ 고압에서 누유 위험, 먼지나 이물질에 의한 고장 위험, 인화 위험
⑤ 전기회로에 비해 구상작업이 어려움
⑥ 에너지 손실이 많고 소음, 진동을 발생할 수 있다.

05

유압장치에 대한 설명 중 옳지 않은 것은?

① 유량의 조절을 통해 무단 변속 운전을 할 수 있다.
② 파스칼의 원리에 따라 작은 힘으로 큰 힘을 얻을 수 있는 장치제작이 가능하다.
③ 유압유의 온도 변화에 따라 액추에이터의 출력과 속도가변화되기 쉽다.
④ 공압에 비해 입력에 대한 출력의 응답속도가 떨어진다.

06

다음 중 유압시스템에 대한 설명으로 옳지 않은 것은?

① 넓은 범위의 무단변속이 가능하다.
② 과부하 방지 및 원격조정이 가능하다.
③ 작은 동력으로 대동력 전달이 가능하며 전달 응답이 빠르다.
④ 에너지 손실이 작고 소음, 진동이 발생하지 않는다.

07

다음 중 유압기기의 부속기기로 틀린 것은?

① 축압기
② 스트레이너
③ 오일탱크
④ 릴리프 밸브

***유압기기의 부속기기**
축압기, 스트레이너, 냉각기, 오일탱크, 배관, 여과기, 실

08

지름이 $2cm$인 관속을 흐르는 물의 속도가 $1m/s$ 이면 유량은 약 몇 cm^3/s인가?

① 3.14　　② 31.4
③ 314　　④ 3140

$$Q = AV = \frac{\pi d^2}{4} \times V = \frac{\pi \times 2^2}{4} \times 100 = 314 cm^3/s$$

09

유압기기와 관련된 유체의 동역학에 관한 설명으로 옳은 것은?

① 유체의 속도는 단면적이 큰 곳에서는 빠르다.
② 유속이 작고 가는 관을 통과할 때 난류가 발생한다.
③ 유속이 크고 굵은 관을 통과할 때 층류가 발생한다.
④ 점성이 없는 비압축성의 액체가 수평관을 흐를 때, 압력수두와 위치수두 및 속도수두의 합은 일정하다.

① 유체의 속도는 단면적이 작은 곳에서 빠르다
Q=AV
② 유속이 작고 가는 관을 통과할 때 층류가 발생한다.
③ 유속이 크고 굵은 관을 통과할 때 난류가 발생한다.
④ 베르누이 방정식(=유체의 동역학)
점섬이 없는 비압축성의 액체가 수평관을 흐를 때, 압력수두와 위치수두 및 속도수두의 합은 일정하다

베르누이방정식 : $\frac{p}{\gamma} + \frac{V^2}{2g} + Z = C$

10

〈보기〉와 같이 호스 단면의 직경 $D_1 = 4cm$, 노즐 단면의 직경 $D_2 = 2cm$인 소방호스가 있다. 이 호스를 통하여 초속 $1m/s$의 물을 대기 중으로 분출하기 위해 필요한 소방호스 내부 수압을 설명한 것으로 가장 옳은 것은?
(단, 호스 내부의 마찰손실과 대기압은 무시하며 물의 밀도는 $1{,}000 kg/m^3$이다.)

〈보기〉

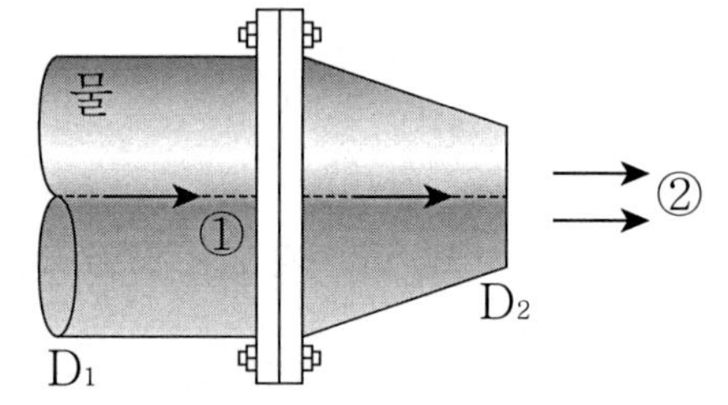

① $200 \sim 300 Pa$ 범위의 값이다.
② $300 \sim 400 Pa$ 범위의 값이다.
③ $400 \sim 500 Pa$ 범위의 값이다.
④ $500 \sim 600 Pa$ 범위의 값이다.

$$Q = A_1 V_1 = A_2 V_2 = \frac{\pi D_1^2}{4} V_1 = \frac{\pi D_2^2}{4} V_2$$

$$V_1 = \frac{D_2^2}{D_1^2} V_2 = \frac{2^2}{4^2} \times 1 = \frac{1}{4} m/s$$

$\frac{P_1}{\gamma} + \frac{V_1^2}{2g} + Z_1 = \frac{P_2}{\gamma} + \frac{V_2^2}{2g} + Z_2$에서,

P_2는 대기압이므로 $P_2 = 0$
1과 2의 높이는 같으므로, $Z_1 = Z_2$

$\frac{P_1}{\gamma} + \frac{V_1^2}{2g} = \frac{V_2^2}{2g}$ 에서,

$$\therefore P_1 = \left(\frac{V_2^2 - V_1^2}{2g}\right)\gamma = \left[\frac{1^2 - \left(\frac{1}{4}\right)^2}{2 \times 9.8}\right] \times 9800 = 468.xx\,Pa$$

08.③ 09.④ 10.③

11

표면장력과 관성력의 상대적인 크기를 나타내는 무차원 수는?

① Froude 수
② Weber 수
③ Reynolds 수
④ Grashof 수

① 프루드수 $= \dfrac{\text{관성력}}{\text{중력}}$

② 웨버수 $= \dfrac{\text{관성력}}{\text{표면장력}}$

③ 레이놀즈수 $= \dfrac{\text{관성력}}{\text{점성력}}$

④ 그라쇼프수 $= \dfrac{\text{부력}}{\text{점성력}}$

12

아주 매끄러운 원통관에 흐르는 공기가 층류유동일 때, 레이놀드 수(Reynolds number)는 공기의 밀도, 점성계수와 어떤 관계에 있는가?

① 공기의 밀도와 점성계수 모두와 반비례 관계를 갖는다.
② 공기의 밀도와 점성계수 모두와 비례 관계를 갖는다.
③ 공기의 밀도에는 반비례하고, 점성계수에는 비례한다.
④ 공기의 밀도에는 비례하고, 점성계수에는 반비례한다.

$$Re = \frac{VD}{\nu} = \frac{\rho VD}{\mu}$$

레이놀드 수(Re)는 밀도(ρ)에 비례하고 점성계수(μ)에 반비례한다.

13

어떤 액체에 $5\,MPa$의 압력을 가했더니 부피가 $0.05\,\%$감소했다. 이 액체의 체적탄성계수$[GPa]$는?

① 1 ② 5
③ 10 ④ 100

$$K = \frac{\Delta P}{-\frac{\Delta V}{V}} = \frac{5\times10^{-3}}{0.05\times10^{-2}} = 10GPa$$

14

기름의 압축률이 $6.8\times10^{-5}cm^2/kg$일 때 압력을 0에서 $100\,kg_f/cm^2$까지 압축하면 체적은 몇 % 감소하는가?

① 0.48%
② 0.68%
③ 0.89%
④ 1.46%

$$K = \frac{\Delta P}{-\frac{\Delta V}{V}} = \frac{1}{\beta}$$

$$\therefore -\frac{\Delta V}{V} = \beta\Delta P = 6.8\times10^{-5}\times100 = 6.8\times10^{-3}$$

$$= 6.8\times10^{-3}\times100(\%) = 0.68\%$$

Chapter 6

유압작동유와 유압펌프

6-1 유압작동유

(1) 유압작동유의 종류

① 석유계 작동유 : 터빈유, 고점도지수 유압유

② 난연성 작동유

㉠ 합성계 : 인산에스테르, 염화수소, 탄화수소
㉡ 수성계 : 물-글리콜계, 유화계

③ 인산에스테르 : 저온에서 펌프 시동시 캐비테이션을 방지할 수 있고 내마모성이 우수하여 유압펌프에 사용된다.

④ 동관 : 석유계 작동유에 대하여 산화작용을 조절하는 촉매역할을 하기 때문에 내부에 카드뮴 또는 니켈을 도금해 사용한다.

(2) 유압작동유가 갖추어야 할 조건

① 비압축성 이여야 한다.
② 물리적, 화학적 안정이 되며, 인화점과 발화점이 높아야 한다.
③ 체적탄성계수가 커야 한다.
④ 방열성이 커야 한다.
⑤ 회로 내를 유연하게 유동할 수 있는 적절한 점도를 유지할 수 있어야 한다.
⑥ 윤활성, 방청성, 소포성, 항유화성, 항착화성 이여야 한다.
⑦ 온도에 의한 점도변화가 작고 점도지수는 높아야한다.

(3) 점도에 따른 유압작동유의 특징

점도가 높을 때	점도가 낮을 때
① 마찰에 의한 동력손실 증가 ② 온도 상승 ③ 관내 저항 증가에 의한 압력손실 증가 ④ 작동유의 비활성화로 인한 응답성 저하 ⑤ 공동현상 및 소음 발생	① 마모 증가 ② 압력 유지의 어려움 ③ 용적효율 감소 ④ 정밀조정 및 제어 곤란 ⑤ 오일의 누설 증가 ⑥ 윤활성 저하 ⑦ 유압 펌프의 동력 손실이 증가 ⑧ 밸브나 액추에이터의 응답성 저하

(4) 공동현상(=캐비테이션, Cavitation)

유수 중 어느 부분의 압력이 급격히 낮아져 물이 증발하여 기포가 발생하는 현상이다. 소음과 진동이 발생하고 깃에 대한 침식이 발생한다.

(5) 공동현상에 의한 현상

① 윤활작용 감소
② 작동유의 열화 촉진
③ 압축성이 증가하여 유압기기 작동이 불안정

(6) 공동현상 방지책

① 흡입관은 가능한 짧게 한다.
② 펌프의 설치높이를 최소로 낮게 설정하여 흡입양정을 짧게 한다.
③ 회전차를 수중에 완전히 잠기게 하여 운전한다.
④ 편흡입 보다는 양흡입 펌프를 사용한다.
⑤ 펌프의 회전수를 낮추어 흡입 비속도를 적게한다.
⑥ 마찰저항이 적은 흡입관을 사용한다.
⑦ 배관을 경사지게 하지 말고 완만하고 짧은 것을 사용한다.
⑧ 필요유효흡입수두를 작게 하거나 가용유효흡입수두를 크게 하여 방지한다.
⑨ 흡입관의 직경을 크게 한다.

(7) 유압작동유에 수분이 혼입될 때의 영향

① 작동유에 열화, 산화 촉진
② 공동현상 발생
③ 유압기기 마모 촉진
④ 방청성, 윤활성 저하
⑤ 압력과 압축성이 증가해 유압기기의 작동 불규칙

(8) 유압작동유에 공기가 혼입될 때의 영향

① 공동현상 발생
② 산화촉진
③ 스폰지 현상 발생
④ 압력이 증가함에 따라 공기가 용해되는 양이 증가한다.
⑤ 윤활작용 저하
⑥ 실린더 작동불량
⑦ 압축성이 커지게되어 유압장치의 작동불량

(9) 첨가제

① 소포제 : 유해한 기포를 제거하는데 사용하며 종류로는 실리콘유, 실리콘 유기화합물이 있다.

② 방청제 : 녹을 방지하는데 사용하며 종류로는 유기산 에스테르, 유기인화합물, 지방산염이 있다.

(10) 작동유의 색상

① 투명 또는 변화 없음 : 정상상태의 작동유이다.
② 흑갈색 : 산화에 의한 열화가 진행된 상태이다.
③ 암흑색 : 작동유를 장시간 사용해 교환 시기가 지난 상태이다.

6-2 유압펌프

전동기나 엔진 등에 의해 얻어진 기계적 에너지를 유압에너지로 바꾸는 장치.

(1) 유압펌프의 종류

① 정용량형 펌프 : 기어펌프, 베인펌프, 피스톤펌프, 나사펌프
② 가변용량형 펌프 : 베인펌프, 피스톤펌프

(2) 기어 펌프(Gear Pump)

2개의 기어가 맞물리는 것을 이용하여 기어의 이와 이 사이의 액체를 기어의 회전에 따라 송출측으로 토출시키는 펌프이다. 특징으로는 구조가 간단하고 운전이 쉬우며 비교적 저가이지만, 피스톤펌프보다 효율이 다소 떨어지는 편이다. 주로 석유 화학, 도료, 식품, 의약품 등의 용도에 쓰인다.

▌기어 펌프

<장점>
① 구조가 간단하고 가격이 저렴하다.
② 유압유 중의 이물질에 의한 고장이 적다.
③ 과도한 운전에 잘 견딘다.

<단점>
① 누설유량이 많다.
② 토크변동이 크다.
③ 베어링 하중이 커서 수명이 짧다.
④ 역회전이 불가능하다.

✔ 기어펌프의 폐입현상 : 폐입현상은 기어의 두 치형 사이 틈새에 가두어진 유압유가 팽창과 압축을 반복하며 거품을 발생시키는 현상으로 진동, 소음의 원인이 된다.

✔ 폐입현상 방지방법

① 토출구에 릴리프홈을 만든다.
② 높은 압력의 기름을 베어링 윤활에 사용한다.

(3) 베인 펌프(Vane Pump)

회전실 중심의 약간 편심된 로터가 회전하면 베인이 원심력에 의해 벽쪽으로 붙어 흡입된 유체가 압축되어 빠져나가는 펌프이다.

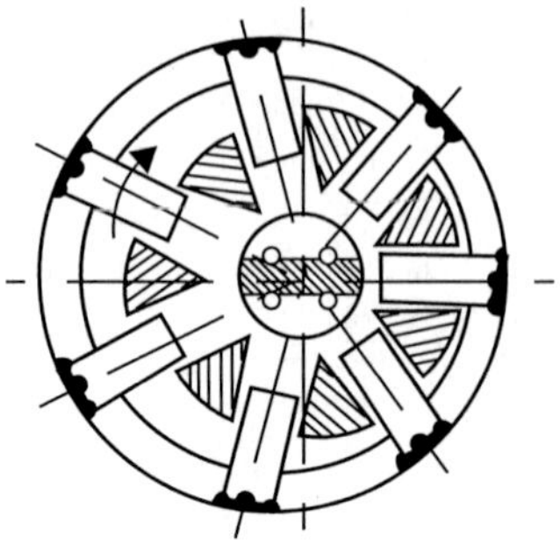

▌베인 펌프

① 정용량형 베인 펌프

㉠ 2단 베인펌프

1단 베인펌프 2개를 1개의 본체 내에 직렬로 연결시킨 펌프이다. 고압발생이 가능하게 하여 베인 펌프의 약점을 보완해 큰 출력이 가능하나 소음이 매우 크다.

㉡ 2중 베인펌프

1단 베인펌프 2개를 1개의 본체 내에 병렬로 연결시킨 펌프이다.

② 가변용량형 베인펌프

로터와 링의 편심량을 바꿈으로써 1회전당 토출량을 변동할 수 있는 펌프이다. 비평형 펌프이며 유압회로의 효율을 증가시킬 수 있고 오일의 온도상승이 억제되어 전에너지를 유효한 열량으로 변화시킬 수 있다. 그러나 펌프자체의 수명이 짧고 소음이 크다.

(4) 피스톤 펌프(=플런저 펌프, Piston Pump)

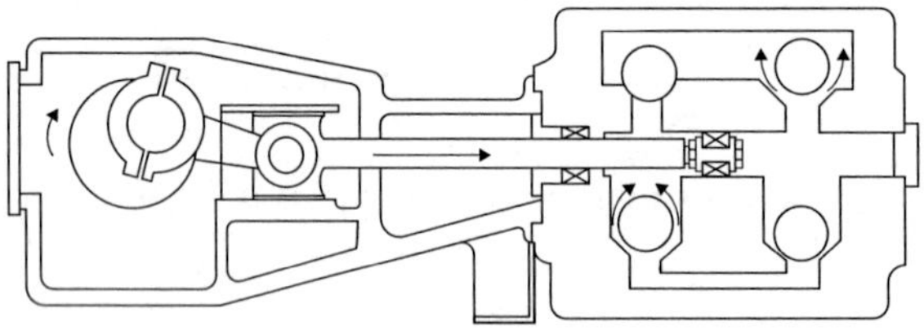

▌피스톤 펌프(=플런저 펌프)

① 가변용량형 펌프로 제작이 가능하다.
② 누설이 작아 체적효율이 좋다.
③ 피스톤의 배열에 따라 액셜형과 레이디얼형으로 나누어진다.
④ 부품수가 많고 구조가 복잡한 편이다.

(5) 나사 펌프(Screw Pump)

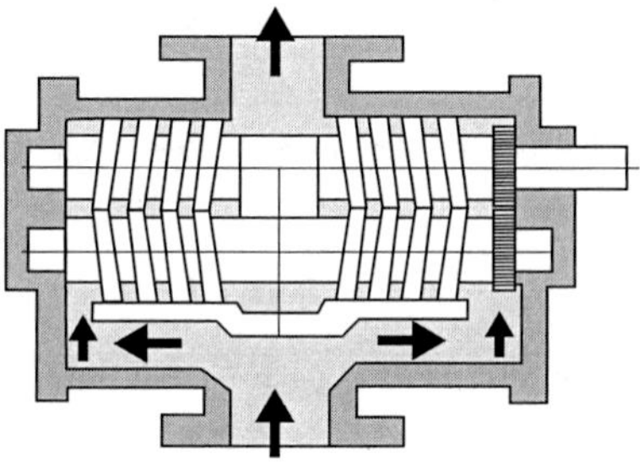

▌나사 펌프

① 소음과 진동이 적다.
② 토출압력이 가장 작다.
③ 고속운전을 하여도 조용하다.
④ 대용량의 펌프로 이용된다.
⑤ 맥동이 없는 일정량의 기름을 토출한다.

(6) 기타 펌프

① 다단 펌프(Staged Pump)

높은 양정이 요구되는 경우 1개의 펌프에서 2개 이상의 날개차를 동일 회전축에 장치한 것이다. 같은 형상의 날개차라면 각 단에서 출력하는 양정은 동일하므로 2단이면 2배, n단이면 n배의 양정을 낼 수 있다.

② 다련 펌프(Multiple Pump)

동일 축상에 2개 이상의 펌프 작용 요소를 가지고 각각 독립한 펌프 작용을 하는 형식이다.

③ 오버센터 펌프(Over Center Pump)

구동축의 회전방향을 바꾸지 않고 흐름 방향을 반전시키는 펌프이다.

(7) 펌프 소음발생 원인

① 흡인관의 막힘이 있는 경우
② 유압유에 공기가 혼입된 경우
③ 펌프의 회전이 매우 빠를 경우
④ 펌프의 상부커버 고정볼트가 헐거운 경우
⑤ 오일속에 기포가 있는 경우
⑥ 오일의 점도가 진한 경우
⑦ 여과기가 매우 작은 경우

핵심 예상문제

유체기기, 유압기기, 내연기관

06. 유압작동유와 유압펌프

01

유압기기에 사용되는 작동유의 구비조건에 대한 설명으로 옳지 않은 것은?

① 인화점과 발화점이 높아야 한다.
② 유연하게 유동할 수 있는 점도가 유지되어야 한다.
③ 동력을 전달시키기 위하여 압축성이어야 한다.
④ 화학적으로 안정하여야 한다.

*작동유의 구비조건
① 비압축성 이여야 할 것.
② 물리적•화학적 안정이 되며, 인화점과 발화점이 높아야 한다.
③ 체적탄성계수가 클 것
④ 방열성(열 방출도) 클 것
⑤ 회로 내를 유연하게 유동할 수 있는 적절한 점도 유지할 수 있어야 한다.
⑥ 윤활성, 방청성, 소포성, 항유화성, 항착화성 이여야 한다.
⑦ 온도에 의한 점도변화가 작고 점도지수는 높아야한다.
⑧ 인화점과 발화점이 높아야 한다.

02

유압 작동유의 점도가 지나치게 높을 때 발생하는 현상이 아닌 것은?

① 기기류의 작동이 불활성이 된다.
② 압력유지가 곤란하게 된다.
③ 유동저항이 커져 에너지 손실이 증대한다.
④ 유압유 내부 마찰이 증대하고 온도가 상승된다.

03

유압 작동유의 점도 변화가 유압 시스템에 미치는 영향으로 옳지 않은 것은? (단, 정상운전 상태를 기준으로 한다)

① 점도가 낮을수록 작동유의 누설이 증가한다.
② 점도가 낮을수록 운동부의 윤활성이 나빠진다.
③ 점도가 높을수록 유압 펌프의 동력 손실이 증가한다.
④ 점도가 높을수록 밸브나 액추에이터의 응답성이 좋아진다.

04

유압시스템에 사용되는 작동유의 점도가 너무 높을 때 발생하는 현상으로 옳지 않은 것은?

① 마찰에 의하여 동력 손실이 증가한다.
② 오일 누설이 증가한다.
③ 관내 저항에 의해 압력이 상승한다.
④ 작동유의 비활성화로 인해 응답성이 저하된다.

*유압 작동유의 점도

점도가 높을 때	점도가 낮을 때
-마찰에 의한 동력손실 증가 -온도 상승 -관내 저항 증가에 의한 압력손실 증가 -작동유의 비활성화로 인한 응답성 저하 -공동현상 및 소음 발생	-마모 증가 -압력 유지의 어려움 -용적효율 감소 -정밀조정 및 제어 곤란 -오일의 누설 증가 -윤활성이 나빠진다 -유압 펌프의 동력 손실이 증가 -밸브나 액추에이터의 응답성 저하

01.③ 02.② 03.④ 04.② 05.①

05

유압 작동유에 기포가 발생할 경우 생기는 현상으로 옳은 것만을 모두 고른 것은?

ㄱ. 윤활작용이 저하된다.
ㄴ. 작동유의 열화가 촉진된다.
ㄷ. 압축성이 감소하여 유압기기 작동이 불안정하게 된다.

① ㄱ, ㄴ ② ㄱ, ㄷ
③ ㄴ, ㄷ ④ ㄱ, ㄴ, ㄷ

***공동현상(Cavitation)에 의한 현상**
① 윤활작용 감소
② 작동유의 열화 촉진
③ 압축성이 증가하여 유압기기 작동이 불안정

06

다음 중 작동유의 방청제로서 가장 적당한 것은?

① 실리콘유
② 이온화합물
③ 에나멜화합물
④ 유기산 에스테르

***첨가제**
① 소포제 : 유해한 기포 제거
종류 - 실리콘유, 실리콘의 유기화합물
② 방청제 : 녹 방지
종류 - 유기산 에스테르, 유기인화합물, 지방산염

07

유압장치의 구성요소에 대한 설명으로 옳지 않은 것은?

① 유압 펌프는 전기적 에너지를 유압 에너지로 변환시킨다.
② 유압 실린더는 유압 에너지를 기계적 에너지로 변환시킨다.
③ 유압 모터는 유압 에너지를 기계적 에너지로 변환시킨다.
④ 축압기는 유압 에너지의 보조원으로 사용할 수 있다.

유압 펌프는 기계적 에너지를 유압 에너지로 변화시킨다.

08

유압펌프의 특성에 대한 설명으로 옳지 않은 것은?

① 기어펌프는 구조가 간단하고 신뢰도가 높으며 운전보수가 비교적 용이할 뿐만 아니라 가변토출형으로 제작이 가능하다는 장점이 있다.
② 베인펌프의 경우에는 깃이 마멸되어도 펌프의 토출은 충분히 행해질 수 있다는 것이 장점이다.
③ 피스톤 펌프는 다른 펌프와 비교해서 상당히 높은 압력에 견딜수 있고, 효율이 높다는 장점이 있다.
④ 일반적으로 용적형 펌프(Positive displacement pump)는 정량토출을 목적으로 사용하고, 비용적형 펌프(Non-positivedisplacement pump)는 저압에서 대량의 유체를 수송하는데 사용된다.

*기어펌프(Gear Pump)
한 쌍의 기어로 공간에 갇힌 유체를 송출하는 펌프로 기어의 배열에 따라 내접식과 외접식으로 구분된다.

*기어펌프 장점 및 단점
(1) 장점
① 구조기 긴단하고 가격이 서념하다.
② 유압유 중 이물질에 의한 고장이 적어 신뢰도가 높다.
③ 과도한 운전에 잘 견딘다.
④ 흡입량이 크다.
⑤ 소음과 진동이 적다.

(2) 단점
① 누설유량이 많다.
② 토크변동이 크다.
③ 베어링 하중이 커서 수명이 짧다.
④ 역회전이 불가능하다.
⑤ 가변토출형으로 제작이 불가능하다.

09

기어펌프에서 발생하는 폐입현상을 방지하기 위한 방법으로 가장 적절한 것은?

① 오일을 보충한다.
② 베인을 교환한다.
③ 베어링을 교환한다.
④ 릴리프 홈이 적용된 기어를 사용한다.

*폐입현상 방지방법
① 토출구에 릴리프홈을 만든다.
② 높은 압력의 기름을 베어링 윤활에 사용한다.

10

유압펌프에 있어서 체적효율이 90%이고 기계효율이 80%일 때 유압펌프의 전효율은?

① 23.7%　② 72%
③ 88.8%　④ 90%

*전효율
$\eta = \eta_V \times \eta_m = 0.9 \times 0.8 = 0.72 = 72\%$

09.④ 10.②

Memo

03

Chapter 7

밸브와 액추에이터

7-1 유압제어벨브

유압 장치에서 기름의 압력, 유량, 흐름 방향을 제어하는 밸브.

(1) **압력제어벨브** : 일의 크기를 결정한다.

① 릴리프 밸브(=안전 밸브, Relief Valve)

용기 내의 유체 압력이 일정압을 초과하였을 때 자동적으로 밸브가 열려서 유체의 방출 및 압력 상승을 억제하는 밸브이다.

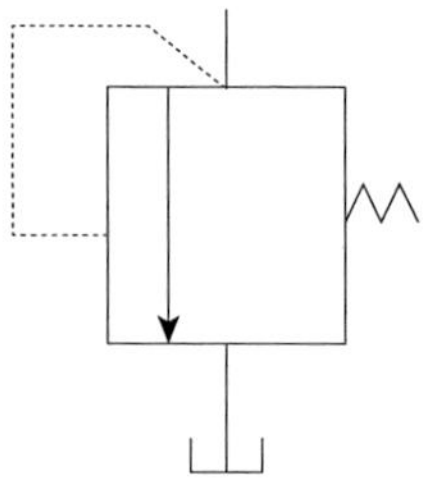

㉠ 크래킹 압력

체크 밸브, 릴리프 밸브 등의 압력이 상승하여 밸브가 열리기 시작하고 어떤 일정한 흐름의 양이 확인되는 압력이다.

㉡ 리시트 압력

체크 밸브, 릴리프 밸브 등의 입구쪽 압력이 강하하여 밸브가 닫히면서 밸브의 누설량이 어떤 규정된 양까지 감소되었을 때의 압력이다.

㉢ 오버라이드 압력

설정 압력과 크래킹 압력의 차이로 압력차가 클수록 릴리프밸브의 성능이 나쁘고 포핏을 진동 시키는 원인이 된다.

② 감압 밸브(=리듀싱 밸브, Pressure Reducing Valve)

상시개방형 이지만 압력이 걸리면 닫히는 밸브이다.

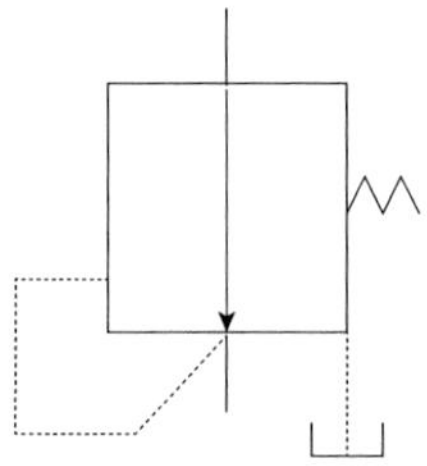

③ 시퀀스 밸브(=순차동작밸브, Sequence Valve)

회로의 압력에 의해 실린더의 작동 순서를 규제한다.

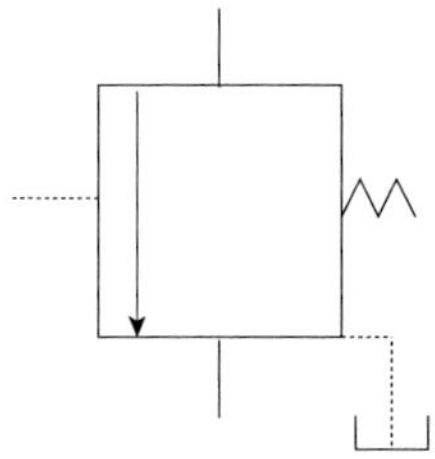

④ 카운터 밸런스 밸브(Counter Balance Valve)

회로의 일부에 배압을 발생시키고자 할 때 사용하는 밸브이다. 부하가 갑자기 제거될 때 부하의 낙하를 방지하고자 하는 경우에 사용한다. 한방향은 설정 배압, 나머지는 자유흐름 상태이다.

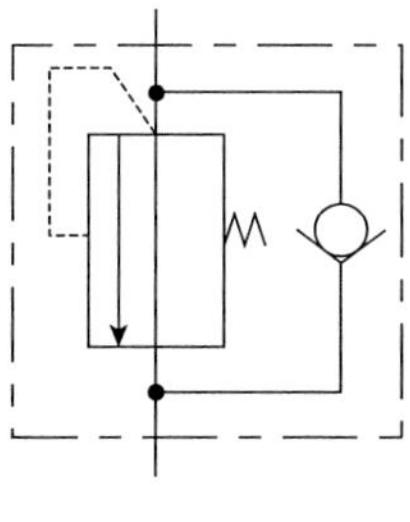

⑤ 무부하 밸브(=언로딩 밸브, Unloading Valve)

공기압축기에서 설정된 최대 압력에 도달되면 압력스위치가 켜져 언로딩되고, 펌프로부터 압유를 탱크로 빼돌려 압축기가 무부하 운전 상태가 되게 한다. 그 후에 일정 시간이 지나 압력이 점차 감소하여 설정된 최소압력 이하가 되면 압력스위치가 꺼져 압축기가 다시 로딩으로 전환되어 부하 상태가 된다.

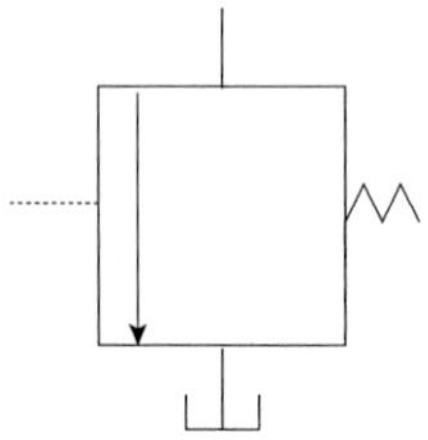

(2) **방향제어밸브** : 일의 방향을 결정한다.

① 체크 밸브(=역지 밸브, Check Valve)

정방향의 유동은 허용하나 역방향의 유동은 완전히 저지되는 밸브이다.

② 감속 밸브(Deceleration Valve)

유압회로에서 감속회로를 구성할 때 사용되는 밸브이다.

(3) **유량제어밸브** : 일의 속도를 결정한다.

① 교축 밸브(Throttle Valve)

통로의 단면적을 바꿔 교축 현상으로 감압하고 유량을 조절하는 밸브이다.

(4) **서보 밸브**(Servo Valve)

전기, 신호에 따라 유량과 유압을 조절하는 밸브

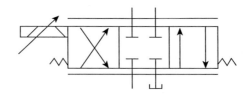

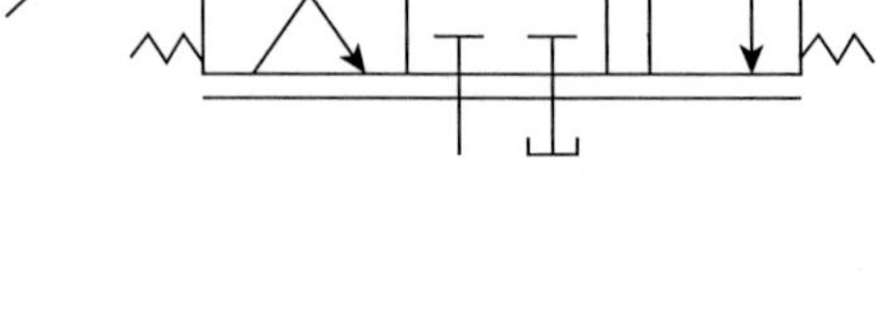

(5) 방향 전환 밸브의 위치수, 포트수, 방향수

① 위치수(Number of Position)

방향제어밸브에서 다양한 유로를 형성하기 위해 밸브기구가 작동하여야 할 위치의 수이며 3위치를 많이 사용한다. 사각형 칸의 개수라고 생각하면 된다.

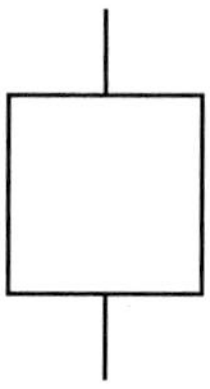

▌1위치

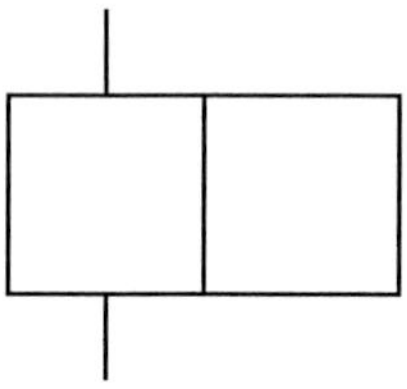

▌2위치

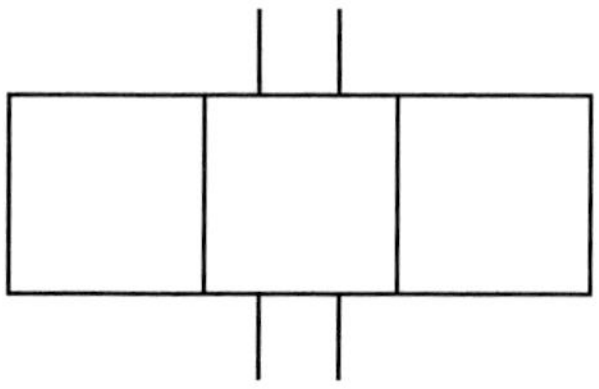

▌3위치

② 포트수(Number of Ports)

방향제어밸브에서 밸브와 주관로와의 접속구수이다. 위치하나에 있는 화살표와 사각형 변의 접점의 개수라고 생각하면 된다.

③ 방향수(Number of ways)

방향제어밸브에서 생기는 유로수의 합계이다. 화살표의 방향의 개수라고 생각하면 된다.

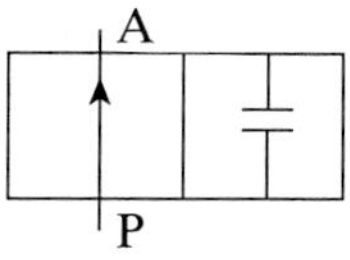

▌2위치 2포트 1방밸브

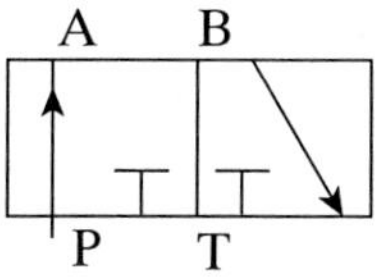

▌2위치 3포트 2방밸브

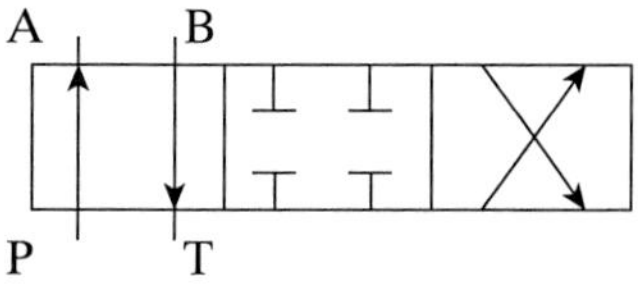

▌3위치 4포트 4방밸브

④ 텐덤센터(Tendem Center)

중립위치에서 A, B포트가 모두 닫히면 실린더는 임의의 위치에서 고정된다. 그리고, P포트와 T포트가 서로 통하게 되므로 펌프를 무부하시킬 수 있다. 일명 센터 바이패스형(Center by Pass Type)이라고도 하며, 종류로는 오픈센터, 세미오픈센터, 클로즈드 센터, 펌프 클로즈드 등이 있다.

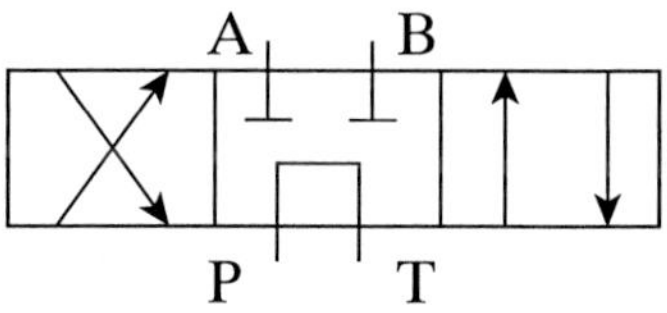

7-2 액추에이터

유압펌프를 이용해 유체에너지를 기계에너지로 변환시키는 기기이다.

(1) 액추에이터의 종류

① 유압실린더 : 유압에너지를 직선왕복운동으로 바꾸는 기기이다.
② 유압모터 : 유압에너지를 회전운동으로 바꾸는 기기이다.

(2) 유압실린더 고정방법(=Mounting)

<고정형>

① 플랜지형 : 플랜지가 실린더 축과 수직으로 장치되어 실린더를 고정시킨다.
② 풋형 : 볼트를 사용해 실린더 중심에 대해 장치면을 평행하게 하여 설치한다.

<요동형>

① 트러니언형 : 실린더 튜브에 축과 직각방향으로 피벗(Pivot)을 만들어 실린더가 피벗을 중심으로 회전할 수 있게 한다.
② 클레비스형 : U자형 링크에 의해 연결된 형태이다.
③ 볼형 : 실린더가 자유롭게 움직일 수 있도록 볼을 설치한 형태이다.

(3) 유압모터의 종류

① 기어모터 : 주로 평기어를 사용하고 헬리컬 기어도 사용한다. 건설기계, 산업기계, 공작기계 등에 주로 사용된다.

<장점>

㉠ 구조가 간단하고 가격이 저렴하다.
㉡ 유압유 중의 이물질에 의한 고장이 적다.
㉢ 과도한 운전에 잘 견딘다.
㉣ 정회전, 역회전이 가능하다.

<단점>

㉠ 누설유량이 많다.
㉡ 토크변동이 크고 베어링 하중이 커서 수명이 짧다.

② 베인모터 : 로터 내에 베인이 설치되어 유입된 유체에 의해서 로터가 회전하는 모터이다.

<장점>

㉠ 토크변동이 작다.
㉡ 로터에 작용하는 압력 평형에 의해 베어링 하중이 작아서 수명이 길다.
㉢ 기동시 토크 효율이 높고 저속시 토크 효율이 낮으며 급속시동이 가능하다.
㉣ 카트리지 방식으로 호환성이 양호하고 보수가 용이하다.

03

(4) 유압모터의 동력과 효율

① 이론토크(최대토크) : $T = \frac{pq}{2\pi}$ 여기서, p : 송출압력 $[kg_f/m^2]$, q : 1회전당 송출량 $[m^3]$

② 전효율 : $\eta = \eta_v \times \eta_m$ 여기서, η_v : 체적효율, η_m : 기계효율

핵심 예상문제

유체기기, 유압기기, 내연기관

07. 밸브와 액추에이터

01

유압장치에 사용되는 밸브를 압력제어밸브, 방향제어밸브, 유량제어밸브 등으로 분류하였다면, 이는 어떤 기준에 분류한 것인가?

① 기능상의 분류
② 조작 방식상의 분류
③ 구조상의 분류
④ 접속 형식상의 분류

***유압제어밸브 기능상 분류**
① 압력제어밸브 (크기)
② 유량제어밸브 (속도)
③ 방향제어밸브 (방향)

02

유압제어 밸브 중 압력 제어용이 아닌 것은?

① 릴리프(relief) 밸브
② 카운터밸런스(counter balance) 밸브
③ 체크(check) 밸브
④ 시퀀스(sequence) 밸브

***밸브의 종류**
(1) 압력제어밸브
① 릴리프밸브
② 감압밸브
③ 시퀀스밸브
④ 무부하밸브
⑤ 카운터밸런스밸브

(2) 방향제어밸브
① 체크밸브
② 셔틀밸브
③ 감속밸브
④ 스풀밸브

(3) 유량제어밸브
① 스로틀밸브(교축밸브)
② 스톱밸브
③ 집류밸브
④ 분류밸브

03

유압시스템에 대한 설명으로 옳지 않은 것은?

① 무단변속이 가능하여 속도제어가 쉽다.
② 충격에 강하며 높은 출력을 얻을 수 있다.
③ 구동용 유압발생장치로 기어펌프, 베인펌프 등의 용적형 펌프가 사용된다.
④ 릴리프밸브와 감압밸브 등은 유압회로에서 유체방향을 제어하는 밸브이다.

릴리프밸브와 감압밸브 등은 유압회로에서 유체압력을 제어하는 밸브이다.

01.① 02.③ 03.④

04

유압회로에서 회로 내 압력이 설정치 이상이 되면 그 압력에 의하여 밸브를 전개하여 압력을 일정하게 유지시키는 역할을 하는 밸브는?

① 시퀀스 밸브　② 유량제어 밸브
③ 릴리프 밸브　④ 감압 밸브

05

유압회로에서 접속된 회로의 압력을 설정된 압력으로 유지시켜주는 밸브는?

① 릴리프(relief) 밸브
② 교축(throttling) 밸브
③ 카운터밸런스(counter balance) 밸브
④ 시퀀스(sequence) 밸브

06

유압회로에서 사용되는 릴리프 밸브에 대한 설명으로 가장 적절한 것은?

① 유압회로의 압력을 제어한다.
② 유압회로의 흐름의 방향을 제어한다.
③ 유압회로의 유량을 제어한다.
④ 유압회로의 온도를 제어한다.

***안전 밸브(=릴리프 밸브, =이스케이프 밸브)**
용기 내의 유체 압력이 일정압을 초과하였을 때 자동적으로 밸브가 열려서 유체의 방출 및 압력 상승을 억제하는 밸브이다.

07

〈보기〉의 유압기기 기호에 대한 설명으로 가장 옳은 것은?

〈보기〉

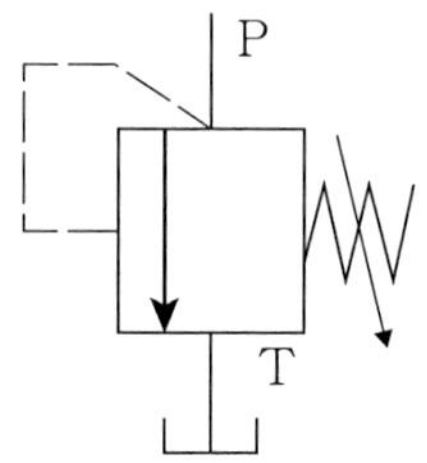

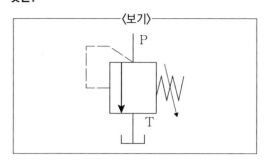

① 일부분에서의 압력(2차측)을 주회로 압력(1차측)보다 낮은 설정값으로 유지할 목적으로 사용하는 밸브
② 미리 설정한 압력으로 유지할 목적으로 사용하는 밸브
③ 여러 액추에이터 사이의 작동순서를 자동으로 제어하는 밸브
④ 유량을 설정한 값으로 제어하는 밸브

***안전 밸브(=릴리프 밸브, =이스케이프 밸브)**

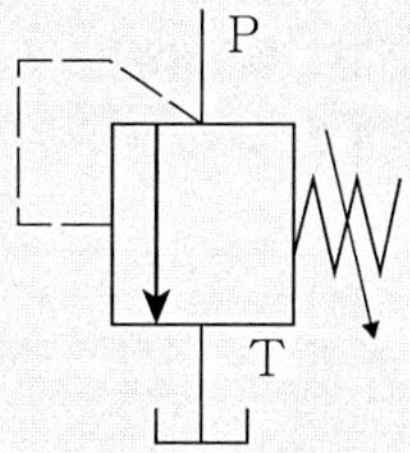

용기 내의 유체 압력이 일정압을 초과하였을 때 자동적으로 밸브가 열려서 유체의 방출 및 압력 상승을 억제하는 밸브. (=미리 설정한 압력으로 유지할 목적으로 사용하는 밸브)

08

회로의 압력이 설정치 이상이 되면 밸브가 열려 설정 압력 이상으로 증가하는 것을 방지하는 데 사용되는 유압밸브의 기호는?

① 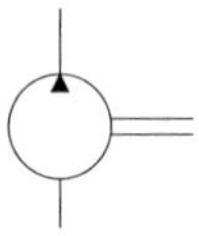

② 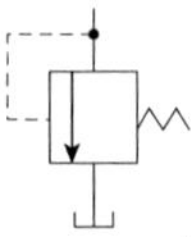

③ 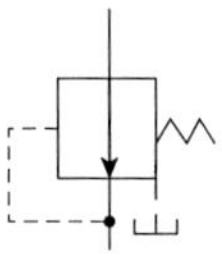

④ 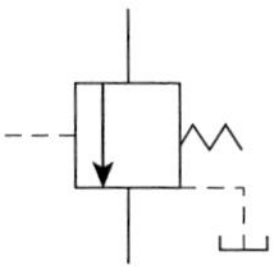

① 유압펌프 기호
③ 감압밸브 기호
④ 시퀀스밸브 기호

09

피스톤 부하가 급격히 제거되었을 때 피스톤이 급진하는 것을 방지하는 등의 속도제어회로로 가장 적합한 것은?

① 증압 회로
② 시퀀스 회로
③ 언로드 회로
④ 카운터 밸런스 회로

***카운터밸런스밸브(counter balance valve)**
회로의 일부에 배압을 발생시키고자 할 때 사용하는 밸브, 부하가 갑자기 제거될 때 부하의 낙하를 방지하고자 하는 경우에 사용 (한방향은 설정 배압, 나머지는 자유흐름)

10

그림에서 표기하고 있는 밸브의 명칭은 무엇인가?

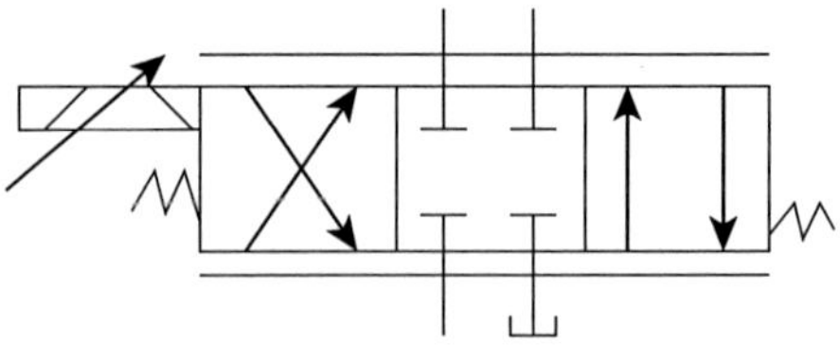

① 셔틀밸브　　② 파일럿밸브
③ 서보밸브　　④ 교축전환밸브

***서보밸브**
전기, 신호에 따라 유량, 유압을 조절한다.

11

방향전환 밸브에서 밸브와 관로가 접속되는 통로의 수를 무엇이라고 하는가?

① 방수(number of way)
② 포트수(number of port)
③ 스풀수(number of spool)
④ 위치수(number of position)

***방향전환밸브의 위치수, 포트수**
① 위치수 (Number of position)
방향제어밸브에서 다양한 유로를 형성하기 위해 밸브기구가 작동하여야 할 위치의수. 3위치를 많이 사용한다.

② 포트수(Number of ports)
방향제어밸브에서 밸브와 주관로와의 접속구수를 말한다.

08.② 09.④ 10.③ 11.②

12

유압장치 내에서 요구된 일을 하며 유압 에너지를 기계적 동력으로 바꾸는 역할을 하는 유압 요소는?

① 유압 탱크
② 압력 게이지
③ 에어 탱크
④ 유압 액추에이터

***액추에이터**
유체에너지를 기계에너지로 변환하는 장치

13

액추에이터에 관한 설명으로 가장 적합한 것은?

① 공기 베어링의 일종이다.
② 전기에너지를 유체에너지로 변환시키는 기기이다.
③ 압력에너지를 속도에너지로 변환시키는 기기이다.
④ 유체에너지를 이용하여 기계적인 일을 하는 기기이다.

***액추에이터**
유체에너지 → 기계에너지로 변화시키는 기기이다.

14

유압 실린더의 마운팅(mounting) 구조 중 실린더 튜브에 축과 직각방향으로 피벗(pivot)을 만들어 실린더가 그것을 중심으로 회전할 수 있는 구조는?

① 풋 형(foot mounting type)
② 트러니언 형(trunnion mounting type)
③ 플랜지 형(flange mounting type)
④ 클레비스 형(clevis mounting type)

***트러니언 형(trunnion mounting type)**
실린더 튜브에 축과 직각방향으로 피벗(pivot)을 만들어 실린더가 그것을 중심으로 회전할 수 있게 됨.

12.④ 13.④ 14.②

Chapter 8

유압부속장치 및 회로

8-1 유압부속장치

(1) 축압기(=어큐뮬레이터, Accumulator)

작동유가 갖고 있는 에너지를 잠시 축적했다가 완충작용을 하는 장치이다. 간헐적으로 요구되는 부하에 대해 압유를 배출해 펌프를 소량경화 할 수 있다.

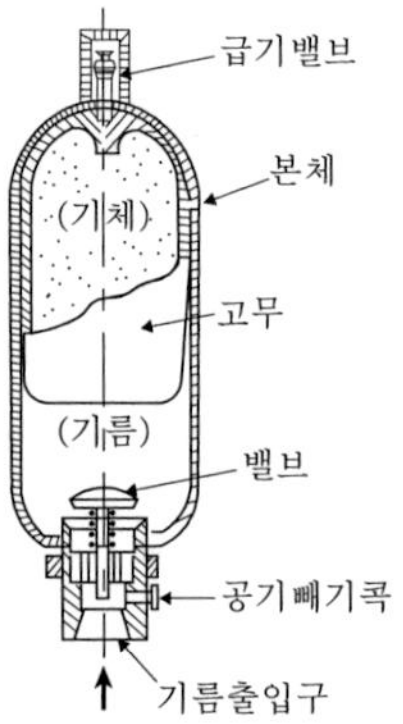

▌축압기(=어큐뮬레이터) 구성요소

① 축압기의 종류

㉠ 스프링형 : 소형이며 가격이 저렴하고 저압용으로 사용한다.
㉡ 중추형 : 유압유 압력은 항상 일정하게 공급하며 크고 무거워 외부누설방지가 곤란하다.
㉢ 피스톤형 : 형상이 간단하고 구성품이 적어서 사용온도 범위가 넓고 대형 제작도 용이하다.

② 축압기 취급시 주의사항

㉠ 가스봉입형식인 것은 미리 소량의 작동유를 넣은 다음 가스를 소정의 압력으로 봉입 한다.
㉡ 봉입가스는 질소가스 등의 불활성 가스 또는 낮은 공기압을 사용하고 산소 등의 폭발성 기체를 사용해서는 안된다.
㉢ 펌프와 축압기 사이에는 체크밸브를 설치하여 유압유가 펌프에 역류하지 않도록 한다.
㉣ 축압기와 관로와의 사이에 스톱밸브를 넣어 토출압력이 봉입가스의 압력보다 낮을 때는 차단한 후 가스를 넣어야 한다.
㉤ 축압기에 부속쇠 등을 용접하거나 가공, 구멍뚫기 등을 해서는 안된다.
㉥ 충격완충용에는 가급적 충격이 발생하는 곳에 가까이 설치한다.
㉦ 봉입가스압은 6개월마다 점검하고, 항상 소정의 압력을 예압시킨다.

(2) 오일탱크(Oil Tank)

펌프 작동 중 유면을 적절하게 유지하고 발생하는 열을 방산하여 장치의 가열을 방지한다. 또한 오일 중의 공기나 이물질을 분리시킨다.

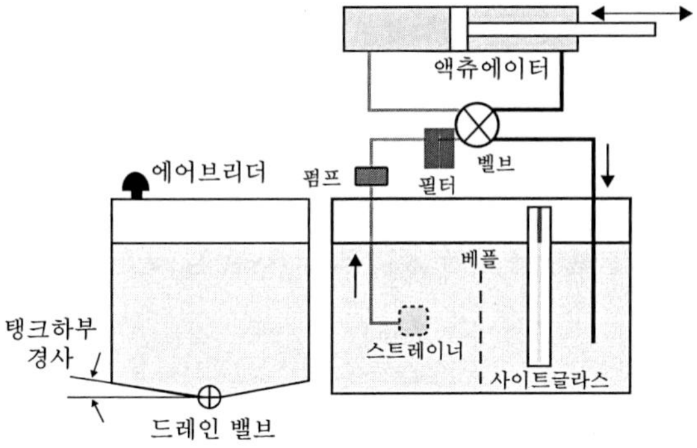

▌오일탱크 구성요소

<오일탱크 구비 조건>

① 오일 탱크의 바닥면은 바닥에서 일정 간격 이상을 유지해야한다.
② 오일 탱크는 스트레이너의 삽입이나 분리를 용이하게 할 수 있는 출입구가 있어야 한다.
③ 장치의 운전을 중지할 때 장치 내의 작동유가 복귀하여도 지장이 없을 만큼의 용량이어야 한다.
④ 오일의 순환거리를 길게하고 먼지의 일부를 침전시킬 수 있어야 한다.
⑤ 운전 중 보기 쉬운 곳에 유면계를 설치하고 유면계는 오일탱크의 상부벽과 같은 높이에 설치한다.

(3) 실(Seal) : 유압유의 누설을 방지하는 밀봉장치이다.

① 실(Seal)의 종류

㉠ 개스킷(Gasket) : 고정부분(정지부분)에 사용되는 실로서 정지용 실이다.
㉡ 패킹(Packing) : 운동부분에 사용되는 실로서 운동용 실이다.

② 실(Seal)의 요구조건

㉠ 압축복원성이 좋으며 압축 변형이 없을 것
㉡ 체적 변화가 적고 내약품성이 양호할 것
㉢ 마찰저항이 적고 온도에 민감하지 않을 것
㉣ 내구성, 내마모성이 우수할 것

(4) 스트레이너(Strainer)

탱크 내 펌프 흡입구쪽에 설치되어 펌프의 불순물, 유압 작동유의 이물질을 제거하는 장치이다.

(5) 유압 장치용 배관 이음의 종류

① 플랜지 이음 : 고압, 저압에 관계없이 대형관의 이음으로 쓰이며, 분해, 보수가 용이하다.
② 플레어 이음 : 관의 선단부를 나팔형으로 넓혀서 이음 본체의 원뿔면에 슬리브와 너트에 의해 체결하는 이음이다.
③ 플레어리스 이음 : 관의 끝을 넓히지 않고 관과 슬리브의 먹힘 또는 마찰에 의하여 관을 유지하는 이음이다.

8-2 유압회로

유압장치의 압력, 속도, 방향제어 등의 기본적인 구성을 목적에 따라 조합해 통일된 기호로 나타낸 회로도이다.

(1) 속도제어회로

① 미터 인 회로

액추에이터의 입구 쪽에서 유량을 교축시켜 작동속도를 조절하는 방식이다. 속도 제어회로로 체크 밸브에 의해 한 방향의 속도가 제어되고 피스톤 측에만 압력을 형성한다. 인장력이 작용할 때 속도조절이 불가능하며 단면적이 넓은 부분을 제어하므로 유리하다.

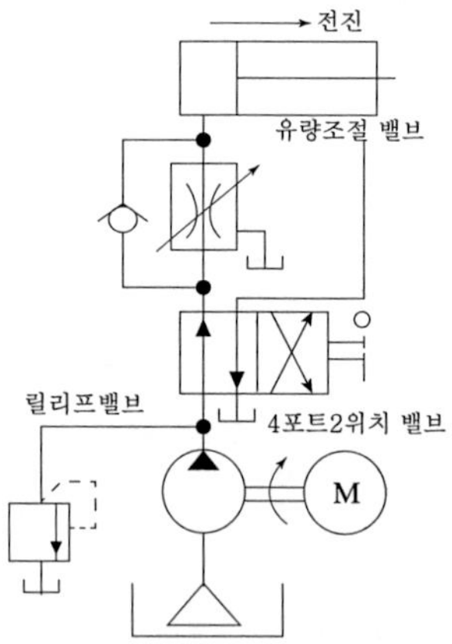

▌미터 인 회로 기호

② 미터 아웃 회로

액추에이터의 출구 쪽에서 유량을 교축시켜 작동속도를 조절하는 방식이다. 피스톤과 피스톤 로드 측에 압력이 형성되고 단면적이 좁은 부분을 제어하므로 유리하다.

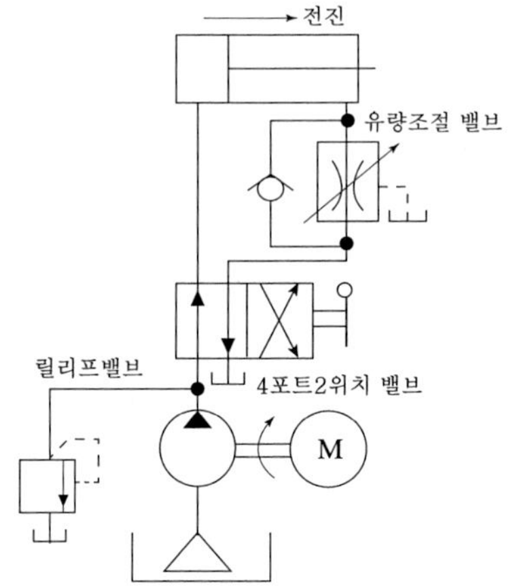

▌미터 아웃 회로 기호

③ 블리드오프회로

실린더 입구의 분기회로에 유량제어밸브를 설치해 실린더 입구 측의 불필요한 압유를 배출해 작동 효율을 증진시키고 속도를 제어한다. 실린더 유입 유량이 부하에 따라 변하므로 미터인, 아웃 회로처럼 피스톤 이송을 정확하게 하기 어렵다.

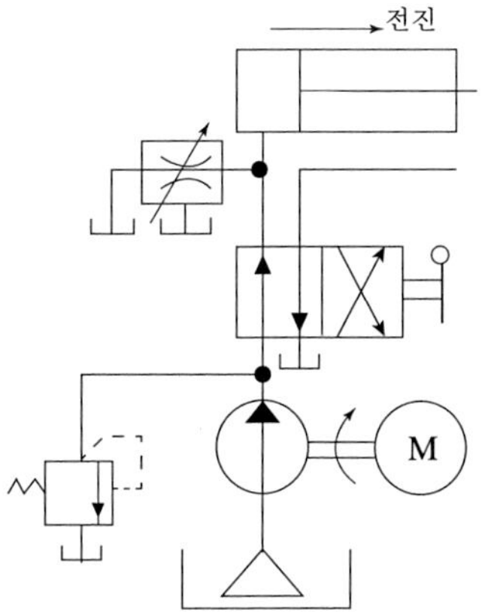

▌블리드오프회로 기호

(2) 방향제어회로

① 로크회로 : 피스톤의 이동을 방지하는 회로이며 유압실린더를 고정한다.

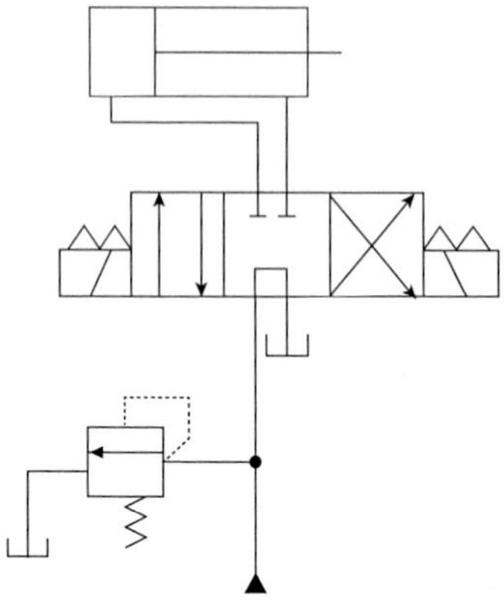

▌로크회로

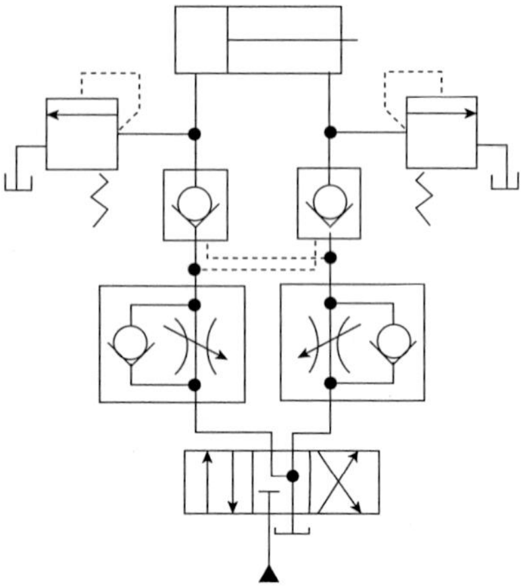

▌완전 로크 회로

Memo

03

핵심 예상문제

유체기기, 유압기기, 내연기관

08. 유압부속장치 및 회로

01

다음 중 펌프에서 토출된 유량의 맥동을 흡수하고, 토출된 압유를 축적하여 간헐적으로 요구되는 부하에 대해서 압유를 방출하여 펌프를 소경량화 할 수 있는 기기는?

① 필터 ② 스트레이너
③ 오일 냉각기 ④ 어큐뮬레이터

*축압기(accumulator)
작동유가 갖고 있는 에너지를 잠시 저축했다가 이것을 이용해 완충작용을 할 수 있음. 간헐적으로 요구되는 부하에 대해 압유를 배출해 펌프소량경화.

02

다음 중 펌프 작동 중에 유면을 적절하게 유지하고, 발생하는 열을 방산하여 강치의 가열을 방지하며, 오일 중의 공기나 이물질을 분리시킬 수 있는 기능을 갖춰야 하는 것은?

① 오일 필터
② 오일 제너레이터
③ 오일 미스트
④ 오일 탱크

*오일탱크
펌프 작동 중 유면을 적절하게 유지하고 발생하는 열을 방산하여 장치의 가열을 방지한다. 그리고 오일 중의 공기나 이물질을 분리시킬 수 있는 기능을 갖추고 있다.

03

배관용 플랜지 등과 같이 정지 부분의 밀봉에 사용되는 실(seal)의 총칭으로 정지용 실이라고도 하는 것은?

① 초크(choke)
② 개스킷(gasket)
③ 패킹(packing)
④ 슬리브(sleeve)

*실(seal)의 종류
① 개스킷(gasket) : 고정부분(정지부분)에 사용되는 실. 정지용 실
② 패킹(packing) : 운동부분에 사용되는 실

04

실(seal)의 구비조건으로 옳지 않은 것은?

① 마찰계수가 커야 한다.
② 내유성이 좋아야 한다.
③ 내마모성이 우수해야 한다.
④ 복원성이 양호하고 압축변형이 작아야 한다.

*실(seal)의 요구조건
① 압축복원성이 좋으며 압축 변형이 없을 것
② 체적 변화가 적고 내약품성 양호
③ 마찰저항이 적고 온도에 민감하지 않을 것
④ 내구성, 내유성, 내마모성 우수

01.④ 02.④ 03.② 04.①

05

주로 시스템의 작동이 정부하일 때 사용되며, 실린더의 속도 제어를 실린더에 공급되는 입구측 유량을 조절하여 제어하는 회로는?

① 로크 회로 ② 무부하 회로
③ 미터인 회로 ④ 미터아웃 회로

***미터 인 회로**
액추에이터의 입구 쪽에서 유량을 교축시켜 작동속도를 조절하는 방식. 속도제어회로로 체크 밸브에 의해 한 방향의 속도가 제어됨. 피스톤 측에만 압력 형성. 인장력이 작용할 때 속도조절 불가능. 단면적이 넓은 부분을 제어하므로 유리하다.

06

다음 중 실린더에 배압이 걸리므로 끌어당기는 힘이 작용해도 자주(自走)할 염려가 없어서 밀링이나 보링머신 등에 사용하는 회로는?

① 미터 인 회로
② 어큐물레이터 회로
③ 미터 아웃 회로
④ 싱크로나이즈 회로

***미터 아웃 회로**
액추에이터의 출구 쪽에서 유량을 교축시켜 작동속도를 조절하는 방식. 피스톤+피스톤 로드 측에 압력 형성. 단면적이 좁은 부분을 제어하므로 유리하다. 이 회로는 실린더에 배압이 걸리므로 끌어당기는 하중이 작용해도 자주(自走)할 염려가 없다.

07

액추에이터의 공급 쪽 관로에 설정된 바이패스 관로의 흐름을 제어함으로써 속도를 제어하는 회로는?

① 미터 인 회로
② 블리드 오프 회로
③ 배압 회로
④ 플립 플롭 회로

***블리드오프회로(bleed off circuit)**
실린더 입구의 분기회로에 유량제어밸브를 설치해 실린더 입구 측의 불필요한 압유를 배출해 작동 효율 증진, 속도를 제어한다. 실린더 유입 유량이 부하에 따라 변하므로 미터인, 아웃 회로 처럼 피스톤 이송을 정확하게 하기 어려움.

08

유압회로의 액추에이터(actuator)에 걸리는 부하의 변동, 회로압의 변화, 기타의 조작에 관계없이 유압실린더를 필요한 위치에 고정하고 자유운동이 일어나지 못하도록 방지하기 위한 회로는?

① 증압회로 ② 로크회로
③ 감압회로 ④ 무부하회로

***로크회로**
피스톤의 이동을 방지하는 회로

05.③ 06.③ 07.② 08.②

Chapter 9

유압용어 및 도면기호

9-1 유압 용어 정리

용어	설명
유압호스	진동을 흡수하고 유압회로의 서지압력을 흡수한다.
유압부스터	유압을 한층 더 증대시킨다. 금속관을 쓰기 곤란한 곳, 진동의 영향을 방지해야 하는 곳, 연결부의 상대위치가 변하는 곳에 사용한다.
플런저(Plunger)	실린더 속에서 왕복운동을 한다. 지름에 비해 길이가 길다.
스풀(Spool)	원통형 미끄럼면에 내접하여 축방향으로 이동하여 유로를 개폐하는 꼬챙이 모양의 구성부품이다.
랜드(Land)	스풀의 밸브작용을 하는 미끄럼면이다.
포트(Port)	작동유체 통로의 열린 부분이며 밸브와 주관로를 접속시키는 구멍이다.
오리피스(Orifice)	면적을 감소시킨 통로이다. 길이가 단면치수에 비해 비교적 짧은 경우의 죔구로 사용한다.
초크(Choke)	길이가 단면치수에 비해 비교적 긴 죔구이다.
초기위치	밸브를 시스템 내에 설치하고 작업 또는 사이클이 시작하려 할 때의 위치이다. 즉, 조작력이 작용하기 전의 밸브몸체 위치이다.
중앙 위치	밸브의 작동 신호가 없을 때 유압배관이 연결되는 밸브몸체위치이다.
중립 위치	전원이 꺼졌을 때 자동으로 결정되는 벨브 위치이다.
채터링(Chattering)	스프링에 의해 작동되는 릴리프 밸브에 발생하기 쉬우며 밸브 시트를 두들겨서 비교적 높은 음을 발생시키는 일종의 자려 진동현상이다.
디더(Dither)	스풀 밸브로 내부 흐름의 불균성 등에 의하여, 축에 대한 압력분포의 평형이 깨어져서 스풀 밸브 몸체에 강하게 밀려 고착되어, 그 작동이 불가능하게 되는 현상이다.
인터플로(Interflow)	밸브의 변화 도중에 과도적으로 생기는 밸브포트 사이의 흐름이다.
드레인(Drain)	유압기기의 통로에서 탱크로 액체가 돌아오는 현상이다.
누설(Leakage)	정상 상태로는 흐름을 폐지시킨 장소이나 이 곳을 통하여 흐르는 비교적 적은 흐름이다.
컷오프(Cut off)	펌프 출구측 압력이 설정압력에 가깝게 되었을 때 가변 토출량 제어가 작동해 유량을 감소시키는 것이다.

쇼크업소버 (Shock Absorber)	오일의 점성을 이용해 기계적 충격을 완화하며 운동에너지를 흡수하는 유압 응용장치이다.
플러싱(Flushing)	유압회로 내 이물질을 제거한다. 작동유교환, 처음설치, 재조립 시 오염물을 회로 밖으로 배출시켜 회로를 깨끗하게 하는 것이다. 플러싱오일을 사용하거나 산세정법을 이용한다.
서지압력 (Surge Pressure)	계통 내 흐름의 과도적인 변동으로 인해 발생하는 압력이다.
스테핑 모터 (Stepping Motor)	입력 펄스수에 대응하여 일정 각도씩 움직이는 모터이다. 입력펄스 수와 모터의 회전 각도가 비례하여 회전 각도를 정확히 제어한다. 주로 NC공작기계, 산업용 로봇, 프린터, 복사기에 사용된다.
자기식 필터	오일 중에 흡입되고 있는 자성 고형물을 자석력을 이용하여 여과하는 필터이다.
바이패스 (By-pass)	유압펌프에서 나온 유압유의 일부를 흡수형 필터로 여과하고 나머지는 그대로 탱크로 가도록 한다. 연결위치는 압력관로의 어느 곳이나 가능하며 비교적 작은 필터로도 충분하다.
오버라이드 조작	정규 조작 방법에 우선하여 조작할 수 있는 대체조작 수단이다.
토크 컨버터	동력이 유체에 의해 전달될 때 과부하에 대한 기관 손상이 없도록 자동으로 변속 작용을 하는 유체 변속 장치이이다.
파일럿 조작	파일럿 유량 조정으로 밸브의 동작속도를 조정할 수 있고 파일럿 유압으로 밸브의 조작력을 조정한다. 대용량에 적합하다.
솔레노이드 조작	코일에 전류를 흘러서 전자석을 만들고 그 흡입력으로 가동평을 움직여서 끌어당기거나 밀어내는 등의 직선운동 수행하는 장치이다.

9-2 도면 기호

(1) 유압펌프

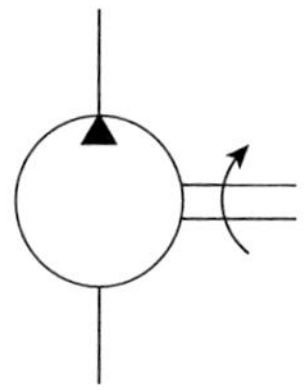

▎유압펌프

(2) 유압모터

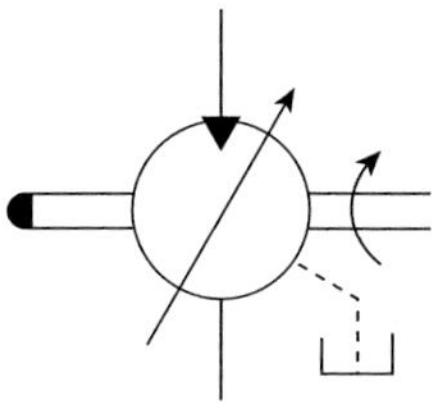

▎유압모터

(3) 바이패스형 유량 조정 밸브

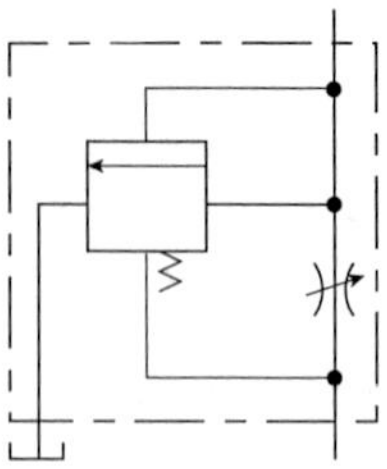

▌상세기호

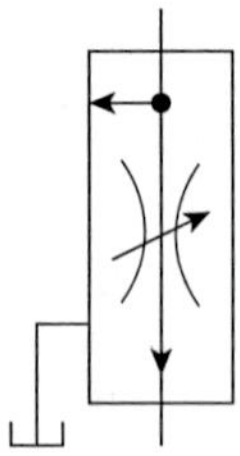

▌간략기호

(4) 필터

① 필터(일반기호)

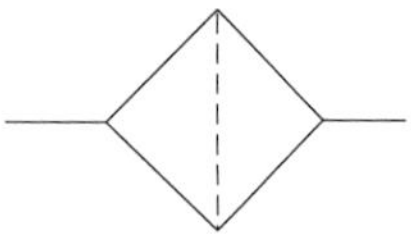

▌필터(일반기호)

② 필터(자석붙이)

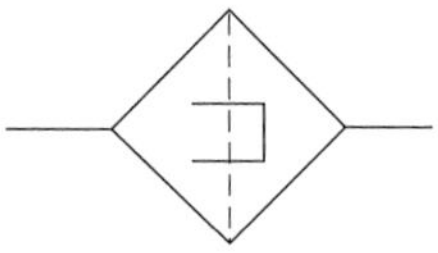

▌필터(자석붙이)

③ 필터(눈막힘 표시기 붙이)

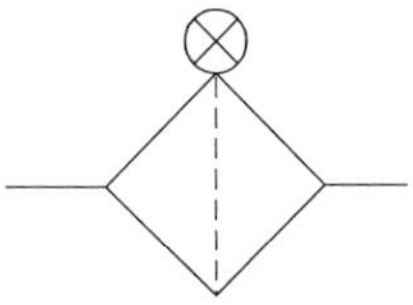

▌필터(눈막힘 표시기 붙이)

(5) 드레인

① 드레인 배출기

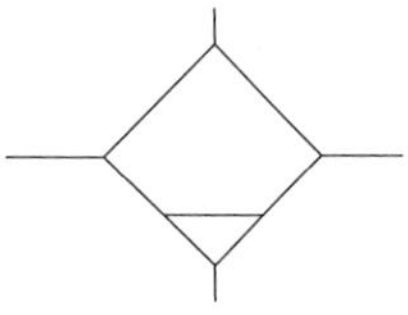

▌드레인 배출기

② 드레인 배출기 분리 필터

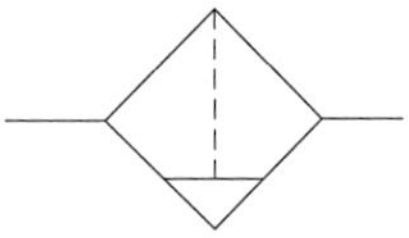

▌드레인 배출기 분리 필터

(6) 스위치

① 압력 스위치

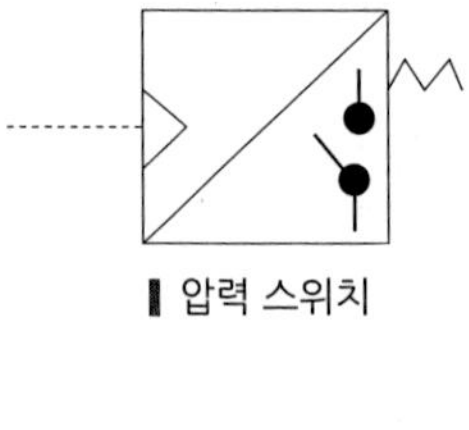

▌압력 스위치

② 리밋 스위치

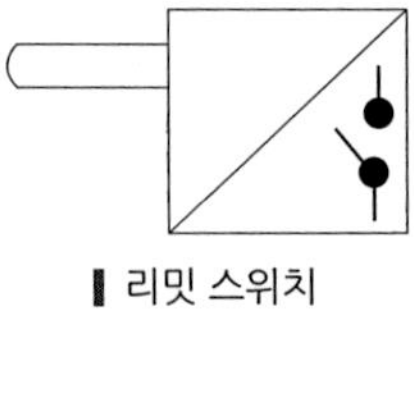

▌리밋 스위치

(7) 압력계

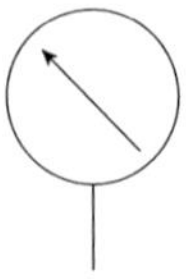

▌압력계

(8) 차압계

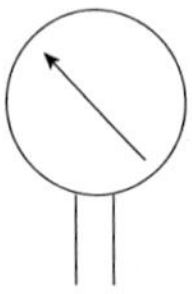

▌차압계

(9) 온도계

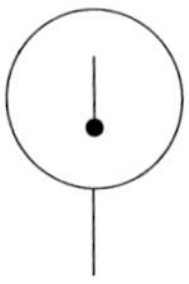

▌온도계

(10) 유량계

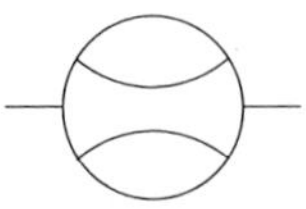

▌유량계

Memo

핵심 예상문제

유체기기, 유압기기, 내연기관

09. 유압용어 및 도면기호

01

유압호스에 관한 설명으로 옳지 않은 것은?

① 진동을 흡수한다.
② 유압회로의 서지 압력을 흡수한다.
③ 고압 회로로 변환하기 위해 사용한다.
④ 결합부의 상대 위치가 변하는 경우 사용한다.

***유압호스**
① 진동을 흡수한다.
② 유압회로의 서지 압력을 흡수한다.
③ 금속관을 쓰기 곤란한 곳에 사용한다.
④ 결합부의 상대위치가 변하는 곳에 사용한다.

02

분말 성형프레스에서 유압을 한층 더 증대시키는 작용을 하는 장치는?

① 유압 부스터(hydraulic booster)
② 유압 컨버터(hydraulic converter)
③ 유니버셜 조인트(universal joint)
④ 유압 피트먼 암(hydraulic pitman arm)

***유압부스터(hydraulic booster)**
유압을 한층 더 증대 시키는 기계

03

실린더 안을 왕복 운동하면서, 유체의 압력과 힘의 주고 받음을 하기 위한 지름에 비하여 길이가 긴 기계 부품은?

① spool ② land
③ port ④ plunger

① spool : 원통형 미끄럼면에 내접하여 축방향으로 이동하여 유로를 개폐하는 꼬챙이 모양의 구성 부품
② land : spool의 밸브작용을 하는 미끄럼면
③ port : 작동유체 통로의 열린 부분. 밸브와 주관로를 접속시키는 구멍
④ plunger : 실린더 안 왕복운동. 지름에 비해 길이가 긴 기계 부품

04

길이가 단면 치수에 비해서 비교적 짧은 죔구(restriction)는?

① 초크(choke)
② 오리피스(orifice)
③ 벤트 관로(vent line)
④ 휨 관로(flexible line)

***오리피스(orifice)**
면적을 감소시킨 통로. 길이가 단면치수에 비해 비교적 짧은 죔구

01.③ 02.① 03.④ 04.②

05

길이가 단면 치수에 비해서 비교적 긴 죔구(restriction)는?

① 초크(choke)
② 오리피스(orifice)
③ 벤트 관로(vent line)
④ 휨 관로(flexible line)

***초크(choke)**
길이가 단면치수에 비해 긴 경우의 죔구

06

밸브 몸체의 위치 중 주관로의 압력이 걸리고나서, 조작력에 의하여 예정 운전 사이클이 시작되기 전의 밸브 몸체 위치에 해당하는 용어는?

① 초기 위치(initial position)
② 중앙 위치(Middle position)
③ 중간 위치(intermediate position)
④ 과도 위치(Transient position)

***초기위치(initial position)**
밸브를 시스템 내에 설치하고 압축공기나 전기 등 작동매체를 공급하고 작업을 시작하려할 때의 위치를 말한다. 즉, 조작력이 작용하지 않는 때의 밸브 몸체의 위치에 해당됨.

07

3위치 밸브에서 사용하는 용어로 밸브의 작동신호가 없을 때 유압배관이 연결되는 밸브 몸체 위치에 해당하는 용어는?
(단, 배관의 마찰계수는 0.13이다)

① 초기 위치(Initial position)
② 중앙 위치(Middle position)
③ 중간 위치(Intermediate position)
④ 과도 위치(Transient position)

***중앙위치(Middle position)**
밸브의 작동 신호가 없을 때 유압배관이 연결되는 밸브 몸체위치

08

감압밸브, 체크밸브, 릴리프밸브 등에서 밸브시트를 두드려 비교적 높은 음을 내는 일종의 자려 진동 현상은?

① 유격 현상
② 채터링 현상
③ 페입 현상
④ 캐비테이션 현상

***채터링(chattering) 현상**
스프링에 의해 작동되는 릴리프 밸브에 발생하기 쉬우며 밸브시트를 두들겨서 비교적 높은 음을 발생시키는 일종의 자려진동현상.

05.① 06.① 07.② 08.②

09

다음 중 스풀 밸브로 내부 흐름의 불균성 등에 의하여 축에 대한 압력분포의 평형이 깨져서 스풀 밸브 몸체에 강하게 밀려 고착되어 그 작동이 불가능하게 되는 현상은 어느 것인가?

① 채터링(chattering)
② 디더(dither)
③ 인터플로(interflow)
④ 드레인(drain)

***디더(dither)**
스풀 밸브로 내부 흐름의 불균성 등에 의하여, 축에 대한 압력분포의 평형이 깨어져서 스풀 밸브 몸체에 강하게 밀려 고착되어, 그 작동이 불가능하게 되는 현상

10

밸브의 전환 도중에서 과도적으로 생기는 밸브 포트 사이의 흐름을 의미하는 용어는?

① 컷오프(cut-off)
② 인터플로(interflow)
③ 배압(back pressure)
④ 서지압(surge pressure)

***인터플로(interflow)**
밸브의 변화 도중에 과도적으로 생기는 밸브포트 사이의 흐름.

11

유압기기의 통로(또는 관로)에서 탱크(또는 매니폴드 등)로 돌아오는 액체 또는 액체가 돌아오는 현상을 나타내는 용어는?

① 누설
② 드레인(drain)
③ 컷오프(cut off)
④ 인터플로(interflow)

***드레인(drain)**
유압기기의 통로에서 탱크로 액체가 돌아오는 현상

12

다음 중 정상상태로는 흐름을 폐지시킨 장소 또는 흐르는 것이 좋지 않은 장소를 통하여 비교적 적은 흐름을 나타내는 것은?

① 컷오프 ② 누설
③ 플러싱 ④ 바이패스

***누설(leakage)**
정상상태로는 흐름을 폐지시킨 장소 또는 흐르는 것이 좋지 않은 장소를 통하여 비교적 적은 흐름

09.② 10.② 11.② 12.②

13

다음 중 펌프 출구측 압력이 설정압력에 가깝게 되었을 때 가변 토출량 제어가 작동해 유량을 감소시키는 용어는?

① 디더　　② 드레인
③ 채터링　　④ 컷오프

***컷오프(cut off)**
펌프 출구측 압력이 설정압력에 가깝게 되었을 때 가변 토출량 제어가 작동해 유량을 감소시키는 것

14

다음 중 오일의 점성을 이용한 유압응용장치는?

① 압력계　　② 토크 컨버터
③ 진동개폐밸브　　④ 쇼크 업소버

***쇼크업소버(shock absorber)**
오일의 점성을 이용해 기계적 충격을 완화하며 운동에너지를 흡수하는 유압응용장치

15

유압기계를 처음 운전할 때 또는 유압장치 내의 이물질을 제거하여 오염물을 배출시키고자 할 때 슬러지를 용해하는 작업은?

① 필터링　　② 플러싱
③ 플래이트　　④ 엘레멘트

***플러싱(flushing)**
유압회로 내 이물질을 제거한다. 작동유교환·처음설치·재조립 시 오염물을 회로 밖으로 배출시켜 회로를 깨끗하게 하는 것. 플러싱오일을 사용하거나 산세정법 이용.

16

유압 및 공기압 용어에서 스템 모양 입력신호의 지령에 따르는 모터로 정의되는 것은?

① 오버 센터 모터　　② 다공정 모터
③ 유압 스테핑 모터　　④ 베인 모터

***스태핑 모터(stepping motor)**
압력 펄스수에 대응하여 일정 각도씩 움직이는 모터이다. 압력펄스수와 모터의 회전각도가 비례하여 회전각도를 정확히 제어한다. 주로 NC공작기계, 산업용로봇, 프린터, 복사기에 사용된다.

17

다음 필터 중 유압유에 혼입된 자성 고형물을 여과하는 데 가장 적합한 것은?

① 표면식 필터
② 적층식 필터
③ 다공체식 필터
④ 자기식 필터

***자기식 필터**
오일 중에 흡입되고 있는 자성 고형물을 자석에 흡착시키는 것에 의하여 여과하는 것.

13.④ 14.④ 15.② 16.② 17.④

18

유압유의 여과방식 중 유압펌프에서 나온 유압유의 일부만을 여과하고 나머지는 그대로 탱크로 가도록 하는 형식은?

① 바이패스 필터(by-pass filter)
② 전류식 필터(full-flow filter)
③ 산트식 필터(shunt flow filter)
④ 원심식 필터(centrifugal filter)

***바이패스 필터(by-pass filter)**
유압펌프에서 나온 유압유의 일부(10%)를 흡수형 필터로 여과하고 나머지는 그대로 탱크로 가도록 한다. 연결위치는 압력관로의 어느 곳이나 가능하며 비교적 작은 필터로도 충분하다.

19

유압회로에서 정규 조작방법에 우선하여 조작할 수 있는 대체 조작수단으로 정의되는 에너지 제어·조작방식 일반에 관한 용어는?

① 직접 파일럿 조작
② 솔레노이드 조작
③ 간접 파일럿 조작
④ 오버라이드 조작

***에너지 제어, 조작 방식**
① 오버라이드 조작
정규 조작 방법에 우선하여 조작할 수 있는 대체조작수단

② 파일럿 조작
파일럿 유량 조정으로 밸브의 동작속도를 조정할 수 있고 파일럿 유압으로 밸브의 조작력 조정, 대용량에 적합하다.

③ 솔레노이드 조작
코일에 전류를 흘러서 전자석을 만들고 그 흡입력으로 가동평을 움직여서 끌어당기거나 밀어내는 등의 직선운동 수행.

20

그림과 같은 유압기호의 조작방식에 대한 설명으로 옳지 않은 것은?

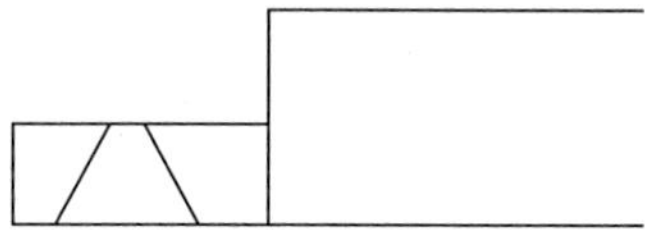

① 2방향 조직이다.
② 파일럿 조작이다.
③ 솔레노이드 조작이다.
④ 복동으로 조작할 수 있다.

2방향 조직이며, 솔레노이드 조작이며, 복동으로 조작할 수 있다

✔파일럿 조작 X

21

그림과 같은 유압기호의 설명으로 틀린 것은?

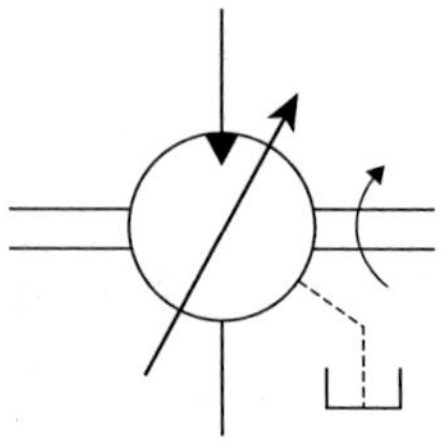

① 유압 펌프를 의미한다.
② 1방향 유동을 나타낸다.
③ 가변 용량형 구조이다.
④ 외부 드레인을 가졌다.

18.① 19.④ 20.② 21.①

*유압모터

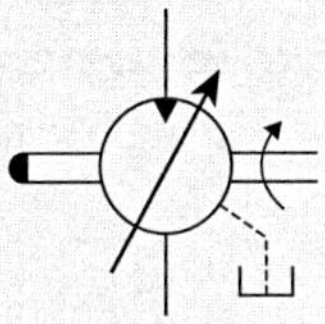

1방향유동, 가변용량형, 외부드레인, 1방향 회전형, 양축형을 의미한다.

22

그림과 같은 유압 기호가 나타내는 명칭은?

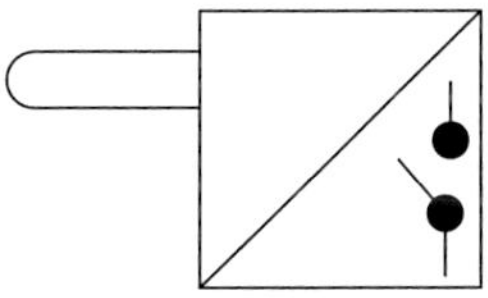

① 전자 변환기
② 압력 스위치
③ 리밋 스위치
④ 아날로그 변환기

*리밋 스위치(limit switch)
일종의 자동제어 역할을 가진 전기기기이며, 접점의 개폐에 의해서 ON, OFF 사용사례로는 크레인 등의 권과방지장치가 있다.

23

다음 기호 중 유량계를 표시하는 것은?

① 
② 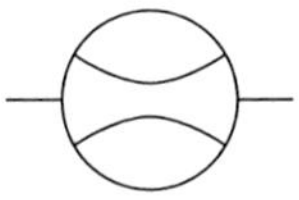
③ 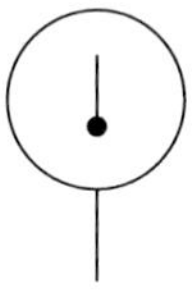
④ 

① 압력계 ② 유량계 ③ 온도계 ④ 차압계

Chapter 10

내연기관

10-1 내연기관

(1) 내연기관의 정의와 분류

① 내연기관의 정의

가스 또는 액체 연료를 기관 안에서 직접 연료를 연소시켜 얻은 고온 및 고압의 연소 가스의 팽창력으로 기계적인 에너지를 얻는 열기관이다.

② 내연기관의 동력 발생 과정

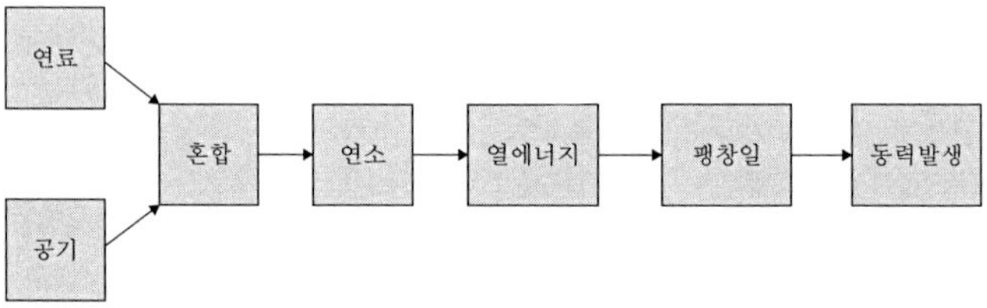

③ 내연기관의 분류

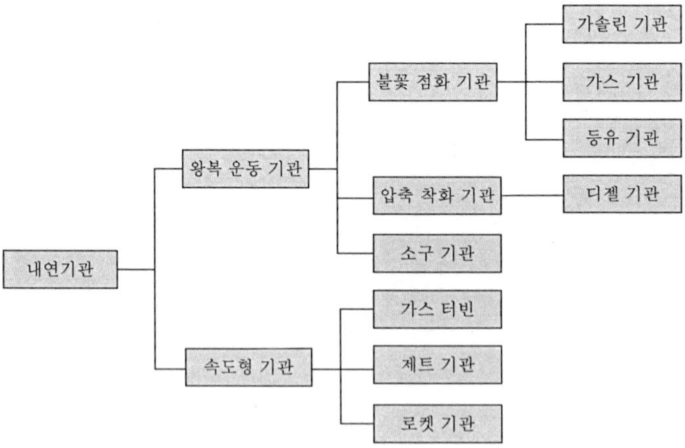

(2) 내연기관의 동작방법에 의한 분류

① 2사이클기관 : 크랭크 축이 1사이클 당 1회전(피스톤 2행정)을 완료하는 기관
② 4사이클기관 : 크랭크 축이 1사이클 당 2회전(피스톤 4행정)을 완료하는 기관

③ 2사이클기관, 4사이클기관 비교

비교	2사이클기관	4사이클기관
폭발	한 번 폭발에 크랭크 축이 1회전하며 매회 폭발 회전력 변동이 적어 플라이휠을 경량화 할 수 있다.	한 번 폭발에 크랭크 축 2회전
회전상태	실린더 수가 적어도 기관의 회전이 원할하며 저속일 때 조정이 나쁘다.	대체로 회전이 고르지 못하나 저속에서 고속까지 회전 속도 범위가 넓다.
효율	혼합 기체 손실이 많아 효율이 나쁘다. 작은 가솔린 기관에 적합하다.	4개의 행정이 각각 독립적으로 이루어져 각 행정마다 작용이 확실하며 팽창력이 충분히 이용되므로 효율이 좋다.
밸브기구	밸브 기구가 없어 구조가 간단하다.	흡기·배기 밸브를 작동시키는 밸브 기구가 필요하므로 구조가 복잡하다.
발생동력 및 연료소비율	배기량이 같은 4행정 사이클 기관보다 이론적으로 2배의 출력을 낼 수 있으나 연료소비율이 커 대형 기관에 부적합하다.	배기량이 같은 2행정 사이클 기관보다 발생동력은 떨어지나 연료소비율은 작다.
윤활유 소비량	윤활유가 연소실로 들어오기 쉬우므로 윤활유의 소비량이 많다.	윤활 방법이 확실하여 윤활유 소비량이 적다.
소기장치	있다.	없다.
흡기, 배기구 위치	실린더 벽에 위치	실린더 헤드 부분에 위치
기관의 크기와 무게	밸브, 윤활 장치가 없고, 냉각 장치가 간단해 기관이 작고 가볍다.	밸브, 냉각, 윤활 장치 등 여러 장치가 있어 기관이 크고 무겁다.
기관의 수명	폭발 횟수가 많으므로 기관이 쉽게 과열되어 수명이 짧고, 실린더 벽에 흡·배기구 및 소기구가 있어 피스톤 링의 마모가 쉽다.	기관의 과열이 덜 되므로 수명이 길다.
냉각장치	대부분 공랭식이다.	대부분 수냉식이다.
시동성	독립되지 않은 행정 때문에 잔류 가스가 많아 시동성이 좋지 않다.	밸브의 행정이 독립되어 있어서 잔류 가스가 적으므로 시동성이 우수하다.
열변형과 배기소음	매회 폭발하므로 배기와 소기 포트 부분에서 열변형이 크고 실린더 압력이 높은 상태에서 배기 포트가 열리므로 배기소음이 크다.	2행정 사이클 기관보다 작음.
기관의 출력 조절	연료 펌프에 의해 분사 되는 연료의 양으로 조절한다.	스로틀 밸브를 이용 실린더로 흡입 되는 혼합기나 공기의 양으로 조절한다.
가격	싸다.	비싸다.
용도	소형 오토바이, 모형 항공기, 소형 모터보트 등	대부분의 자동차, 중형 오토바이 등

(3) 내연기관의 장단점

장점	단점
① 열손실이 적어 열효율이 높다. ② 연료 소비율이 적어 운전비가 저렴하다. ③ 보일러가 필요 없으므로 소형으로 제작 가능하다. ④ 시동, 정지, 출력 조정 등이 쉽다,	① 기관의 충격, 진동과 소음이 심하다. ② 자력으로 시동이 불가능하다. ③ 윤활과 냉각이 까다로운 편이다. ④ 원활한 저속운전이 어렵다.

(4) 가솔린기관

가솔린과 공기를 적당한 비율로 혼합한 혼합기를 실린더 내에 흡입하여 피스톤으로 압축하고, 점화 플러그에 의한 전기 불꽃으로 점화 및 연소시키는 기관이다.

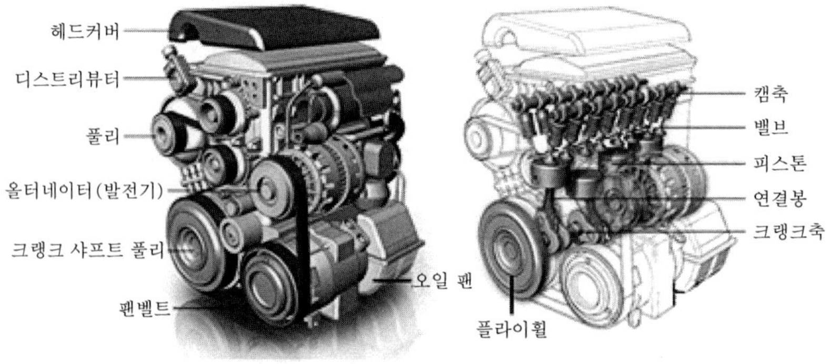

▌가솔린기관 구성요소

(5) 디젤기관

실린더 내 공기를 흡입하고 압축하고 고온상태로 되게한 다음 연료를 고압으로 분사하여 자연 착화시켜 동력을 발생하는 기관이다.

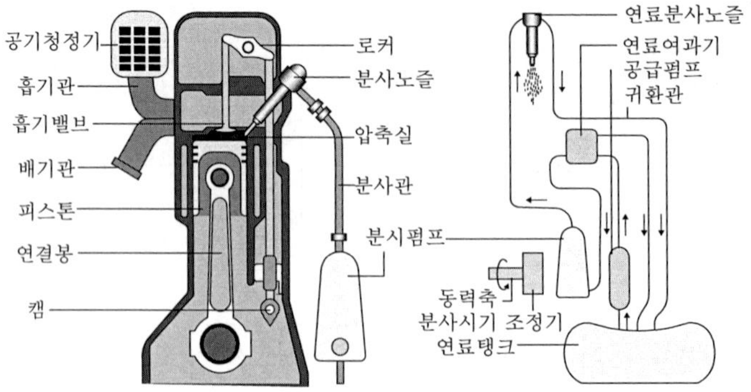

▌디젤기관 구성요소

(6) 가솔린기관, 디젤기관 비교

비교	가솔린기관	디젤기관
압축비	6~10 : 1	15~23 : 1
열효율	25~28%(낮음)	30~34%(높음)
연료비	저렴	고가
저속 토크	작다	우수
압축압력	6~10kg/cm^2	30~40kg/cm^2
출력당 중량	3.5~4kg/마력	5~8kg/마력
연소실 형식	간단	복잡
연료	휘발유	경유
점화방법	전기점화장치를 이용하여 착화하므로 비교적 고장률이 높다.	압축착화 점화방식으로 예열장치만 있으므로 점화장치에 의한 고장률이 낮다.

(7) 가솔린기관, 디젤기관 장단점

비교	가솔린기관	디젤기관
장점	① 배기량당 출력의 차이가 없고, 제작이 용이하다. ② 가속성이 좋고 운전이 정숙하다. ③ 제작비가 적게 든다.	① 연료비가 저렴하고 열효율이 높으며 운전 경비가 적게 든다. ② 이상 연소가 일어나지 않고 고장이 적다. ③ 토크 변동이 적고 운전이 용이하다. ④ 대기 오염 성분이 적다. ⑤ 인화점이 높아서 화재의 위험성이 적다.
단점	① 전기 점화장치의 고장이 많다. ② 기화기식은 회로가 복잡하고 조정이 곤란하다. ③ 연료 소비율이 높아서 연료비가 많이 든다. ④ 배기중에 CO, HC, NO_x등 유해 성분이 많이 포함 되어 있다. ⑤ 연료의 인화점이 낮아서 화재의 위험성이 크다.	① 마력당 중량이 크다. ② 소음 및 진동이 크다. ③ 연료분사장치 등이 고급 재료이고 정밀 가공 해야 한다. ④ 배기중의 SO_2 유리 탄소가 포함되고 매연으로 인하여 대기중에 스모그 현상을 일으킨다. ⑤ 시동 전동기 출력이 커야 한다.

(8) 노크 현상

연소 후반에 미연소가스의 급격한 연소에 의한 충격파로 실린더 내 금속을 타격하는 현상이다.

① 노크가 엔진에 미치는 영향

㉠ 연소실 내 온도는 상승하고 배기가스 온도는 낮아진다.
㉡ 최고 압력은 상승하고 평균 유효압력은 낮아진다.
㉢ 엔진의 과열 및 출력이 저하된다.

㉣ 타격음이 발생하며, 엔진 각부의 응력이 증가한다.
㉤ 노크가 발생하면 배기의 색이 황색 또는 흑색으로 변한다.
㉥ 실린더와 피스톤의 손상 및 고착이 발생한다.

② 가솔린기관, 디젤기관 노크 저감법

가솔린기관	디젤기관
① 옥탄가가 높은 연료를 사용한다. ② 점화시기를 낮춘다. ③ 혼합비를 농후하게 한다. ④ 압축비, 혼합가스 및 냉각수 온도를 낮춘다. ⑤ 화염 전파 속도를 빠르게 한다. ⑥ 혼합가스에 와류를 증대시킨다. ⑦ 연소실에 카본이 퇴적된 경우에는 카본을 제거한다. ⑧ 화염 전파 거리를 짧게 한다.	① 세탄가가 높은 연료를 사용한다. ② 연소실 벽의 온도를 높인다. ③ 발화까지의 연료 분사량을 감소시킨다. ④ 착화지연시간을 짧게한다. ⑤ 발화성이 좋은 연료를 사용한다. ⑥ 실린더 체적을 증가시킨다. ⑦ 압축비를 크게 한다.

(9) 옥탄가(Octane Number)

연료의 노킹에 대한 내폭성(저항성)을 나타내는 수치로 옥탄가가 높을수록 노킹을 억제한다.

$$\text{옥탄가} = \frac{\text{이소옥탄}}{\text{이소옥탄} + \text{정헵탄}} \times 100$$

(10) 세탄가 (Cetane Number)

디젤의 점화가 지연되는 정도를 나타내는 수치로 세탄가가 높을수록 착화성이 좋아진다.

$$\text{세탄가} = \frac{\text{세탄}}{\text{세탄} + \alpha\text{메탈나프탈린}} \times 100$$

Memo

03

핵심 예상문제

유체기기, 유압기기, 내연기관

10. 내연기관

01

4행정 사이클 기관에서 2사이클을 진행하면 크랭크축은 몇 회전 하는가?

① 2회전 ② 4회전
③ 6회전 ④ 8회전

4행정 사이클 기관에서 크랭크 축은 1사이클 당 2회전하기 때문에 2사이클 진행하면 4회전한다.

02

2사이클 기관과 비교할 때 4사이클 기관의 장점으로 옳은 것은?

① 매회전마다 폭발하므로 동일 배기량일 경우 출력이 2사이클 기관보다 크다.
② 마력당 기관중량이 가볍고 밸브기구가 필요 없어 구조가 간단하다.
③ 회전력이 균일하다.
④ 체적효율이 높다.

4사이클 기관은 2사이클에 비하여,
① 매회전마다 폭발하므로 동일 배기량일 경우 출력이 2사이클 기관보다 작다.
② 마력당 기관중량이 무겁고 밸브기구가 필요하여 구조가 복잡하여 고가 제작이다.
③ 회전력이 균일하지 못한다.
④ 체적효율이 높다.
⑤ 2사이클 기관의 절반의 출력을 얻게 된다.

03

4사이클 기관과 2사이클 기관을 비교할 때 2사이클 기관의 장점이 아닌 것은?

① 2사이클 기관은 4사이클 기관에 비하여 소형 경량으로 할 수있다.
② 2사이클 기관은 구조가 간단하여 저가로 제작할 수 있다.
③ 이론적으로는 4사이클 기관의 2배의 출력을 얻게 된다.
④ 2사이클 기관은 4사이클 기관에 비하여 연료소비가 적다.

④ 2사이클 기관은 4사이클 기관에 비하여 연료소비가 많다.

04

4행정 기관과 2행정 기관에 대한 설명으로 옳은 것은?

① 배기량이 같은 가솔린 기관에서 4행정 기관은 2행정 기관에 비해 출력이 작다.
② 배기량이 같은 가솔린 기관에서 4행정 기관은 2행정 기관에 비해 연료 소비율이 크다.
③ 4행정 기관은 크랭크축 1회전 시 1회 폭발하며, 2행정 기관은 크랭크축 2회전 시 1회 폭발한다.
④ 4행정 기관은 밸브 기구는 필요 없고 배기구만 있으면 되고, 2행정 기관은 밸브 기구가 복잡하다.

01.② 02.④ 03.④ 04.①

② 배기량이 같은 가솔린 기관에서 4행정 기관은 2행정 기관에 비해 연료 소비율이 크다.
③ 4행정 기관은 크랭크축 2회전 시 1회 폭발하며, 2행정 기관은 크랭크축 1회전 시 1회 폭발한다.
④ 4행정 기관은 밸브 기구가 복잡하고, 2행정 기관은 밸브 기구가 필요 없고 배기구만 있으면 된다.

05

열기관(엔진)의 특성에 대한 설명으로 가장 옳지 않은 것은?

① 디젤사이클의 열공급과정은 정압과정이다.
② 압축비를 올리면 디젤사이클의 효율은 증가한다.
③ 가솔린기관의 압축비는 20이상이다.
④ 압력비를 높 이면 브레이튼 사이클의 효율이 증가한다.

06

다음 중 가솔린기관과 비교하여 디젤기관의 장점이 아닌 것은?

① 압축비가 높아 열효율이 좋다.
② 연료비가 싸다.
③ 점화장치, 기화장치 등이 없어 고장이 적다.
④ 압축압력이 작음으로 안전하다.

비교	가솔린기관	디젤기관
압축비	6~10 : 1	15~23 : 1
열효율	25~28%(낮음)	30~34%(높음)
연료비	저렴	고가
저속 토크	작다	우수
압축압력	$6\sim10kg/cm^2$	$30\sim40kg/cm^2$
출력당 중량	3.5~4kg/마력	5~8kg/마력
연소실 형식	간단	복잡
연료	가솔린(휘발유)	경유
점화방법	전기점화장치를 이용하여 착화하므로 비교적 고장률 높음	압축착화 점화방식으로 예열장치만 있으므로 점화장치에 의한 고장률 낮음

07

가솔린기관과 디젤기관에 대한 비교 설명으로 옳지 않은 것은?

① 가솔린기관은 압축비가 디젤기관보다 일반적으로 크다.
② 디젤기관은 혼합기 형성에서 공기만 압축한 후 연료를 분사한다.
③ 열효율은 디젤기관이 가솔린기관보다 상대적으로 크다.
④ 디젤기관이 저속 성능이 좋고 회전력도 우수하다.

가솔린기관의 압축비가 6~10이고, 디젤기관의 압축비가 15~23이기 때문에 가솔린기관은 압축비가 디젤기관보다 일반적으로 작다.

08

가솔린기관과 디젤기관의 비교 설명으로 옳지 않은 것은?

① 디젤기관은 연료소비율이 낮고 열효율이 높다.
② 디젤기관은 평균유효압력 차이가 크지 않아 회전력 변동이 작다.
③ 디젤기관은 압축압력, 연소압력이 가솔린기관에 비해 낮아 출력당 중량이 작고, 제작비가 싸다.
④ 디젤기관은 연소속도가 느린 경유나 중유를 사용하므로 기관의 회전속도를 높이기 어렵다.

디젤기관은 가솔린기관에 비해 압력이 높아 출력당 중량이 크고, 제작비가 비싸다.

09

가솔린기관에서 노크가 발생할 때 일어나는 현상으로 가장 옳지 않은 것은?

① 연소실의 온도가 상승한다.
② 금속성 타격음이 발생한다.
③ 배기가스의 온도가 상승한다.
④ 최고 압력은 증가하나 평균유효압력은 감소한다.

***노크 현상**
연소 후반에 미연소가스의 급격한 연소에 의한 충격파로 실린더 내 금속을 타격하는 현상

***노크가 엔진에 미치는 영향**
① 연소실 내 온도는 상승하고 배기가스 온도는 낮아진다.
② 최고 압력은 상승하고 평균 유효압력은 낮아진다.
③ 엔진의 과열 및 출력이 저하된다.
④ 타격음이 발생하며, 엔진 각부의 응력이 증가한다.
⑤ 노크가 발생하면 배기의 색이 황색 또는 흑색으로 변한다.
⑥ 실린더와 피스톤의 손상 및 고착이 발생한다.

10

가솔린 기관의 노크 현상에 대한 설명으로 옳은 것은?

① 공기 – 연료 혼합기가 어느 온도 이상 가열되어 점화하지 않아도 연소하기 시작하는 현상
② 흡입공기의 압력을 높여 기관의 출력을 증가시키는 현상
③ 가솔린과 공기의 혼합비를 조절하여 혼합기를 발생시키는 현상
④ 연소 후반에 미연소가스의 급격한 연소에 의한 충격파로실린더 내 금속을 타격하는 현상

***노크 현상**
연소 후반에 미연소가스의 급격한 연소에 의한 충격파로 실린더 내 금속을 타격하는 현상

① 자기착화에 대한 설명
② 압축단계에 대한 설명
③ 기화기의 역할에 대한 설명

11

디젤기관의 디젤노크 저감 방법으로 옳지 않은 것은?

① 발화성이 좋은 연료를 사용한다.
② 연소실 벽의 온도를 낮춘다.
③ 발화까지의 연료 분사량을 감소시킨다.
④ 가솔린 기관과 노크 저감 방법이 정반대이다.

***노크 현상**
연소 후반에 미연소가스의 급격한 연소에 의한 충격파로 실린더 내 금속을 타격하는 현상

***디젤기관의 디젤노크 저감법**
① 발화성이 좋은 연료를 사용한다.
② 연소실 벽의 온도를 높인다.
③ 발화까지의 연료 분사량을 감소시킨다.
④ 착화지연시간을 짧게한다.
⑤ 세탄가가 높은 연료를 사용한다.
⑥ 실린더 체적을 증가시킨다.
⑦ 압축비를 크게 한다.

08.③ 09.③ 10.④ 11.②

12

디젤 기관에 대한 설명으로 옳지 않은 것은?

① 공기만을 흡입 압축하여 압축열에 의해 착화되는 자기착화 방식이다.
② 노크를 방지하기 위해 착화지연을 길게 해주어야 한다.
③ 가솔린 기관에 비해 압축 및 폭발압력이 높아 소음, 진동이 심하다.
④ 가솔린 기관에 비해 열효율이 높고, 연료 소비율이 낮다.

***노크 현상**
연소 후반에 미연소가스의 급격한 연소에 의한 충격파로 실린더 내 금속을 타격하는 현상

***디젤기관의 디젤노크 저감법**
① 발화성이 좋은 연료를 사용한다.
② 연소실 벽의 온도를 높인다.
③ 발화까지의 연료 분사량을 감소시킨다.
④ 착화지연시간을 짧게한다.
⑤ 세탄가가 높은 연료를 사용한다.
⑥ 실린더 체적을 증가시킨다.
⑦ 압축비를 크게 한다.

13

가솔린 기관의 연료에서 옥탄가(octane number)는 무엇과 관계가 있으며, '옥탄가 90'에서 90은 무엇을 의미하는가?

① 연료의 발열량, 정헵탄 체적 (%)
② 연료의 발열량, 이소옥탄 체적 (%)
③ 연료의 내폭성, 정헵탄 체적 (%)
④ 연료의 내폭성, 이소옥탄 체적 (%)

***옥탄가(Octane Number)**
연료의 노킹에 대한 내폭성(저항성)을 나타내는 수치

***옥탄가 90 해석**

$$\text{옥탄가} = \frac{\text{이소옥탄}}{\text{이소옥탄} + \text{정헵탄}} \times 100$$

90 : 이소옥탄 체적[%]
10 : 정헵탄 체적[%]

14

내연기관에 대한 설명으로 옳지 않은 것은?

① 디젤 기관은 공기만을 압축한 뒤 연료를 분사시켜 자연착화 시키는 방식으로 가솔린 기관보다 열효율이 높다.
② 옥탄가는 연료의 노킹에 대한 저항성, 세탄가는 연료의 착화성을 나타내는 수치이다.
③ 가솔린 기관은 연료의 옥탄가가 높고, 디젤 기관은 연료의 세탄가가 낮은 편이 좋다.
④ EGR(Exhaust Gas Recirculation)은 배출가스의 일부를 흡입 공기에 혼입시켜 연소온도를 억제하는 것으로서, NO_X의 발생을 저감하는 장치이다.

가솔린 기관은 연료의 옥탄가가 높을수록 노킹을 억제하고, 디젤 기관은 연료의 세탄가가 높을수록 착화성이 좋아진다.

더 북(The book)

7급, 9급 기계직 공무원 '기계일반 이론+예제'

초판발행　2023년 09월 11일

편 저 자　이태랑, 김내오

발 행 처　오스틴북스

등록번호　제 396-2010-000009호

주 소　경기도 고양시 일산동구 백석동 1351번지

전 화　070-4123-5716

팩 스　031-902-5716

정 가　25,000원

I S B N　979-11-88426-81-2 (13500)